**ZERO WASTE
HOME**
The Ultimate Guide to Simplifying
Your Life by Reducing Your Waste

ゼロ・
ウェイスト・
ホーム

ベア・ジョンソン・著
服部雄一郎・訳

ごみを出さないシンプルな暮らし

JN243478

ゼロ・ウェイスト・ホーム

ZERO WASTE
HOME

目　次

The Ultimate Guide to Simplifying
Your Life by Reducing Your Waste

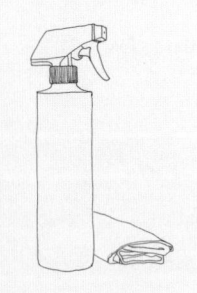

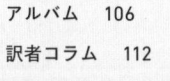

日本のみなさんへ

　私が新しい国を訪ねようとすると、みなさんたちまちこう言います、「私たちの国には量り売りがないので、ゼロ・ウェイストの暮らしなんて無理ですよ」。でも、結局私はいつも量り売りを見つけてしまうのです。日本も例外ではありませんでした。美しき日本へ家族旅行に出かけたときのこと。出発前に日本人の友人たちから言われたのは、「日本では何でもかんでもパッケージに入っているんですよ。量り売りなんてありません」。でも、それが間違いである証拠に、私は量り売りの様子を撮影した写真が山ほど入ったウェブアルバムとともに帰国しました。

　ゼロ・ウェイストの暮らしとは、「考え方」だけでなく、ものの「見方」そのものを変えることでもあります。慣れると選んだものだけが目に入るようになります。私の目にはもうパッケージ入りの製品は映りません。パッケージ入りでないものだけが見えるのです。私が見ているのは「パッケージづくしの世界」ではなく「パッケージのない世界」です。みなさんもそんな視点で世界を眺めるようになれば、どこにいても量り売りが見つかりますよ。

　ゼロ・ウェイストの暮らしは、どの国に住めば簡単ということはありません。各家庭がゼロ・ウェイストに持続的に取り組むには、その人の日常にフィットし、長期的に続けることができ、さらにその地域の慣習や制約に応じたやり方を選ぶ必要があります。でも、住む場所にかかわらず、地球上の

誰しもが「5つのR」を暮らしに取り入れ、①無料グッズにノーと言い（＝リフューズ）、②不要なものを手放し（＝リデュース）、③使い捨てをやめて（＝リユース）、ごみの発生を防いでいけるはずです。

　ゼロ・ウェイストはみなさんの想像ほど難しくありません。この本でご紹介する具体的な工夫の数々は、かつて私たちの社会が知っていたはずの（しかし時代とともに消費主義にかき消されてしまった）「シンプルな暮らし」に着想を得ています。そのとおり、私たちはみな、既にゼロ・ウェイストの暮らしの方法を知っているのです。必要なものはすべて先人たちが与えてくれています。基本に立ち戻る中で、私たちが味わうのは「束縛」ではありません。私たちはより深く自身のルーツとつながり、知恵を後世に伝え、残していけるのです。もっと言えば、ゼロ・ウェイストとは、この文明社会の中にあって、生きることの本当の意味を取り戻すための方法なのです。

　この本が日本語に翻訳されることを光栄に思います。すばらしい文化を持つ日本のみなさんに、私のライフスタイルをご紹介することができて夢のようです。日本の文化には他者への敬意が深く根づいていて、これは欧米では稀有なことです。その特性は、みなさんがこの現代社会の中でより自然と調和した暮らしをする上で、そして、ゼロ・ウェイストの暮らしを実現する上で、必ずや大きな強みとなることでしょう。

ベア・ジョンソン

INTRODUCTION

はじめに

それほど遠くない以前、私の暮らしは今とは何もかもが違いました。280㎡の家に住み、2台の車と4つのダイニングテーブル、それに26脚の椅子があり、240ℓの巨大なごみ箱が毎週いっぱいになる生活でした。

　今では、持ち物はすっかり減り、気持ちはより豊かです。それに、ごみ出しの手間も一切ありません！

　すべてが変わったのは数年前のことです。大きな家が火事で燃えてしまったわけでも、修行僧になったわけでもありません。

　私のストーリーをお話ししましょう。

　私は、フランスのプロヴァンス地方の、似たような家ばかりが立ち並ぶ住宅地の一角で育ちました。父が子ども時代を過ごした小さな農場や、母の育ったドイツのフランス軍駐屯地とはまるで違う環境でした。父は、自分が手にしたせめてもの土地を最大限に活用すべく心血を注いでいました。あたたかい季節は、農家の息子よろしく、自由な時間のすべてを菜園の手入れに費やし、せっせと野菜を育て、乾いた土を汗で湿らせました。冬になると、父の関心はネジやボルトや部品のぎっしり詰まった棚が並ぶガレージへと向かいます。物を解体して、修理して、また使える状態にするのが父の趣味でした。道端に掃除機やラジオやテレビや洗濯機が捨てられているのを見つけると、迷わず車を止めるタイプの人でした（今でもそうです）。修理できそうな物はトランクに投げ込んで持ち帰り、分解して、またつなげて、なんとか動くようにしてしまいます。切れた電球だって直してしまえるのです！

　父はこうしたことに長けていましたが、それはこの地方では特別に珍しいことではありません。フランスの田舎の人は、なんとかして物の寿命を延ばしてしまうような、ある種の抜け目のなさを持ち合わせているのです。私が子どもだった頃、父は古い洗濯機の中からドラム部分を取り出して、カタツ

ムリ用のわななどに作り替えていました。私は抜け殻になった洗濯槽をちっぽけで暑苦しいおもちゃの家にして遊んだものです。

　幼い私の目には、私の家はまるでテレビ番組『大草原の小さな家』の現代版のようでした。再放送を欠かさず見ていた私。住んでいるのは住宅地で、私たち三兄妹はインガルス家の子たちほどちゃんとお手伝いはしませんでしたが（特にいちばん上の兄などは食器洗いスポンジなんて見るのも嫌というほど）、父は器用な人でしたし、母は節約上手の熟練主婦で、昼も夜もきちんと3皿仕立てのコース料理をこしらえていました。母の日常は、ローラのお母さんと同じように、教会と、料理と、お菓子作りと、掃除と、アイロンと、裁縫と、編み物と、季節の保存食作りを中心に回っていました。木曜日はいつもファーマーズマーケットに出向き、布地と糸を探して回りました。私は学校から戻ると、母が縫い目に印をつけるのを手伝い、母の手が布きれを見事な服に変えていく様を見つめました。自分の部屋でも、母のやり方を真似て、古いナイロンとガーゼ（ガーゼはなんと父と母が献血でもらってきたもの！）でふたりのバービー人形のための服を作りました。12歳で初めて自分の服を縫い、13歳で初めてのセーターを編みました。

　たまの兄妹げんかを除けば、いつも幸せな家族のようでした。でも、父と母の間には、実は私たち兄妹には見えていなかった深い溝があって、それは最終的に父と母の結婚生活を悲しい離婚騒動に変えてしまいました。18歳になると、私は精神的にも経済的にもこの苦境から逃れようと、ひとりカリフォルニアに旅立ち、1年間住み込みの家事手伝い（オ・ペ・ア）として働くことにしました。もちろん、その年のうちにスコットという夢の男性と出会って、後々結婚することになるなんて知る由もなく！　スコットは若いフランスの女の子が夢見るサーファーのようなタイプではなかったけれど、心優しく、私にいちばん必要だった気持ちの安定を与えてくれる人でした。ふたりで一緒に世界を旅して回り、外国に住みましたが、妊娠を機に、私の「（テレビで見るような）子どものサッカーに入れ込むアメリカの中産階級のお母さんみたいな暮らしがしてみたい」という憧れからアメリカに戻りました。

アメリカンドリームの日々

ふたりの息子たち、マックスとすぐ後に生まれたレオは、私のアメリカンドリームの虚飾の中に生まれてきました。280㎡の現代的な家は広々とした住宅地に位置し、高い天井と、リビング・客間、ウォークインクローゼット、それに3台分の車庫に鯉のいる池まで完備！　場所はサンフランシスコから奥まったプレザントヒル。私たちはSUV車と巨大なテレビを持ち、犬も飼いました。大きな冷蔵庫が2台、そして、業務用サイズの洗濯機と乾燥機が週に何度もいっぱいになりました。だからと言って、物が家にあふれ返るわけでも、新品ばかり買っていたわけでもありません。両親から受け継いだ倹約の精神で、服も、おもちゃも、家具類も、すべて慈善団体のセカンドハンドストアで買いました。にも関わらず、家の横では特大のごみ箱に余ったペンキやら山のような生活ごみやらが詰め込まれていきます。それなのに「リサイクルしているから環境負荷を減らせている」と自負していたのです。

7年間のうちにスコットは順調に出世階段を昇り、私たちはとても快適な生活を手にしました。年2回の海外旅行にぜいたくなパーティー、高級肉たっぷりの豊かな食生活、会員制プールのメンバーシップ、さらには毎週デパートに繰り出し、一度しか使わずに捨ててしまうものが棚に並んでいきます。お金の心配はまったくなく、生活は何の苦もなく過ぎ去り、私はバービーのようなプラチナ・ブロンドヘアに人工日焼け、リップ・インジェクション、ボトックス注射で額のシワ取りまでする日々。ヘアーエクステンションやアクリルネイル、果ては「ラップ・ダイエット」（食品用ラップを全身にきつく巻きつけてフィットネスバイクに乗る）だって試しました。私たちは健康で、すばらしい友人に囲まれていました。すべてを手にしたかのようでした。

それなのに、何かがおかしいのです。32歳にして、もう人生が確立してしまったような感じに心の奥底で慄然としていました。毎日座ってばかりの生活でした。大通りとショッピングモール付きのベッドタウンで、車ばかり使い、ろくに足で歩きません。スコットも私も、活動的な生活、あのかつて住んだ外国の町で大通りをぶらぶら歩いた日々をなつかしく思いました。カフェやパン屋に歩いて行けた日々を恋しく思いました。

シンプルな暮らしへの移行

そこで私たちは、サンフランシスコ湾の対岸にあるミルバレーへ引っ越すことにしました。生き生きとしたヨーロッパ風の街並みを誇る町です。家は売り、最低限のものだけを持って仮住まいのアパートに入居し、残りはすべて倉庫に入れました。もちろん、最終的には大好きなムーア式の装飾に合う家を見つけ、あらゆる手持ちの調度類をしまいこむつもりでした。

この仮住まいの期間に発見したのが、物が少ないと好きなことをする時間ができるということ。もう毎週末を芝刈りや、大きな家とその諸々の手入れに費やす必要はありません。代わりに家族みんなでサイクリングやハイキング、ピクニック、新しい海沿いのエリアの散策など、一緒に時間を過ごすようになりました。それはすばらしく解放的なことでした！　スコットも、昔お父さんがよく口にしていた「芝生の手入れにこんなに時間を使わずに済めばなあ」という言葉の意味が腑に落ちたようでした。私も、前の家に住んでいたとき、キッチンとダイニングと2つのパティオに並べていたいくつものダイニングセットのことを思い返し、友人のエリックに言われた言葉を反芻していました。「一体、家の中にいくつ椅子やソファを並べれば気が済むんだい？」。

こうして私は、倉庫に入れてあるほとんどの物が、実はなくてもよかったことに気づきました。私たちは莫大な時間とお金を使って、家に不要品を備えつけていたのです。前の家では、買い物が（無価値な）娯楽、ベッドタウンからとりあえず抜け出して忙しくするための口実のようになっていました。倉庫に入れたもののほとんどが、実は大きな部屋をふさぐ以外に何の役にも立っていなかったことがはっきりしました。私たちは「モノ」に価値を置きすぎていたのです。もっとシンプルな暮らしに移行することで、より中身のある充実した生活ができるに違いないと思い至りました。

そして、1年かけて250ものオープンハウスを見て歩き、ついにぴったりの家を見つけました。1921年築の140㎡のコテージ、芝生なし。当初この値段では該当物件はないと言われた、町の中心部から目と鼻の先の立地。ミルバレーは坪単価がプレゼントヒルの倍なので、前の家の売却益では半分のサイズの家しか買えません。でも、ハイキングのできる小道や図書館、学

校、カフェに歩いて行ける距離に住むのは私たちの夢でしたし、生活を縮小する準備はできていました。

　入居した当初は、前の暮らしから持ち越した家具類でガレージと地下がぎゅうぎゅう詰めになってしまいましたが、小さな新居にフィットしないものは少しずつ売り払っていきました。自分たちが本当には使わないもの、必要としないもの、ときめかないものは、家から出さなければいけない。これをモットーに整理に取り組むことにしたのです。サイクルトレーラーも、カヤックも、インラインスケートも、スノーボードも、テコンドー用具も、ボクシングとスパーリングのグローブも、自転車スタンドも、キックボードも、バスケットボールのゴールも、ボッチェゲームのボールも、テニスラケットも、シュノーケルも、キャンプ用品も、スケートボードも、野球のバットとグローブも、サッカーゴールも、バドミントン用具一式も、ゴルフクラブも、釣りざおも、私たち本当に使っていた？　必要だった？　ときめいていた？スコットは最初のうち、手放すことに少し抵抗を感じていました。彼はスポーツが大好きで、どの用具もがんばって働いて手に入れたものばかりだったのです。でも、最終的にはいちばん好きなものを見極めて、いくつかのスポーツだけに集中した方が、ゴルフクラブにどんどん埃が降り積もっていくよりもいいと納得しました。そういうわけで、私たち夫婦は2、3年のうちに持ち物の実に80％を処分したのです。

シンプルな暮らしから、ごみの減量へ

　シンプルな暮らしを目指す中で参考になったのがエレイン・セントジェイムズの本でした。ローラ・インガルス・ワイルダーの『インガルス一家の物語』も読み返しました。これらの本を通して、自分たちの日々の営みをもっとしっかり再考してみようと思いました。まずテレビをやめて、通信販売カタログや雑誌の定期購読もすべてやめてみました。テレビと買い物という、すごく時間を浪費するふたつがなくなってみると、今まで正面から向き合う余裕のなかった環境問題のことなどをしっかり学ぶ時間ができました。『自然資本の経済』や『サステイナブルなものづくり―ゆりかごからゆりかごへ』、マイケル・ポーランの『ヘルシーな加工食品はかなりヤバい』などの本を読

み、ネットフリックスでアラステア・フォザーギルの『アース』や、ヤン・アルテュ・ベルトランの『HOME 空から見た地球』などのドキュメンタリーを見て、住み処を失ったホッキョクグマや戸惑う魚たちのことを知りました。私たちの不健康な食生活や無責任な消費が、めぐりめぐってどれほど重大な影響を地球に及ぼしているのかを学びました。私たちはやっと、いま地球がどれほど深刻な危機にさらされているのか、さらには、私たちの不注意な行動や選択によって、私たちの住む世界や、これから先、子どもたちのために後世に残す世界がもっとひどいことになっていくのだという事実を、初めて理解するようになったのです。

　私たちはそれまでひたすら自動車を使い、お弁当は使い捨ての保存用ビニール袋に入れ、ペットボトル入りの水を飲み、ペーパータオルもティッシュペーパーもディスペンサーから惜しげなく使い、さらには有害な強い薬剤を数えきれないほど使って家の掃除やボディケアをしていました。プレザントヒルの家のごみ箱にビニール袋ごと詰め込んだおびただしい量の生ごみや、プラスチック包装ごとレンジで温めた冷凍食品が頭に蘇ってきました。アメリカンドリームのあらゆる虚飾を楽しんでいるうちに、自分たちがどれほど無自覚な市民兼消費者になってしまっていたかを思い知りました。いつからこんなに自分たちの行動の結果に無関心になったのかしら？　いや、もともと無関心だったのかしら？　息子のマックスとレオには一体全体何を教えていたの？　真実を知ったことで涙があふれ、こんなにも長い間、暗黒の中で過ごしてしまった自分たちに怒りが湧きました。その一方で、これを機に自分たちの消費の形とライフスタイルを抜本的に変えて、子どもたちの未来を守ろうという力と決意がみなぎってきました。

　スコットはとにかく理論を実践に移さなければと、景気後退のさなかにも関わらず、仕事を辞め、環境コンサルティング会社を立ち上げました。子どもたちも授業料が高すぎる私立校から公立校に転校させ、私は「エコな家作り」に着手しました。

　リサイクルではこの環境危機を解決できないこと、そしてプラスチックのせいで大変な海洋汚染が起こっているということを知ったので、まずはペットボトルやレジ袋の使い捨てをやめ、繰り返し使える水筒や買い物袋に切り

替えてみました。これは単に、必要なときに忘れずに持っていくよう気をつければいいだけ！　簡単です。次は自然食品店で買い物をするようにしてみたら、地元でとれたオーガニックの野菜や果物には値段が少々高いだけの価値がちゃんとあるし、量り売りコーナーで買えば無駄なプラスチック包装をもらわずに済むことに気づきました。そこで、生鮮の野菜や果物はランドリー用のメッシュ袋に入れることにし、さらに古シーツから布袋を縫い、量り売りのものを入れて運ぶようにしました。袋の口の部分は、使い捨てのゴムやひもで縛らなくてもいいようにデザイン。空き瓶や保存瓶も少しずつ集め、パッケージ入りの買い物を徐々に減らしていきました。すると、わが家の食材棚はじきに量り売りのストックばかりになりました。私はほとんど量り売り中毒と言ってもいいくらい、かなり遠くまで車を走らせ、量り売りしてくれる店を探し回りました。1枚の古シーツでキッチンタオルを12枚縫い、マイクロファイバーを購入してペーパータオルの使用をやめました。スコットは裏庭でコンポストを始め、私は植物の講座に通って、ハイキングで見かける自生の植物の活用法を勉強しました。

　台所のごみをなくすことに取りつかれて、洗面所や浴室はしばらくおろそかになっていましたが、そちらも順次「ごみを出さない方法」を試し始めました。6か月間重曹だけで髪を洗い、リンゴ酢でリンスする生活を続けましたが、スコットが「もうサラダドレッシングのにおいは耐えられない！」と言うので、量り売りのシャンプーとリンスをガラス瓶に詰めて買うことにしました。プレザントヒルに住んでいた頃はショッピングで浮き立っていたのが、今や、どうしたらもっと「エコな家」にできるか、どうしたらもっと出費をけずって、スコットが起業間もないこの窮地を乗り切っていけるか、その新しい方法探しで高揚感を得るようになりました。

　マックスとレオもできることに取り組んでくれました。自転車で学校に通い、競ってシャワーの時間を短くし、電気を消して回りました。でもある日のこと、レオの遠足に付き添って地元の自然食品店に行き、量り売りコーナーの前に立った時、先生の「量り売りはなぜ環境によいのでしょう？」という質問にレオが口ごもる姿を目撃してしまいました。その時やっと気づいたのです。ごみを減らす暮らしについて、まだ子どもたちにきちんと説明して

いなかったことを。毎日手作りのクッキーを与えていたので、息子たちは袋菓子がないことに気づきもしなかったのです。その晩、ふたりにわが家の一風変わった台所の「なぜ」と「どのように」を説明し、既に彼らが無意識のうちに受け入れていた様々な変化について話しました。こうして子どもたちも理解し、家族全員が自発的に取り組めるようになった今、いよいよごみを完全にゼロにする「ゼロ・ウェイスト」がわが家の射程に入ってきました。

企業の先進的な取り組みを指すこの「ゼロ・ウェイスト」という表現は、ごみを出さない方法を模索する中でたまたま知りました。しっかり定義を調べたわけでもなく、それが企業にどのような意味を持つのかも知りませんでしたが、なぜか私の中でピンとくるものがありました。自分の取り組みの成果を数値化して考えられると思ったのです。自分たちがごみを本当にひとつ残らずなくしてしまえるのかどうかは分かりませんでした。でも、あくまで「ゼロ」に向かってがんばることで、できる限りゼロに近づき、自分たちが出すごみを徹底的に調べあげて、いちばん小さいごみにまできちんと目を向けようという目標が生まれるに違いない。こうしてわが家は大きな転機を迎えたのです。

「ゼロ・ウェイスト」の限界に挑戦

私はまず、わが家のごみ箱と資源物入れに何が残っているのかを確かめて、それをもとに次のステップを考えることにしました。ごみ箱の中にあったのは、肉や魚やチーズやパンやバターやアイスクリームのパッケージ、そしてトイレットペーパー。資源物入れには紙類、トマト缶、ワインボトル、マスタードの瓶、豆乳のパック。これらをすべてなくそうと行動を開始しました。

まず、肉の量り売りカウンターで保存瓶を渡すようにしてみると……居合わせた人や従業員から奇異の眼差しやら質問やら様々な見解やらが集まること集まること！　カウンターの人にはすかさず「ごみ箱がないので」と説明して切り抜けることにしました。パン屋では、予約した1週間分のパンを入れるのに枕カバーを持参して、最初はいちいち問答がありましたが、すぐに「いつものお決まり」として受け入れてもらえました。新しいファーマーズマーケットがオープンしたので、保存食作りにも着手しようと、フレッシュ

トマトで冬の備えの瓶詰めをいくつも作りました。持参したボトルに赤ワインを詰めてくれるワイナリーも見つけ、子どもたちが学校から持ち帰ったプリントから再生紙を漉くやり方も覚え、ポストに入ってくるダイレクトメールは片っ端からけりをつけていきました。図書館にはごみの減量に関する本はなかったので、人からもらうアドバイスに耳を傾け、未包装で買えないものは代用品をどんどんネットで検索していきました。パンも、マスタードも、ヨーグルトも、チーズも、豆乳も、バターも、リップクリームも、自分で作ることを覚えました。

　そんなある日のこと。ある客人がまったくの好意から、箱入りのケーキを手に戸口に現れたのです。その瞬間、ゼロ・ウェイストの目標は友人や家族の協力なしには決して達成できないのだと気づきました。ゼロ・ウェイストはまず「家の外」から始まるのだということ。もちろん買い物の際は量り売りを選び、使い捨てではなくリユースできる商品を買うようにするわけですが、それと同時に、友人が訪ねてくるときに家にごみを持ち込まないように頼んだり、いらない景品を断ったりすることも避けては通れないのだということを理解したのです。私たちはごみの減量のスローガン「リデュース（＝減らす）、リユース（＝何度も使う）、リサイクル（＝資源化する）＋ロット（＝堆肥化する）」に、「リフューズ（＝ごみを断る）」も付け加えました。ブログも始めて、自分たちのライフスタイルの細かな流れを伝え、友人や家族に自分たちの取り組みが本物なのだということ、そして本気でゼロ・ウェイストを達成しようとしていることを知ってもらうようにしました。もうこれ以上、不要なケーキ箱や景品やダイレクトメールがやってきませんようにと祈りを捧げ、私自身もコンサルティングの仕事を始めて、こうした考え方を広め、みんながよりシンプルに暮らせるようサポートすることにしました。

　じきにわが家の資源ごみは、たまの郵便物、学校のプリント、そして空のワインボトルを残すくらいに減りました。私は次なる「ゼロ・リサイクル」の目標に踏み込むことを考え始めました。そして、年1回のフランスへの帰省を控えて、帰省から戻ったら、わが家のゼロ・ウェイストを次の段階まで引き上げ、資源物の戸別回収の契約も解除してしまえないかしらとぼんやり考えていました。（**訳注**＊カリフォルニア州のごみの回収制度については P.112 参照）

バランスを見つける

けれども、空港や機内のありとあらゆるごみを見て、私はすぐに現実に引き戻されました。私ははかない泡の中に住んでいたのです。世界は相変わらずごみにあふれていました！　でも、母の住む「普通の家」で過ごした2か月間は、それまでの絶え間ない価値判断とイライラの連続をしばし手放してリラックスするための小休止を与えてくれました。ゼロ・ウェイストにこだわる自分の常軌を逸した挑戦を、一歩下がって、少し広い視点から眺めることもできました。私がしていることの多くが、社会的にあまりに制約が多く、時間がかかり、つまりは持続不可能であることは明らかでした。バター作りは、毎週クッキーを焼くのに必要なバターの量を考えれば、値段が高すぎました。チーズ作りは手間がかかり、店でひょいと買ってこられることを思えば、そもそも必要ありませんでした。私はどうやらゼロ・ウェイストを突きつめすぎていたようです。だって、トイレットペーパーの代わりに使えるようにと、コケまで探し歩いていたんですよ。ああ、なんてこと！

結局のところ、自分たち自身がもっとゆったり構えてちょうどいいバランスを見つけた方が、ゼロ・ウェイストは長続きするように思えました。ゼロ・ウェイストはひとつのライフスタイルです。長きにわたってその中で暮らそうと思ったら、やはり手の内に収まる、実際の暮らしの中で便利な形に落とし込む必要があります。カギとなるのは、ここでも「シンプルさ」でした。

フランスから戻ると、私はそれまでの取り組みで得たメリットはあくまで保ちつつ、あまりに行きすぎた取り組みはいさぎよく手放すことに専念しました。もう遠くまで量り売りのためだけに車を走らせたりはせず、近場で手に入るもので満足するようにしました。アイスクリームの手作りもやめ、近所のバスキン・ロビンスでガラス瓶にアイスを詰めてもらいました。来客の手みやげのワインも受け取り、「ゼロ・リサイクル」の計画は断念しました。バター作りもやめ、店で買ってきて包装紙はコンポストに入れることにしました。バターだけはパッケージ入りで買うことにしたのです（今もそうです）。ひと月のうちに、ゼロ・ウェイストは簡単で楽しく、シンプルでストレスのない営みに変わりました。

スコットは、それまでずっと私が「ファーマーズマーケットだ」「エコな

家作りだ」「オーガニックの量り売りだ」と夢中になって包装ごみを減らそうとしているのを見て、わが家の経済がなし崩しになっているのではないかと絶え間ない不安に苛まれていたようです。そこで、一度きちんと家計を分析してみようということになりました。比べたのは、以前のライフスタイル（2005年）と新しいライフスタイル（2010年）の支出の差です。過去の預金通帳を参照し、ふたりの子どもたちがずっとたくさん食べるようになったことなども考慮に入れました（5歳も大きくなったわけですから！）。結果はスコットと私のどちらもが思いもよらないほどよいものでした。年間の支出がほぼ40％も減っていたのです！　この見事な数字に加え、さらに時間だって節約できているとくれば（シンプルな暮らしで、買い物の回数も減ったため）、分析好きのスコットとしては不安がすっかり払拭されたようでした。

　今、わが家のゼロ・ウェイストは平和そのものです。家族4人それぞれが、様々な取り組みを日々のルーティンに取り入れ、このライフスタイルが与えてくれるすべてのものを十二分に楽しむことができています。それは単に「環境によくて気分がいい」という分かりきった点にとどまりません。ゼロ・ウェイストの様々な取り組みを実践してみて、確実に生活が向上したのです。健康面の著しいメリット。さらにお金と時間の大幅な節約。私たちの知るゼロ・ウェイストは、「束縛」ではありません。それどころか、ゼロ・ウェイストを通して、私は生きる意味や目的まで見つけることができたのです。私の人生は完全に生まれ変わりました。これからは「モノ」ではなく、経験を生きるのです。現実から目をそらすのではなく、進んで変化するのです。

この本について

　今、私たちの地球環境、経済、そして健康は、危機的な状況にあります。天然資源は枯渇し、経済は不安定で、健康状態は悪化し、生活水準は記録的な地点まで落ち込んでいます。これらの途方もない問題を前に、ひとりの人間には一体何ができるのでしょうか。その圧倒的な現実には、時に手も足も出ない感じさえしますが、忘れてはいけないのは、ひとりひとりの行動が大事だということ、そして、変化は私たちの手の中にあるのだということです。

　天然資源は枯渇している。それなのに私たちは石油製品を買っています。

経済は脆弱だ。それなのに私たちは海外製品にうつつを抜かしています。健康状態は悪化している。それなのに私たちは加工食品ばかり食べ、有害物質を家に持ち込んでいます。私たちがモノを消費すると、それはそのまま私たちの地球環境、経済、健康にはね返ってきます。消費することで、特定の企業の生産活動を支え、もっと作ろうという需要を生み出すのです。つまり、買い物とは投票と同じこと。日々の買い物の選択が、実は大きく物を言うのです。社会を生かすも殺すも、私たち次第なのです。

わざわざ言われなくても、エコな暮らしを始めた方がいいことは分かっている、でもリサイクル以外に何が簡単にできるのか分からない。そういう人もたくさんいます。そういう人はゼロ・ウェイストに取り組めば、社会が直面する課題に真正面から取り組む手ごたえを感じられるはずです。

この本は、ほかのいろいろな本で既に紹介されている、いわゆる「環境にやさしい様々な工夫」のさらに先へみなさんをご案内します。この本は、みなさんがリサイクルばかりせずにしっかりモノを減らし、よりよい環境ばかりでなく、よりよい「あなた」を目指すことを応援します。そして、より豊かに健康に暮らすために、私たちが既に実証した実践的な解決策をご紹介します。現時点で私たちに開かれている、サステイナブル（持続可能）でごみの出ない様々な方法を使います。基本の5か条は、上から順に、①リフューズ（不必要なものは断る）、②リデュース（必要なものを減らす）、③リユース（買ったものは繰り返し使う）、④リサイクル（①②③ができないものはリサイクルする）、⑤ロット（残りはすべて堆肥化）。このシンプルなルールに沿うようにするのです。

この何年かでわかったのですが、人によって私たちのライフスタイルの受け止め方も様々です。ある人は、私たちがジャンクフードも買わないなんて極端だ、と言います。かと思えば、別の人たちは、私たちがトイレットペーパーを買うし、週1回肉も食べるし、時には飛行機で旅行までするなんて「徹底していない」と言います。結局、私たちにとっていちばん大切なのは、人がどう思うかではなく、自分たち自身がその取り組みをしていてどのくらい気分がよいかということにつきるのです。私たちがゼロ・ウェイストの中に見出したのは、つまらない制約ではなく、無限の可能性。だからこそゼロ・

ウェイストは、掘り下げる価値のある題材だと思うのです。そして私は、自分たちが学んだことを広めて、みなさんのよりよい暮らしのためのお手伝いができることにワクワクしています。

　この本は、完全なゼロ・ウェイスト、つまり文字通りの「ごみゼロ」を実現しようという本ではありません。現在の製造業のあり方を考えれば、まだそれが無理なことは明らかです。ゼロ・ウェイストとは理念的なゴール、つまり少しでも近づきたい「魅惑の飴」のようなものです。この本を読む人全員が、私が書いているすべてのことを実行できるわけではないでしょうし、私たち家族のようにごみを 1ℓ 瓶のサイズにまで減らせるわけでもないでしょう。ブログの読者たちから届くフィードバックによると、個々人がどのくらいゼロ・ウェイストに近づけるかは、国や地域、年齢や性別など、様々な要素が絡み合って決まるようです。でも、出るごみの量がどのくらいかなんて、実は重要ではないのです。大切なのは、自分たちの消費の力が地球環境に及ぼす影響を理解すること、そして、その理解の上に立って行動することです。誰しも、その人なりに、できる範囲で暮らしを変えていけるはずです。そして、持続可能な暮らしへの一歩は、それがどんなに小さな変化であっても、私たちの地球と社会に必ずプラスの影響をもたらすのです。

　きっと、こんなふうに考えているのになぜわざわざ本を印刷して出版するのか、私の決断を疑問に思う人もたくさんいるでしょう。でも、価値ある情報は電子媒体を読める人にだけ開かれていればよいのでしょうか？　現時点では、私にとって、印刷された本こそが最大多数の人たちに自分の声を届ける最良の手段です。ゼロ・ウェイストに関する言葉をできる限り広めることは、自分自身の務めだと考えています。さらに、私たちの過剰消費の形を変えるためにあらゆる手をつくすこと。そして、企業に対し、人々の健康に影響を与えたり、限られた天然資源を使い込む商品の製造や選択について、説明責任を求めること。出版については、長い間真剣に考えました。そして、私なりにその代償と利益を天秤にかけた結果、ひとりの人を感化して、その人の日々のごみを減らすことは、1冊の本による環境負荷を十分に上回ると判断しました。それに、自分自身こんなに熱心に図書館を利用しているというのに、本の印刷がいけないなんて偽善的だとも思いました。ですから、あ

なたにこの本が必要なくなったら、ぜひ図書館に寄付するか、友達に譲ってください。

　この本は学術書ではありません。統計や数字は私の得意分野ではありません。既に多くの本が、私たちの社会にどれほどゼロ・ウェイストが必要かを示す潜在的な証拠を見事に分析してくれています。『ガーボロジー』（Garbology ／未邦訳）では、エドワード・ヒュームズが現代のごみ問題の裏に潜む醜悪な真実に光を当てていますし、『おもちゃのあひるによる緩慢な死』（Slow Death by Rubber Duck ／未邦訳）では、リック・スミスとブルース・ラウリーが、ありふれた日用品に潜む毒性について啓発しています。この本は違います。これは私自身の経験に基づく実践的なガイドです。

　この本の目的と野望は、私がゼロ・ウェイストの暮らしに限りなく近づくことを助けてくれた「絶対に確かな方法」を読者のみなさんにお伝えすることです。何がうまく行って、何が無残に失敗したか（！）、みなさんにお伝えしたいと思います。ちょっとやってみようかという方もいるでしょうし、徹底的にやってみようと思う方もいるでしょう。どちらの場合にしろ、私の願いは、みなさんがいろいろな個人的・地理的な事情に関わらず、何らかの有益な情報をここで見つけてくださることです。

　家庭は、聖なる場所であるべきです。私たち母親、父親、そして市民には、日々の選択や行動を通じて、世界にプラスの変化をもたらす権利——義務とまでは言いませんが——がありますし、私たちはそうする力を必ず持ち合わせているはずなのです。

　明るい未来は、家庭から始まります！　「ゼロ・ウェイスト・ホーム」へ、ようこそ！

5つの「R」と、ゼロ・ウェイストの暮らしのメリット

ゼロ・ウェイストのメリットは、環境汚染の緩和や資源の節約など、環境面だけにとどまりません。家庭では、お金、健康、時間など、生活の質が確実に向上します。

夜、ごみ箱を玄関の外に出します。すると、翌朝目が覚めたときには、シリアルのパックも、汚れたペーパータオルも、すべて消えてなくなっています。まるでマジックのよう！（＊カリフォルニア州のごみの分別回収制度についてはP.112参照）でも、私たちが「〇〇を捨てた」と言うとき、それは本当はどういう意味なのでしょうか？　「捨てた」ことで、ごみは私たちの視界から消え去ったかもしれない。でも、それですっかり忘れてしまっていいことにはなりません。だって、収集の人が持って行ってくれたからと言って、私たちのごみはただ蒸発してなくなってしまうわけではないのです。私たちのごみは、最後には最終処分場にたどり着き、商品を作るのに使われた貴重な資源は無駄になり、その処分に毎年何十億ドルもの費用がかかっています。

だからこそ、ゼロ・ウェイストがこんなにも大切なのです。では、ゼロ・ウェイストって一体何なのでしょうか？　ゼロ・ウェイストとは、ごみをできる限りなくそうとする様々な取り組みに基づく理念です。製造業の世界では、「ゆりかごからゆりかごへ」、つまり、誕生したすべての製品が「ゆりかごから墓場へ」ではなく、循環してまた新しいものに生まれ変わるサステイナブルなデザインや設計が促されます。家庭では、消費者がより責任をもって行動することが求められます。多くの人が、「ゼロ・ウェイストとは何でもかんでもリサイクルすることだ」と勘違いしているのですが、それはまったくの誤解で、ゼロ・ウェイストはリサイクルを推し進めるものではなく、

むしろ、リサイクルにかかる不確定要素やコストを問題視します。リサイクルは、ごみの単なる「処理」（つまり、本当は発生しないことが望ましいごみの「処理」）の善後策としてのみ捉えられます。ゼロ・ウェイストのモデルに含まれてはいますが、発生してしまったごみの埋め立てを避ける最後の手段として位置づけられるに過ぎないのです（この点は、食べ残しを「処理」するコンポストも同じです）。

　では、ゼロ・ウェイストによって家庭生活はどんなふうに変わるのでしょう？　家庭ごみのカットは、次の5つの簡単なステップを踏めば、実はとてもシンプルです。まず、①リフューズ（不必要なものは断る）、②リデュース（必要なものを減らす）、③リユース（買ったものは繰り返し使う）、④リサイクル（①②③ができないものはリサイクルする）、そして、⑤ロット（残りはすべて堆肥化）。下のイラストに示すとおり、この「5つのR」をこの順番のとおりに実行すると、それだけでごみはほとんどなくなります。最初の2つのRはごみの発生を防ぐもの。3番目のRは「配慮ある消費」、4つ目と5つ目のRは「出てしまったごみ」の適切な処理を目指すものです。

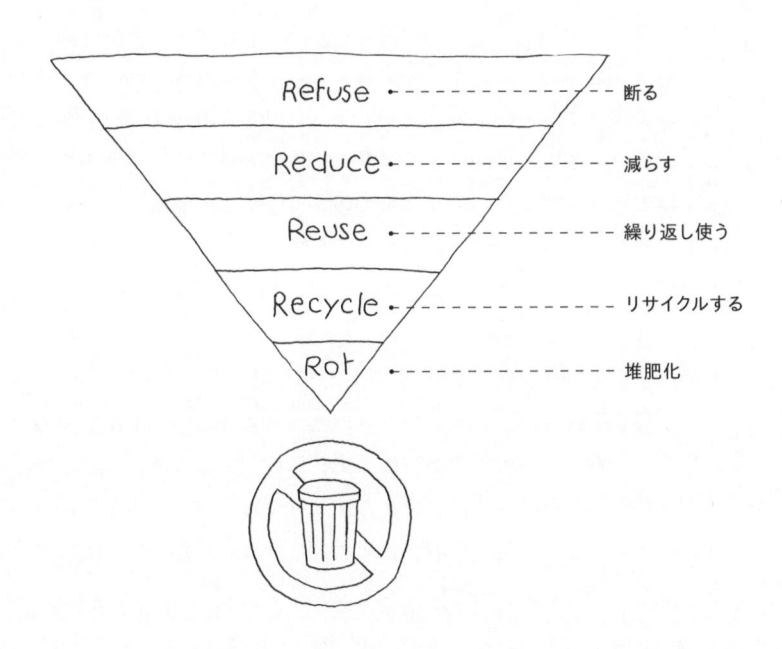

Refuse	断る
Reduce	減らす
Reuse	繰り返し使う
Recycle	リサイクルする
Rot	堆肥化

ステップ1：リフューズ（不必要なものは断る）

　私たち家族がゼロ・ウェイストの道のりに踏み出したとき、たちまち明らかになったこと。それは、「家の中」のゼロ・ウェイストは、まず「家の外」の行動なくして始まらないということです。

　消費の抑制は、ごみの減量のとても重要な部分です。なにしろ、消費しなければ、最終的に捨てる必要がないわけですから！　でも、消費というのは、買い物など目に見えやすい行為のみを指すわけではありません。いまの時代、玄関のドアを開けて外に踏み出した瞬間から「消費」は始まります。まず、ドアノブに引っかけられたドライクリーニングの広告を外し、庭先で造園サービスの冊子が入ったビニール袋を拾い上げます。仕事場では、行く先々で名刺が差し出され、手にいっぱいの名刺を持って会合を後にします。会議では、粗品入りの袋をもらいます。さっそく中身をチェックして、私たちときたら、もう家には一生分のペンがあるというのにこう思うのです、「あ、やった、ペンだ！」。帰り道、ワインを1本買います。すると、断る間もなく二重袋に入れられ、しかもレシート付き。そして、ワイパーの下に挟み込まれたチラシを外して車に乗り込みます。家に着いて、郵便受けをチェックすると、そこにはいっぱいに詰め込まれたダイレクトメール……。

　ゼロ・ウェイストは、直接的な消費と、こうした間接的な消費の両方を対象とします。1番目のRの「リフューズ」は、これら生活にしのび込んでくる紙やチラシ類などの間接的な消費をどうにかしようというものです。これらはほとんどリサイクルできるものばかりかもしれませんが、ゼロ・ウェイストはリサイクルをどんどん増やすことではありません。大事なのは、不必要なごみに対してアクションを起こし、ごみがそもそも家の中に入ってこないようにすることです。

　どんなに小さなものでも、私たちがそれを受け取ることで、「もっと作ろう」という需要を生み出します。つまり、何も考えず、断らずに受け取っているだけで、ごみが生み出されつづける現状に加担することになるのです。ウェイターが私たちのグラスに、私たちが飲むつもりがない水と、使うつもりがないストローをサーブするのを止めずにいれば、私たちは「水は大切ではありません」「もっと使い捨てストローを作ってください」というメッセージ

を発していることになります。ホテルで「無料」のシャンプーをもらってくれば、それを補充するためにまた石油が使われます。広告チラシをなんとなく受け取っていることで、もっとたくさんのチラシを作るためにどこかでまた木が切られます。そして私たちの時間は、そんな「どうでもいいもの」を手に取って、紙ごみに入れるために無駄に浪費されるのです。

　消費者主導の現代社会には、リフューズのチャンスはそこら中にあふれています。特に考えてみたいのが次の4種類です。

1．使い捨てプラスチック

☆レジ袋、ペットボトル、プラスチックカップとふた、ストロー、プラスチック皿 etc.

　30秒で捨てると分かっているプラスチック製品をわざわざ使うことで、私たちはその有害な生産過程を全面的に認め、有毒な化学物質が土壌（さらには食物連鎖や私たちの体内）に浸み出すのを応援し、ほとんどリサイクルされない、またはできない、そして絶対に土に戻らない製品の製造にどんどんお金を落としていることになります。これらの製品は、太平洋ごみベルトに見られるような海洋汚染の源となり、道路脇、町中、公園、森など、私たちの身の回りも汚します。この問題はあまりに甚大で目眩がするほどですが、私たちはフラストレーションを具体的なアクションに切り替えて、とにかく使い捨てプラスチックを断り、もう2度と使わないと誓えばよいのです。この「誓う」という行為は、目的の達成にきわめて有効です。使い捨てプラスチックの使用は、ほんの少しの事前準備と工夫で、簡単に防ぐことができます。

2．無料グッズ類

☆ホテルのアメニティ、パーティーで配られる記念品、食べ物の試供品、会議・表彰式・イベント・フェスティバル（環境をテーマにしたものも含む！）で配られる各種景品 etc.

　みなさんの声が聞こえます、「え、だって、ただなのに！」。本当にそうですか？　無料グッズ類の大半はプラスチック製で、安く作られており、つまりすぐに壊れます（パーティーの粗品なんて、使い捨てプラスチックと同じくらいすぐにダメになってしまうものばかり）。あらゆる製品は、プラスチック製のものも含め、手元に届くまでに大量の二酸化炭素の排出と、それに伴う環境負

荷のコストがかかっています。家の中に積み重なれば、今度は部屋が散らかり、保管と処分のコストもかかります。無料グッズを断るには強い意志が必要です。でも、何回か練習を重ねれば、すぐに暮らしの中によい変化が現れたことに気づくはずです。

3. ダイレクトメール

　数えきれないほどたくさんの人たちが、何も考えずにダイレクトメールを郵便受けから資源物入れにそのまま移し換えています。でも、この単純な行為が、塵も積もれば山となって毎年1000億枚ものダイレクトメールの発送を支えているのです。ダイレクトメールは森林の伐採のもととなり、製造過程では貴重なエネルギー資源も使います。何のために？　ただ私たちの時間と税金を無駄にするために！　これに抵抗するには、とにかく「絶対許さない！」につきると悟りました（P.227参照）。残念ながら、今のアメリカの郵便制度の中では完全にダイレクトメールをなくすのは不可能です（＊日本ではそれほど困難ではありません。P.230参照）。読み進めていただければ分かるとおり、私はダイレクトメールと本格的に戦いました。そしてほとんど勝利を収めたわけですが、この戦いは私のゼロ・ウェイストの挑戦の中でもっともフラストレーションの溜まる部分でした。ごみが家の中に入ってこないようにすることはできるのに、郵便受けに入ってこないようにできないなんて、本当にイライラさせられます。

4. 持続すべきでない慣習

　ここに入るのは、たとえば子どものスポーツ大会に個別包装のおやつを持って行ったり（「だってみんなそうしているし……」）、絶対に使わないレシートや名刺を受け取ったり、過剰包装の商品を買って、メーカーに方針の変更を迫りもせずにそのまま捨てたりすることです。どれも、私たちひとりひとりの行動によって、物事の現状を変えられるかもしれません。だって、これは声を上げて、主体的に関わるチャンスなのです（P.329「動き出すごみたち」参照）。私たち消費者は、メーカーや販売店に私たちが求めるものを知らせることで、ごみと無駄づくしの現状を変えていくことができるのです。たとえば、紙の

レシートをみんなが断れば、レシートを紙媒体ではなく電子メールで送付するなど、別のオプションを提供するニーズが生まれます。

　この章で取り上げる5つのRの中で、この「リフューズ（断る）」が、社会的にいちばん難しいと感じるかもしれません。特にお子さんのいる家庭はそうでしょう。誰だって流れに逆らいたくないし、まったくの善意で差し出されたものに失礼な態度なんて取りたくありませんよね。でも、ほんのちょっとの練習と、短い言い訳だけで、どんなに丁重な申し出も簡単に断れるようになります。言うべきはたったこれだけ。「ごめんなさい、ごみ箱がないので……」「ごめんなさい、紙を使わないことにしているので……」「ごめんなさい、物を増やしたくないので……」、あるいは「ごめんなさい、もう家にたくさんあるので……」。これだけで、ほとんどの人は分かってくれますし、個々人の選択を尊重して、それ以上強く言ったりしません。また、ダイレクトメールが送られてくる前にあらかじめ送付リストから自分の名前を外してもらうなど、「先手必勝」が有効な場合もあります。

「リフューズ」することで社会からずれてしまうなどと思う必要はありません。これは私たちの日々の選択を振り返り、自分たちが関わっているこの間接的な消費、さらに私たちが集団として持っている“力”にきちんと向き合うための行動なのです。もちろんたったひとりのリフューズでごみが消滅するわけではありません。でも、その行動は「よりよい形」への需要を作り出します。リフューズは「集団の力」に基づく概念です。もしみんながホテルのアメニティを断れば、アメニティは提供されなくなります。もしみんながレシートを断れば、レシートを印刷する必要もなくなります。そして実際、既にアップル社など多くの販売店やホテルチェーンで、レシートを紙ではなく電子メールで受け取るオプションが選べるようになっています。ぜひ、リフューズを試してみてください！　チャンスは無限大です。

　数年前、私はアメリカの「グリーンアワード」という環境大賞にノミネートされました。受賞すれば、副賞の300万円でゼロ・ウェイストを世に広めることができます。スポンサーのグリーンジャイアント社は、ロサンゼル

スの表彰式に出席するためにふたり分の航空券をオファーしてくれました。私は息子のマックスを連れて行くことにし、会場で手渡されるであろうグッズ類や、受賞した場合の記念品をそっと（親切な主催者の意を損ねることなく）断る計画を胸に家を出発しました。グッズ類を断るのは簡単でした。でもその晩、マイクで私の名前が響き渡ったとき、私は興奮の渦とスポットライトに目がくらみ、地球をかたどったガラスのトロフィーを思わず受け取ってしまったのです（そっと断るなんて、絶対に無理でした！）。トロフィーを手に私はメディアに向かってポーズを取り、マックスは「前からこんなトロフィーが欲しかったんだ！」と、夜通し鼻高々にそれを抱えていました。私はマックスに言いました。

「ここにはモノをもらいに来たんじゃないのよ、賞金が広げてくれる "チャンス" をもらいに来たの。分かるわね？」

マックスはそれでも絶対にトロフィーを持って帰ると言い張りました。でも数か月が経ち、受賞の興奮が薄れてくると、マックスのトロフィーへの執着も薄れてきました。

「トロフィーだけど、また来年の授賞式で使ってもらえるようにグリーンジャイアント社に送り返してもいいかしら？」

そう尋ねると、彼は言いました。

「そうしなよ」

そんなわけで、晴れて送り返しました。以来、マックスも私も一度たりとも後悔していません。あの晩の写真と、ふたりの心の中の記憶、そしてその後賞金が可能にしてくれた有意義な取り組みの数々が、あのすばらしい夕べをいつだって思い起こさせてくれるからです。しかも、トロフィーに溜まる埃をはたく必要もないのです！

ステップ2：リデュース
（必要なもの、断れないものを減らす）

> 人生、持てる物が少なければ、心配の種もない。物が多いほど、失う
> ものも多いようだ。

—— リック・レイ（ドキュメンタリー『ダライ・ラマへの10の質問』）

ごみを減らせば、減らした分だけ、私たちの環境危機は緩和されます。「リデュース」はごみ問題の根幹にダイレクトに切り込みます。そして、この増え続ける人口と消費、さらに地球上の限られた資源ではもはや世界のニーズを支えることができないというこの差し迫った現実に正面から向き合うのです。リデュースは、よりシンプルな暮らし、「量より質」「モノより経験」に重きを置くライフスタイルにもつながります。過去といまと未来、すべての買い物の「必要性」と「使い道」を問い直す契機となります。だって、「持ち物」というのは、「必要だから持つ」わけですから。

わが家が積極的な「リデュース」のために実行したのは次の3つです。

1. 過去の消費を振り返る

家にあるすべてのモノについて、本当の使い道と必要性を見極め、不必要なものを手放し、モノを減らします。なくては困ると思っていたモノも、なんとか手放せないか、がんばって考えてみます。たとえば私たちは、このプロセスを通して、わが家にはサラダ用水切り器が必要ないことに気づきました。家にあるすべてのものを問い直してみてください。きっとたくさんの発見があるはずです。

①モノを減らすと、よりよい買い物の習慣が身につきます

時間をかけてしっかりとこれまでの買い物を振り返ることで、今後、何か新しいものを家に持ち込む前にきちんと熟考する癖がつきます。そうするうちに、資源の無駄づかいとなるような買い物を徐々に自制して、「量」（＝どんどん使い捨てる）よりも「質」（＝直しながら使う）を選べるようになります。

②モノを減らすと、人と分かち合えます

過去に買ったモノを寄付したり売り払ったりすると、セカンドハンド（中古）の市場やネットワークの支援につながります。みんなが自分のものを分かち合えば、社会はよりやさしくなりますし、セカンドハンドの流通が増えれば、セカンドハンドの買い物もしやすくなります。

③モノを減らすと、ゼロ・ウェイストが簡単になります

暮らしをシンプルにすると、ゼロ・ウェイストの細かな計画や準備が簡単になります。モノが少ないというのは、すなわち、気にするべきものが少ないということ。掃除や保管や修理、そして最終的な処分の手間も減るのです。

2. これからの消費を抑える

新品であれ中古であれ、「買わない」ことで貴重な資源を確実に節約できます。新品なら製造過程で必要となる資源を使わずに済みますし、中古ならその品物が自分以外の誰かの手に渡ります。そのほか、次のような点についても考えてみましょう。

- ☐ 包装を減らせないか（量り売りで買えないか？）
- ☐ 車の使用頻度（もっと自転車を使えないか？）
- ☐ 家のサイズ（もっと小さくてもいいのでは？）
- ☐ 身の回りのもの（本当に必要？）
- ☐ ハイテク機器（なくても平気では？）
- ☐ 紙の使用量（本当に印刷しなくてはいけない？）
- ☐ 買う量を減らせないか？
- ☐ 量・サイズは本当に私のニーズに合っているか？

何かを買いたいと思ったら、必ずその必要性を問い直しましょう。そして、製造過程から廃棄に至るまでのライフサイクル全体を考慮して、せめてリサイクル、できればリユース可能な製品を選ぶように心がけましょう。

3. 消費につながる活動を減らす

　テレビや雑誌やショッピングはとてもよい気分転換になるかもしれません。でも、メディアに織り込まれる戦略的な広告、購買意欲を促す巧みな商品マーケティングは、寄ってたかって私たちを「イケてない」「かっこ悪い」「ずれている」と思い込ませます。そうした感覚に捉われていると、本来は不要なイメージのために、どんどん「買いたい誘惑」に屈してしまいます。これらに触れる機会を減らせば、消費の抑制に効果絶大なばかりか、私たちの幸福度もアップします。既にあるもので満足しましょう！

　「リフューズ（断る）」はやるべきことがほとんど決まっています。とにかく「ノー」と言えばよいのです。それに対して、「リデュース（減らす）」の形は人によって千差万別です。みなさんひとりひとりが、家族構成、経済状況、地理的な要素などを踏まえて、自らの快適レベルを判断する必要があるわけです。たとえば、車の利用をやめるのは、公共交通機関がない田舎や郊外に住むほとんどの人にとっては、現実的とは言えないでしょう。でも、もしかしたら車を1台に減らしたり、運転の頻度を減らしたりするくらいは考えられるかもしれない、そう教えてくれるのがリデュースです。大事なのは、何よりもまず現在の消費レベルに意識的になること、そして持続可能でない消費を減らす道を見つけることです。

　リデュースは、私のゼロ・ウェイストの道のりの中でもっとも発見に満ちた、まるで秘密の特効薬のような存在でした。モノを減らし、シンプルな暮らしに移行する中で得られた様々なメリットには、当初予想もしなかったようなものもありました。

　たとえば、スコットが仕事を辞めて、この大不況の最中に環境コンサルティング会社を始めたときのこと。私たちは既に十分に「シンプルな暮らし」に踏み込んでいましたが、経済的にさらに出費を減らさざるを得ませんでした。もう家族旅行をするお金もないし、遠出をするお金もない。それらがあってこそ、日々楽しく、仕事を忘れて小休止することもでき、社会を新鮮な気持ちで眺められていたというのに！　でも、ゼロ・ウェイストの暮らしのおかげでこんなにすばらしい具体的なメリットが得られたのだから……と、

私たちはそう考えて自分たちを慰めることにしました。たとえば、生活を縮小したからこそこんなにいい場所に住めることになったわけだし、シンプルな暮らしにしたからこそ家のメンテナンスはこんなに楽になったわけだし。でも、ある時、気づいたのです。これらのメリットを足し合わせたら、予想外のボーナスが生まれる、つまり、時々わが家を貸しだせばいいのだと！最初の1回は、それなりの準備をしてから家を空ける必要がありました。ラベルを作ったり、「ゼロ・ウェイスト・ホーム利用ガイド」を書いたり、ごみ箱や資源物入れを利用者のために設置しなおしたり。でも、そうした努力は大いに報われました。家のレンタル収入で、なんとフランスへの帰省のフライトと宿泊費がカバーできたのです。家族にも会えて、子どもたちは第二の母語であるフランス語に触れることもできる。以来、家のレンタルは、私たちの週末旅行や長期休暇のヴァカンスの費用を捻出する手立てになりました。ゼロ・ウェイストの暮らしにまさかこんな副産物がついてくるなんて、さすがに予想もしませんでした！

参考：リデュースのための様々なオプション

インターネットで売る・譲る

- ・アマゾン（マーケットプレイス）

- ・各種シェアリングサイト

  ＊クレイグスリストのほか、日本ならヤフオク、ジモティ、メルカリ、ラクマなど

- ・Freecycle.org（無料のもの）　＊東京支部もあるようです

- ・イーベイ（高価な小物類）　＊日本から出品可、公認サイト「セカイモン」で購入可

  ＊このほか、アメリカにはCrossroads Trading（流行服）、Diggerslist（家の備品）など
  特定の分野に特化したユニークなシェアリングサイトもあります（日本未進出）。

寄付する

- ・日本では、ワールドギフト（海外途上国へ）、国際子供友好協会（途上国の子どもへ）、もったいないジャパン（海外のほか被災地や福祉施設へ）など

  ＊不用品宅配回収のパワーセラーも、不用品の一部を東南アジアに送付するなどの支援
  を実施しているようです。

＊このほか、アメリカではDress for Success（スーツなど仕事着）などへの寄付も可能です（日本未進出）。

地元で売る・譲る

- ・リサイクルショップ
- ・フリーマーケット、バザー
- ・友人にゆずる
- ・ガレージセール（または「無料」の張り紙をして玄関脇に置く！）
- ・市役所や公民館にある「ゆずります」の無料掲示板を利用
- ・図書館に寄付（本、CD、DVD）
- ・解体業者に譲る（建材）
- ・学校に寄付（工作用品、雑誌、使い捨ての紙皿に代わる食器類）
- ・ほかの人への贈り物に再利用！

＊このほか、アメリカでは、慈善団体の運営によるセカンドハンドストア、アンティークショップ、オークション、教会、ホームレスや女性のためのシェルター、工具バンク（工具）、フードバンク（食品）、地元の動物虐待防止協会（タオル、シーツ）などへの寄付も一般的です。なお、著者は「コインランドリーに置いてくる（雑誌、洗濯用品）」「託児所、保育園に寄付（毛布、おもちゃ）」「眼科・視力測定医に寄付（眼鏡）」「待合室（雑誌）」などにも言及しています。日本では必ずしも適切とみなされない可能性もありますが、参考にしてみてください。

ステップ3: リユース
（使うもの、断れないもの、減らせないものは繰り返し使う）

> 使い切ろう、着倒そう、無理やり使うか、なしで済ませよ。
>
> ──古い諺

　とても多くの人が「リユース」と「リサイクル」という２つの言葉を混同しています。でも、この２つは、資源循環の形がまったく違います。リサイクルは「製品を再加工して新たな形に作り変えること」と言えば分かりやす

いでしょう。それに対し、リユースは「製品を最初に作られたそのままの形で何度も使い、最大限に活用して寿命を延ばし、リサイクルの加工のために失われたかもしれない資源を節約すること」を意味します。

　リユースは、ヒッピー的なライフスタイルや「モノの溜め込み」といった連想のせいで、すっかり悪いイメージがついてしまっています。私も以前は「資源を大切にする」＝「モノをしまい込むこと」だと勘違いしていましたし、「ゼロ・ウェイスト」＝「大量の保存容器で散らかったキッチンカウンター」を想像していました。でも、そんなふうである必要はないのです！　「シンプルで美しいリユース」だって可能なのです。

「リフューズ」と「リデュース」の２つが不要なものをなくしてくれるので、この「５つのＲ」の順序を守っていれば、「リユース」は最小限で済みます。たとえば、レジ袋は別の目的に再利用することもできますが（気泡緩衝剤の代わりに使ったり、泥だらけの靴を運んだり）、そもそも「リフューズ」してしまえばよいので、ゼロ・ウェイストの家庭ではレジ袋を保管する必要も、使い道を考える必要もありません。同様に、自分が本当に必要だと思うところまでモノを減らしてしまえば、リユースすべきモノの数も少なくなります。たとえば、私にはいくつの買い物袋が本当に必要なのでしょうか？　「リデュース」を通して、私は自分の使い道をしっかり見極めました。その結果、自分にはトートバッグが３つあれば十分だと気づきました。

　リユースはゼロ・ウェイストを軌道に乗せる大きなポイントとなります。リユースによって、「消費」と「資源の節約」の両立が図られ、モノを廃棄から救う究極の形が実現します。これひとつで、1. 無駄な消費をなくし、2. 資源の枯渇を和らげ、3. 買ったモノの寿命を引き延ばすことができるのです。

1. 無駄な消費をなくす

リユース可能なものを繰り返し使うようにすれば、包装や無駄な使い捨て用品がいらなくなります。たとえば……

①買い物には、繰り返し使える袋や容器を持参しましょう

必要な数の袋や容器をお店に持って行けば、包装をかなり減らすことができます。

②「使い捨て用品」は「繰り返し使えるもの」に代えましょう

どんな使い捨て用品にも、必ず「使い捨てでない」（リユース可能な、あるいは詰め替え可能な）形が存在します。詳細はこの先の各章で触れますが、まずはP.41の「基本のリユース・アイテム」のチェックリストをご覧ください。

2.資源の枯渇を和らげる

①「シェアリング」（共同利用）を始めましょう

私たちが持っているものの多くは、しばしば何時間、長いときは何日間も、まったく使われずに眠っています（たとえば芝刈り機、車、家）。これらを仲間内で貸し借りしたり、物々交換したり、賃貸したりすることによって、私たちはモノを最大限に活用して、時には利益さえ作り出すことができます。以下のようなネットワーク・サービスが利用できます。

・自家用車のレンタル：turo.com

＊日本国内でもAnyca（エニカ）、カフォレなど各社がサービスを開始しています。

・家や部屋のレンタル：Airbnb.com

＊日本独自の民泊サイトも各種登場しています。

・オフィスやデスクのレンタル：desksnear.me

＊これら国際的なサイトには日本からの登録はまだ少ないですが、「スペースマーケット」という日本独自のサイトでは、オフィスほか様々な目的に合わせたレンタルスペースの貸し借りが行われています。

・工具・道具類のレンタル：neighborgoods.net

＊日本ではホームセンターのレンタルサービスやネットレンタルも登場しています。「工具　レンタル」などのキーワードで検索してみてください。

②セカンドハンドを買いましょう

アメリカなら、慈善団体の運営によるセカンドハンドストア、ガレー

ジセール、委託販売ショップ、骨董市、クレイグスリスト、イーベイ、アマゾンなど、セカンドハンドで買い物ができる場所はいろいろあります（＊日本でも、アメリカほど多様な選択肢はありませんが、メルカリ、ラクマ、ヤフオクのほか、アマゾン・マーケットプレイス、楽天中古市場、クレイグスリスト、セカイモン、ジモティなどのサイトでセカンドハンドの入手が可能です）。買い物はいつもこれらのサイトから始めましょう。

③賢い買い物をしましょう

できるだけ繰り返し使えるもの、詰め替え可能なもの、充電可能なもの、修理できるもの、使い道の多いもの、長持ちするものを探しましょう。たとえば、革靴はビニール靴や合成皮革の靴よりも長持ちしますし、修理も簡単です。

3. 必需品の寿命を延ばす

①修理して使いましょう

金物屋さんに持って行ったり、単にメーカーに電話するだけで、大抵の問題は解決します。

②新しい利用方法を考えましょう

コップは鉛筆立てとしても使えます。キッチンクロスを結び合わせれば、「ゼロ・ウェイスト・ランチ」を包むフロシキに早変わりです。

③もとの場所に戻しましょう

ドライクリーニングのワイヤーハンガーは、お店に返却してリユースしてもらいましょう。

④最後にもう一度使いましょう

ダンボール箱や片面印刷のプリントは資源回収に出す前にもう一度使いましょう。使い古した服もごみ処理場に送る前にぞうきんとして使えます。

Checklist　基本のリユース・アイテム

☐ トートバッグ（買い物袋）

☐ 広口の保温タイプの水筒

☐ 保存瓶

☐ ガラス瓶

☐ 布袋

☐ 古布／ぞうきん

☐ 布巾

☐ 布製のナプキン

☐ ハンカチ

☐ 充電式電池

ステップ4：リサイクル
（断れないもの、減らせないもの、繰り返し使えないものは資源化）

> リサイクルというのはアスピリンのようなものだ——過剰消費という、何とも大規模な集団的二日酔いを多少和らげるための。
>
> ——ウィリアム・マクダナー『サステイナブルなものづくり—ゆりかごからゆりかごへ』

　よくパーティーなどで、私がゼロ・ウェイストの暮らしをしていると知ると、みなさんこぞってこう打ち明けてくれます、「私もすべてリサイクルしていますよ」。

　そう、もうお分かりですね。ゼロ・ウェイストの暮らしはリサイクルがすべてではありませんし、ごみ対策はそもそも家の外で消費を抑えるところから始まるのです。消費が減ればリサイクルはほとんど必要なくなり、リサイクルにまつわる様々な懸念も無用になります。懸念というのは、たとえばリサイクルは一般的に「再加工」のために貴重なエネルギーを要します。さら

に、メーカー、自治体、消費者、資源化業者のそれぞれの取り組みをうまく導いて連携させるような枠組みも実現されていません。リサイクルはまだ、ごみ問題の有効な解決策となるにはあまりに多くの不確定要素の上に成り立っているのです。リサイクルが完璧に機能するには、たとえば次のようなシナリオが必要です。

①メーカーが資源化業者と情報交換し、耐久性にすぐれ、かつリサイクルしやすい製品をデザインする。たとえば、金属とプラスチックなど異質な素材が混ぜて使われると、分別コストがかさみ、リサイクルするよりごみ処理場に送る方が安くなってしまう。また、リサイクルしにくいと、ある町ではリサイクルできるのに別の町ではリサイクルできないという事態が発生してしまう。さらにその製品がリサイクル可能かどうか、再生資源を使用しているかなどをきちんと製品に表示する必要がある（現在これらはメーカーの裁量です）。

②消費者は地元のリサイクル制度を理解し、ルールに従ってリサイクルする。さらに、それを見越した買い物をし、きちんと再生資源を利用した商品を買って再生資源の市場を創り出す。

③自治体は資源物を分別収集し、資源化困難なものについても回収拠点を設け、収集業者とともに市民の啓発に取り組む（わかりやすいイラストや違反ごみへのステッカーなどが有効）。

④収集業者は自治体と協働して、市民に便利で経済的魅力のあるサービス（排出量に応じた有料制度など）を提供し、中間処理施設（P.113参照）の適切な研修を受けて、市民の疑問に答えられるようにする（市民にとっては収集業者が唯一の接点となることが多いため）。

⑤中間処理施設は集められた資源物を効率よく機械選別し、できる限り異物混入を抑える。市民の質問にも答え、さらに地元の資源化業者と契約を結ぶ（海外に出してしまうと、リサイクルはまたあらゆる不確定要素を抱えることになるため）。

⑥資源化業者はメーカーと情報交換し、自社製品の存在を伝え、広く流通させる。そして、品質が低下する「ダウンサイクル」（＝それ以上リサイクル

できない低品質の製品に作り変えること）ではなく、品質を向上させる「ア
ップサイクル」や「リサイクル」を促す。

　どんな買い物をする場合でも、その製品がリサイクル可能かどうかを含め、
製造から廃棄に至るまでのライフサイクル全体を考慮した上で購入すべきで
す。たとえばプラスチックは、製造過程においても、使用する過程において
も、リサイクルの過程においても、有害物質を排出します（使っているだけ
でも揮発や溶出が起こる）。しかも、きちんとリサイクルされる場合でさえ、
品質が下がってそれ以上リサイクルできない製品にダウンサイクルされてし
まい、つまり結局はごみ処理場行きとなってしまいます。
　また、昨今ブームの「環境にやさしい商品」の現状も要注意です。メーカ
ーは「生分解性プラスチック」や「堆肥化可能なプラスチック」など、謎め
いた物質を使って製品を作り出していますが、これらの製品はまじめな消費
者や資源化業に携わる人々に混乱を与え、結局は資源物の分別フローをかき
乱しがちです。もしリサイクルの目的がごみの循環の輪をしっかりと閉じる
ことであるならば、その目標に近づくにはできる限りシンプルなシステムが
求められます。ゼロ・ウェイストの世界では、リサイクルの規格は全世界共
通であることが理想です。さらに望ましいのは、ひとつひとつの製品が繰り
返し使ったり修理できるようにデザインされ、そもそもリサイクルがまった
く必要ないか、ほとんど必要ないような社会が実現することです。
　私たちはまだそこまでは行き着いていません。
　でも、よろこぶべきことに、私たち消費者は5つのRを上から順に実行し
ていくことで、リサイクルにまつわるこれらの懸念の大半を吹き飛ばしてし
まうことができます。まず必要のないものを断り、必要なものを減らし、さ
らに買ったものを繰り返し使うようにすれば、あとはリサイクルしなければ
ならないものなどほとんど残りません。そうすれば、リサイクルに付き物の
憶測もラクになるし（紙コップがリサイクル可能かどうかを考える必要もありま
せん！）、資源化困難物を回収拠点に持ち込む回数も減らせます。
　本当に必要な場合には、リサイクルはごみ処理場に直接モノを送り込むよ
りもよい選択肢と言えます。エネルギーの節約にもなるし、天然資源は循環

するし、モノはごみ処理場から救い出されるし、再生資源の需要も創出されます。出てしまったごみの処理の形に過ぎないとは言え、何がいちばんリサイクルしやすいかを知っていれば、よりよい買い物を選択することができます。新品を買う際、私たちは、単にリユースが可能というだけではなく、使用済み原料を多く含み、住む地域の資源回収制度に準拠する製品を選ぶべきです。さらに、プラスチックのようなダウンサイクルではなく、何度もリサイクルされる可能性の高い製品（スチール、アルミニウム、ガラス、紙など）を選ぶ視点も重要です。

　わが家はもうほとんど「ゼロ・リサイクル」を達成しました、とここに書けたらどんなに素敵だろうと思います。でも、ゼロ・ウェイストの暮らしに踏み出す以前に買ったものもいろいろあり、さらに現在の製造業のあり方などを踏まえると、それはまだ実現可能ではないのだという事実を受け入れる必要がありました（完全なゼロ・ウェイストが実現可能でないのと同じことです）。もちろん試してはみました。でも、それはあまりにも制約が大きく（友人の手みやげのワインさえ断わらなければなりません）、時間もかかりすぎ（子どもたちが学校から持ち帰るプリントをリサイクルするために再生紙作りまでしなければなりません）、長期的な持続は不可能でした（たとえば、家のメンテナンスはリユースだけではどうにもなりません）。
　でも、この実験に取り組んだことでたくさんの疑問が湧き、リサイクルのシステムについて実に多くを学ぶことができました。たとえばガラスのコップが割れてしまった時は、どうやって捨てるのがいちばんいいのか突き止める必要がありました。燃えないごみ（最終処分場）？　それともリサイクル？　インターネットで調べても、なかなか一致した答えは見つかりません。どちらかと言えば、「最終処分場に送るべき」という意見が多いように見えましたが、私はきちんと知りたいと思いました。結局私がしたのは、2つの資源化施設を訪問し、21人の人に連絡をとり、割れたコップをガラスの資源化業者に送りつけること。どの業者に送ればよいかを調べるだけでもひと苦労でした。その結果、やっとのことで私のコップはリサイクル可能だったことが突き止められたのです（クリスタルのグラスはほかのガラスと溶解温度が違う

ため、リサイクルできないそうです)。私が言いたいのは、みなさんもコップを資源物に入れてくださいということではありません。それについては、まずお住まいの廃棄物部局にご確認ください。分かっていただきたいのは、とにかくこのシステムがどれほど複雑かということ。そして、リサイクルがうまく行くためには、答え探しはもっと簡単でなければ、という点を考えていただきたいのです。それが実現するまでの間は、リサイクルはどうしても必要な時だけにとどめ、まずはほかの「R」に頼るようにしましょう。

Checklist　リサイクルのためにすべきこと

☐ 地元の資源回収に出せるものと出せないものを暗記してしまいましょう。たとえば私の地区では、白熱電球や鏡、クリスタル、耐熱ガラス食器、陶器、写真などはリサイクルに出せません。

☐ 近くの中間処理施設を訪ねるなど、プラスチックのリサイクルについて知識を深めましょう。矢印のリサイクルマークを鵜呑みにしないように！　マークがついていてもリサイクルできないものもありますし、ついていないのにリサイクルできるものもあります。

☐ 台所と書斎の使いやすい場所に資源物入れを置きましょう（台所ならシンク下がベスト）。ゼロ・ウェイストの家庭なら、浴室や寝室には置く必要はありません。

☐ 資源化困難な品目（コルクや使い古した靴）や危険ごみ（電池、ペンキ、モーターオイルなど）を持ち込める回収拠点を見つけておきましょう。アメリカなら、Earth911.com やモバイル用アプリの iRecycle が便利です（日本ならまず自治体のごみの部署に問い合わせましょう）。

☐ 資源物の行き先（回収拠点）ごとに専用の分別容器を用意しましょう。

ステップ5：ロット (残りはすべて堆肥化)

> 私は一生涯待ち焦がれていました。天からの啓示、あるいは神の存在が顕在化し、自分自身の存在を大局的に知らしめてくれるような、ある種超越的な神秘体験がやってくるのを。そして、はじめて自分で作った堆肥の山を前にした瞬間、まさしくそれを手にしたのです。
>
> ——ベット・ミドラー (ロサンゼルス・タイムズ紙の引用)

「ロット」とは「腐らせる」の意。すなわち、堆肥化（コンポスト化）を意味します。つまり「有機物のリサイクル」です。

堆肥化は、自然が行うリサイクルです。生ごみや植木などの有機ごみを時間をかけて分解し、養分を土に返します。家庭でも、コンポストは生ごみや植木ごみにとって最適な環境を作り出し、分解を早め、それらを「ごみ処理場行き」の運命から救い出します。アメリカではごみは最終処分場に直接埋め立てられますが、最終処分場の集約的な環境下では生ごみの自然な分解は阻害され、大気汚染や水質汚染が引き起こされます（＊日本では焼却されますが、水分の多い生ごみや草木ごみの焼却には大量の燃料が必要で、ダイオキシン等の有毒ガスも発生します）。家庭から出るごみの3分の1が生ごみや植木であることを考えれば、コンポストはごみの減量にきわめて有効です。

コンポストにはとても満足しています。なにより、コンポストは目で観察できます。野菜くずをみみずコンポストに入れると、みみずがちゃんと働く様子がたしかめられ、彼らが有機物を養分たっぷりの土に変えてくれるのを見守ることができ、最後には肥料という形あるおまけまで手に入るのです。コンポストは、自分が入れたものの結果がはっきり目に見えます。それは庭いじりをする人たちに「ブラックゴールド」と呼び称される豊かな土壌です。一方、プラスチックのリサイクルは結果が見えません。空になったコンタクトレンズ洗浄液のプラスチック瓶をリサイクルに出したら、何に変わるのでしょう？　デッキ？　ベンチ？　歯ブラシ？　もしや最終処分場？？？　そう、最後は確実に最終処分場行きです。昔は、コンポストなんて気持ち悪いし、臭いし、汚いし、難しそうだし、すごく厳密なのだろうし……と想像し

ていました。でも、どれひとつとして当たっていなかったことが分かりました。

　リサイクルと同じく、私はコンポストについても専門家ではありません。むしろ、まったく詳しくないのです。私なんかがコンポストのことを知る遥か以前から、幾世代にもわたる人々がコンポストを実践してきています。とは言え、私たち家族だってすぐにそのよさを味わうことができましたし、ゼロ・ウェイストの面で見れば、それは本当にすごい威力を発揮してくれました。「ロット」は、リフューズもリデュースもリユースもリサイクルもできないものを処理してくれる、ゼロ・ウェイストにとって非常に重要な存在です。プラスチックの消費を抑える上でもとても有用です。たとえば歯ブラシなど、金属製やガラス製のものがない場合には、堆肥化できる木製のものを選べばよいわけです。

　わが家はこれまでに３つのタイプのコンポストを試してきました。最初は地上に積み上げていくタイプのコンポスト。続いて、みみず式コンポストを買い足し、最後は市の生ごみの分別収集も利用し、最初の積み上げ式のコンポストはやめました。でも、各家庭の状況や、その中でコンポストがうまく行くかどうかは、様々な要素に左右されます。特に初めて取り組もうとする人にとっては、数ある選択肢の中から自分に合ったコンポストの方式を選ぶのはかなり大変かもしれません（＊P.114に「コンポスト方式比較表」を掲載していますので、ご自身にいちばん合う方式を考えてみてください）。

　ひとりひとりのニーズに合う方式が必ずあるはずです。コンポスト選びでは、一般的な機能や使い勝手ばかりでなく、「自分個人にとってどうなのか」という点が重要です。次のような点について考えてみるとよいでしょう。

・**コスト**
　初期投資なく始められるタイプもありますし、フェンスの残りなど手持ちの材料で作れるタイプもあります。逆に、一次処理槽の生成物を二次処理槽で熟成させるなど、多少の費用がかかるタイプもあります。

・**場所**
　もし庭をお持ちなら、庭の植木ごみも一緒に入れられるタイプがおすす

めです。アパート暮らしなら、住んでいる場所の特性に応じて、選択は
おのずと絞られるはずです。

・**見た目**

残念ながら美しいとは言いがたいタイプもあります。使えるスペースの
広さに応じて、家の様式にうまく調和する、コンパクトでなるべく目立
たないタイプを選ぶのがおすすめです。

・**食習慣**

特に明記がなければ、果物や野菜のくず、お茶がら、コーヒーかす、卵
の紙パック、つぶした卵の殻などはほとんどのコンポストに入れられま
す（堆肥化可能な品目の詳細はP.72参照）。でも中には、肉や乳製品、さら
に骨まで処理できるタイプもあって、これは菜食でないゼロ・ウェイス
ト・ファミリーにとってはかなり重要なポイントかもしれません。

・**堆肥ができるか**

庭の有無や、野菜や鉢植えを育てているかどうかによって、できあがっ
た堆肥や液肥が活躍するかもしれませんし、まったく出番がないかもし
れません。ご自身に適したタイプを選びましょう。もし必要以上の堆肥
ができてしまったら、ガーデニング・クラブや友人に譲ったり、クレイ
グスリストなどのシェアリングサイトの無料コーナーに出しましょう。

・**手間**

堆肥の質を重視するなら、中に「茶色」と「緑」を正しい割合で投入す
ることがとても重要です。「茶色」は炭素、つまり植木剪定枝や木くず、
藁、新聞など、「緑」は窒素、つまり生ごみ、草花、コーヒーかすなどです。
もしもっと気楽に取り組みたければ、こんな厳密な科学は省略してしま
ってもよいでしょう。

・**虫や害獣**

虫や害獣の発生の有無は、食生活とコンポストへの投入物に左右されま
す。動物は通常肉や魚の残りに集まってきます。市販のコンポスト容器
の多くは、分解のスピードを速め、虫や動物がコンポストの中に入れな
いようにデザインされています。

・**ペット**

ペットを飼っている場合は、ぜひペットの糞用のコンポスト容器も買う
か、自作してみるとよいでしょう（P.212参照）。ただし、できあがった堆
肥を畑の作物などに使うのはおすすめできません。

・サイズ

必ず家族の人数と出るごみの量に応じたサイズのコンポストを選ぶ必要
があります。生ごみ以外にも、ペーパータオル、ティッシュペーパー、
ティーバッグ、コーヒーフィルター、脱脂綿、生分解性プラスチックな
どはコンポストに入れることができます（中の温度が低すぎると分解に時間
がかかるので注意してください）。ただし、5つのRをきちんと上から順に
実行して、これからご紹介する様々なコツを取り入れていけば、こうい
った製品をそもそも使う必要がなくなります。

補足

　新しいものを買うとき、あなたは堆肥化できるものを買うべきでしょうか、
それともリサイクルできるものを買うべきでしょうか？　プラスチックや合
成物質、それに生分解性プラスチックなどはなるべく避け、まずは金属、ガ
ラス、紙、天然繊維など、耐久性があってリサイクル可能な材質で作られた
ものを選びましょう。それが難しい場合は、木製の製品など、堆肥化できて、
再生可能で、環境に配慮して採取された素材のものを選びましょう。

「ロット」は、私にとってものすごく大きな発見でした。そのプロセス全体
が私の目を開かせ、自然界のシンプルな営みを理解する助けとなりました。
だって、本当にびっくり仰天です！　デッキでハーブを育てて（もちろん、
できた堆肥をつかいます）、その茎をミミズにやると、その糞でもっとたくさ
んのハーブが育って、液肥のおかげで部屋の鉢植えもどんどん葉を繁らせて、
おかげでホルムアルデヒドやベンゼンなどの汚れも吸い込んでくれて、家の
中の空気もきれいにしてくれるなんて！　刈り込んだ枝や葉だって、ほうき
で掃いて、埃くずもろとも堆肥にすれば、環境の役に立ちます。「ロット」は、
現代の製造業が最初からそうあらねばならなかったはずの「きちんと閉じた
大いなるごみの循環の輪」を如実に体現しているのです。

ゼロ・ウェイストの暮らしのメリット

ゼロ・ウェイストは、はっきりとした重要なメリットを環境にもたらしてくれます。固形・揮発性の有害ごみを減らすことで環境汚染は緩和され、天然資源の需要を減らすことで資源の節約が図られます。でも、ゼロ・ウェイストのメリットは、こうした環境面だけにとどまりません。家庭では、生活の質が確実に向上します。よく知らない人は、ゼロ・ウェイストって時間もお金もかかりそう……と思い込んでいるかもしれません（私もそうでした）。でも、そうした想像ほど真実からかけ離れているものはないのです！

お金

ゼロ・ウェイストのいちばん数値化しやすいメリットはお金です。夫のスコットは、最初はゼロ・ウェイストの暮らしに確信が持てずにいたようですが、お金の節約につながると分かるやいなや、ゼロ・ウェイストのワゴンに飛び乗ってきました！

ゼロ・ウェイストが経済的に理にかなっている 10 の理由はこちらです。

1. 「モノ」よりも「活動」を大切にするため、買い物が減ります。
2. モノの保管やメンテナンス、修理にかかる費用が減ります。
3. 使い捨てのものを買い足す必要がなくなり、積もり積もって驚くべき節約になります。
4. できるだけ量り売りで買うようになり、その方が普通は値段も安いです。
5. ごみがほとんど（あるいはまったく！）なくなるので、ごみの収集手数料も減ります。
6. ぬれた生ごみなどはコンポストに入れるので、ごみ箱の中敷きにビニー

ル袋を買って敷く必要もなくなります。

7. 質の高い買い物を心がけるので、使ったお金の価値が高まります。

8. 健康的な暮らしにつながるので（下記参照）、医療費も減ります。

9. 使わないモノはどんどん売り払い、ほとんど使わないモノは貸し出して、利益が生まれます。

10. 資源物を中間処理施設に直接売ったり、コンポストで作った堆肥を造園業者に売ったりすることもできます。

健康

ゼロ・ウェイストの健康上のメリットは、特に合成物質への接触が減ることによります。私が唯一困ったのは（でもこれは実際にはいいことなのですが）化学物質のにおいやプラスチックの味に以前より敏感になってしまったこと。でも、全体として、家族はより健康になり、身体に悪いプラスチック包装ではない食べ物を子どもたちに与えることができて安心です。

ゼロ・ウェイストがあなたの家族の健康を向上させる 10 の理由はこちらです。

1. プラスチック製の包装や製品を買わないようにするので、たとえばビスフェノールAなど、プラスチックが食べ物に浸み出す懸念や、塩化ビニル等の揮発など、プラスチックにまつわる様々なリスクを減らすことができます。

2. セカンドハンドを買うなどしてリユースを活用するため、有害なガスの揮発も減ります（中古品は既にほとんどガスを出しつくしているため）。

3. 自然食品店で買い物をして、よりナチュラルな製品を使うようになるため、一般的な洗面用品や化粧品に含まれるパラベン、トリクロサン、合成香料などの化学物質への接触も減らせます。

4. リサイクル可能なものを買うようにするため、リサイクルできないフッ素樹脂加工の調理器具などから出る有害な化学物質への接触も減ります。

5. ナチュラルな薬や掃除用品を使うため、未知の化学物質への接触も減ります。

6. 「モノを減らす暮らし」によって、ハウスダストが減り、それによるアレルギーも減ります。

7. アウトドアの活動が増えるため、ビタミンD欠乏症の改善も期待されるほか、きれいな空気をたくさん吸えて（屋内の空気って、案外屋外よりも汚れているものです）、身体を使う活動も増えます。

8. より自然な素材を買うようになるので、人工的な加工食品の消費が少なくなります。

9. メディアや広告への接触を抑えることで、不健康な食べ物を食べたいと思わなくなります。

10. 肉の消費を減らすため、脂肪分の少ない食生活になります。

時間

おそらくこのライフスタイルのもっとも満足感の高いメリットは時間の節約でしょう。だって、時間が社会のもっとも価値ある財だとされている今日、時間がもっとほしくない人なんているでしょうか？

無料グッズの増殖を阻止し、ダイレクトメールの整理など時間を浪費する習慣を捨て、家財道具を減らすことで、時間も能率も取り戻すことができます。ひとつひとつのモノを処理し、保管し、手入れし、汚れを落とし、きちんと整理する、そのすべてがシンプルになります。こうなれば、家事もゼロ・ウェイストも簡単です。さらに、使い捨てではなく、リユース可能なものを繰り返し使うようにすれば、買い物に出かけて、買って運んで、使い捨てのものを捨てて処分する時間も節約できます。

モノの増殖や無駄の多い習慣から自分を解放して、出会いや経験を大切にする暮らしは、誰にとってもプラスになるはずです。増えた時間で、新たにシェアリングなどに積極的に参加するチャンスも広がり、人と分かち合い、交流し、コミュニティとのつながりを深めることもできます。同じような志向性の人たちと出会うことで、もう「ひとりぼっち」ではなくなり、これまで持ったことのなかったような希望を未来の中に見出すことができるでしょう。

もちろん、ゼロ・ウェイストの旅はひとりひとり違うものになるはずです。

たとえば私は、時間が増えたおかげで、暮らしがより豊かになり、本当に楽しいことをする時間や、本当に大切な人と過ごす時間を持つことができました。そして、新しい知識や知恵、活力、自信、情熱、さらにまったく新しい人生の目的を手にすることもできました。「エコな家作り」に挑戦して、いろいろ探し回ったり、自分で手作りしてみることを覚えました。得意な芸術方面の力も存分に生かすことができました。ブログを書き、この本を書き、自然とのつながりを取り戻すことができました。モノは私たちを私たちのルーツから、つまり自然から引き離してしまうのだと気づくことができました。そして、より多くの時間を家の外で過ごすようになった今、私はもう大いなる地球のありがたさを決して忘れません。スピリチュアルな心もあふれてきました。

ゼロ・ウェイストは、私にすべての「点」をつなげてくれました。みなさんにもきっとすばらしい結果をもたらしてくれるに違いありません。

以下の実践編の各章で、私は自分の個人的なストーリーを交えつつ、5つのRによっていかにゼロ・ウェイストの成功が導き出されるのか、詳しくご紹介したいと思います。軸となるのは「シンプル化」「リユース化」「ごみの分別」の3つ。「シンプル化」はごみの発生を防ぎます（リフューズ＆リデュース）。「リユース化」は配慮ある消費を可能にします（リユース）。「ごみの分別」は、出てしまったごみや資源を適切に処理します（リサイクル＆ロット）。

ゼロ・ウェイストは、「がんばる」だけではありません。楽しくて、美しいものでもあるのです。そしてあなたは、二度とごみのにおいや、使い捨て用品が散らかる光景に悩まされずに済むでしょう。私が保証します！

台所と日々の買い物

KITCHEN

AND GROCERY

SHOPPING

私たちのお金は私たちの価値観を映し出すべきです。私たちは、無駄な包装を避け、地元のオーガニックな産物を選ぶことで、自分たちの財布を使って1票を投じることができるのです。

「脱・使い捨て包装」を決意し、ちょうど最後に残ったディジョンのマスタードの空き瓶を資源物入れに放り込もうとしていた時のこと。ふと気になって、私はラベルの原材料の欄をちらりと眺めてみました。水、マスタードシード、お酢、塩。これって、家で作るのはどのくらい難しいのかしら？　材料はひとつ以外は全部家にあります。誰かほかにも手作りしてみた人がいるかもしれない……期待に胸をふくらませてコンピュータに駆け寄ると、ほんの2、3分のうちに簡単なレシピが見つかりました。

　マスタードをお店で買うしかないと思い込んでいたなんて、なんて世間知らずだったのでしょう！　なぜもっと早く気づかなかったのかしら。何でも手作りする母がマスタードをこしらえていなかったから？　おばあちゃんの瓶詰めの棚にマスタードが並んでいなかったせい？　それとも、『大草原の小さな家』でキャロラインがマスタードを仕込んでいる場面を見なかったせいかしら（バターをこしらえていた場面ははっきり覚えていて、「私にもできるかも……」と思ったのです）。

　さっそく、いつも行く食料品店の量り売りコーナーでマスタードシードを

買い込んでくると、翌日にはもう、保存瓶いっぱいの自家製マスタードができあがっていました。すっかり舞い上がった私は、もしやキッチンに残っているいくつかの「パッケージ入り商品」も手作りできるのではないかと

考え始めました。母や義母、友人たちに聞いて回り、インターネットで延々とレシピ検索をしました。何だって試してみたい気分でした。

友人のカリーヌとの会話がきっかけで、ケフィアヨーグルト作りも始めました。牛乳に種菌（酵母）を加えると、一晩でシュワシュワするヨーグルトのできあがり。なんて簡単！　とにかく手軽で、息子たちもたちまちこの新規プロジェクトを受け入れてくれました（少し砂糖をかけるくらいは目をつぶりました）。でも、徐々に息子たちの興味も薄れてくると、発酵からさらに一歩進んで、チーズ作りも試してみました。どんどんできあがるケフィアを飲みきらないのをなんとかしようというわけです。自家製ケフィアをハンカチに包んでシンクの上に吊るし、やわらかいチーズ状に固まるまで放置します。できあがったそれはまさに「本物」のような味で、家族も友人もびっくり仰天！　熱烈にほめてもらい、そして手作りのプライドもほんの少し生まれてきて、さらにいろいろな味つけや食感も実験してみました。黒こしょうをつけて転がしたり、月桂樹の葉でくるんでみたり（「完全な失敗作だね」とは息子たちの弁）、オイルでマリネしたり、押し固めたり、乾かしたり。

ケフィアの種菌はとてもちっぽけで、ちょうど米粒のような見かけです。でも、かなりきちんと世話する必要があり、毎日のエサやりが欠かせません。じきに種菌はわたしたち家族の暮らしに重くのしかかってきました。私たちは愛犬ジズーと同じくらい種菌のケアを気にかけるようになりました。今日はもう種菌にエサあげた？　今週末のキャンプには連れて行く？　夏にフランスに帰るときも一緒に飛行機に乗せようか？？？　小さな手間が雪だるま式に積み重なり、許容範囲を超えて私の暮らしを混乱させました。

ケフィア騒動が一段落したころには、この小さな種菌たちと、その前のマスタードシードたちは、私の食べ物や包装との関わり方を、さらには人との関わり方までをも、永遠に変えてしまいました。

私が手作りでいちばん貴重だと思うのは、自分たちが日頃口にしている食べ物がいかにして、そして何から作られているのか知ることができる点です。さらに、単に好奇心が満たされるという以上に、自分の食べ物を自分で作ることで、素材を自分の手で選べる安心感もあります。発音も分からないあやしげな物質の長大なリストで作られた食品を食べているのとは雲泥の差です。

商品ラベルの複雑な原材料の表示を見ると、つい手作りなんて無理ではないかと尻込みしてしまいがちですが、実は私が買っていたパッケージ入り商品のほとんどは、たった数種類の材料で作れるものばかりでした。

　大量生産される商品は便利さを与えてくれますが、それと引き換えに私たちを「作る過程」から引き離してしまいます。手作りが減ると、さらに大量生産に依存することになります。私たちは、かつて自分たちに自由と生き延びる力を与えてくれた「基本的なことをする術」から遠ざかってしまいます。この環境危機をしっかり見極め、暮らしの中の様々なものとのつながりを取り戻そうとすれば、解決は「基本に立ち戻る」中にあることに気づかされます。インターネットやソーシャルメディアの普及で、手作りを通して人と一緒に取り組んだり、知恵を分かち合うきっかけも生まれます。世代や文化の違いを超えた強い結びつきも生まれます。これには本当に感謝したいくらいで、物理的な距離の離れた母との関係も和らげてもらったし、文化の違う義母とのきずなを強めるきっかけももらいました。できれば息子たち、そして孫たちにも同じようなものを受け取っていってもらいたい、そう思っています（なにはともあれ、子どもたちには「生きる知恵」さえ残してやれたらいいと思っているのです。P.342 参照）。

　そう、もっと正直に書いてしまうなら、私にはどこか反逆的な部分もあって、企業や広告代理店のようなところにお金を落とさずにやりくりできるうれしさというのもあるのです。自分は企業に依存していないのだという、既存のシステムを出し抜いているような自由な感覚になれるのです。

　もちろん、みなさんは私みたいに暴走する必要はありませんよ。だって、ケフィアヨーグルトが暮らしの中心になってしまっていいはずはありませんから！　つくづく、サステイナビリティ（持続可能性）というのは長期的に持続できる変化を取り入れていくことなのだと思います。

　私はもうケフィアからチーズを作っていませんし、種菌の世話もしていません。全部コンポストに入れてしまいました。ちょっぴり悲しかったけれど、かかる手間も一緒に埋めてしまえて、ほっとしました。ひとつ新しい技術が身についたわけですから、ちっとも後悔していません。もうこれでヨーグルトが余ったらチーズが作れるようになったわけで、実際、今もしょっちゅう

作っています。バターの作り方を覚えたこともももちろん後悔していません。今の私は、1ポンドのバターを作るのにどれだけクリームが必要かを知っていて、その貴重さを理解しています。決して安くはないクリームを2カップも使って、できあがる自家製バターの量はわずか4分の1カップほど。息子たちが毎日クッキーを欲しがるわが家からすると、バターを一から手作りするのはあまりにお金がかかりすぎることが分かりました。

　私の台所はまるで理科実験室です。冷蔵庫からビーツをいくつか取り出せば、サラダも作れるし、リップステインだって作れるし、水性染料にもなります。可能性は無限大、限界を作るのは自分の創造性だけ。でも、自分の時間と経済的な制約に収まるように、新しい変化は慎重に取り入れるように心がけています。チーズ作りに時間をかけたり、バター作りにお金をかけるのは、わが家の長期的なゼロ・ウェイスト・プランには結局そぐわないのです。「手軽であること」と「エコであること」の持続可能なバランスを周到に見つけ出すことがとても大切なのだと分かりました。

　この章では、私が台所でどのようにゼロ・ウェイストを取り入れたのかをご紹介します。どのように台所をセットアップして、どのように買い物をして、どのように食事の準備を進めていけばよいのかをお教えします。量り売りコーナーで手に入らないものを自分で作るには、やはりある程度の「手作り」は欠かせませんが、そこはみなさんひとりひとりが長期的に手に負える方法を見つけ出すよりほかありません。「シンプル化」がゼロ・ウェイストをラクに進める鍵です。手作り中毒になる必要はありません。ご自身に合ったメソッドなら、それはすぐにあなたの台所の日常になるでしょう。それでは準備はいいですか？　位置について、用意、スタート（ゆっくりと……）！

台所のセットアップ

　ただの台所を「ゼロ・ウェイスト・キッチン」に変身させるのは、みなさんが思うほど難しいことではありません。少し大規模な整理と多少のリサーチは必要ですが、ひとたびシステムが整って、家族全員が使い方をマスター

してしまえば、もうゼロ・ウェイストなんてそよ風そのもの！

1.シンプル化

　まず、いきなり行動を起こす前に、「シンプル化」の目的を理解しましょう。

　台所は、家族みんなの共有スペース。よく「家の心臓」などとも称される場です。家族みんながここで料理をし、食事をし、飲み、協力し、会話をし、時には読書や宿題までするわけです。これほど多くの活動の場となるわけですから、台所は家の中のごみや乱れの主要な発生源となります。

　食材棚を見るだけで一目瞭然、大抵はモノがあふれ返って目眩がするほどです。サンドイッチ袋に食品保存用袋、ペーパータオル、紙コップ、冷凍食品……。そう、なぜこんなにモノが増えてしまうのかは明らか。みんなとにかく時間を節約したいと思っているのです。

　ゼロ・ウェイスト・キッチンをセットアップする上では、効率性がきわめて重要な要素となります。効率性は、食事の準備に平和と快適さを与えます。ともすると面倒に思える家事によろこびをもたらしてくれます。ゼロ・ウェイスト・キッチンは、大切な時間を節約し、私たちを無駄の多い不健康な習慣から解放してくれるだけではありません。エネルギーとお金の節約にもなるのです。でもひとつ落とし穴に注意！　これらのメリットを享受するには、台所を「絶対に散らからない場所」にしておく必要があります。今の台所の状況によっては、全部すっきりと片づけるなんてほとんど無理な話のように思えるかもしれません。でも、モノを減らしていくうちに、より創造的なことに使える時間が増え、掃除に費やさねばならない時間は減ってきます。

　ゼロ・ウェイスト・キッチンでは料理がしやすくなります。そこではすべてのものに定位置があります。もちろん、物と物の間にはちゃんと呼吸ができるくらいの隙間もあります。様々な有害な化学物質による健康上の不安とも無縁です。そして、買った食材は最大限に生かされます。お分かりでしょうか。ゼロ・ウェイストは、単にごみをどうこうするという以上のことを目指すものなのです。

　ほとんどの台所には、料理やおもてなしをラクにするはずの道具類が所狭しと並んでいます。シャーベットメーカー、ワッフル・プレート、パニーニ・

プレス……。でも、本当に使っていますか？ 使っているなら、どのくらいの頻度で？ ほかにも、レモン削り、特殊なケーキ型、クッキー型、ランチョンマット1ダース、おしゃれなワインストッパーにワインかご、ワインクーラー、シャンパンクーラー、2組目あるいは3組目の来客用食器セット、ワイングラス・チャーム、ショット・グラス、テーブルクロス留め……。それに、そうそう！ あんまりかわいいので火をつけられないキャンドルは？ 引き出しに詰め込まれた何枚もの鍋敷きもお忘れなく（2枚で十分では？）。小物入れの中身も思い浮かべてみてください（ないと生きていけないもの、ありますか？）。

　製造元のメーカーは、これを使えば私たちもきっとアリス・ウォータース（＊カリフォルニア・キュイジーヌの創始者にして、伝説的なレストラン「シェ・パニス」のオーナー。アメリカでもっとも有名な料理家のひとり）のようになれると約束します。でも実際には、これらの道具は貴重なスペースを占領して、いちばんよく使う道具が見つかりにくくなり、ストレスが増え、暮らしは乱れ、時間も、そして道具を作るのに使われた価値ある資源も無駄になる。つまり効率性が邪魔されているだけです。料理の邪魔になっているのです。ここに書いた道具のほとんどすべてを、きれいさっぱり忘れ去り、そっくりそのまま寄付して、ほかのもので代用してしまえる可能性がかなり高いでしょう。たとえばチーズおろし器はレモン削りとして使ってもまったく申し分ないはず。持っている道具が少ないほど、料理の準備は早くなります。目盛りのついた計量カップをひとつ持っている方が、いろいろなサイズの計量カップをいくつも持っているよりも、引き出しから簡単につかみ出せます。そして、洗い物の数も減り、もちろん最終的に壊れるモノの数も減るわけです（壊れたモノがどこに行くのかは……もうお分かりですね？）。アリス・ウォータース自身、モノを減らすことの重要性についてこう説いています。「台所にはなるべく必要最低限の道具だけを置くようにしたいものです。いろいろな道具がたくさんあると、食材から気持ちが離れてしまいます。逆に、すりばちとすりこぎを使ったり、機械ではなく包丁で刻んだりしていると、だんだん力がみなぎり、作っている料理への責任も芽生えてくるのです」。モノを減らしても、暮らしは奪われません。むしろよい暮らしになるのです。

それでは、片づけの手順に入りましょう。

パレートの原則によれば、大まかに言って、「効果の8割」は「2割の原因」によってもたらされるのだそうです。ということはつまり、私たちの家でも、2割の道具が、8割の時間使われている、と言い換えてもかまわないでしょう。残りの8割の道具は、実はそれほど本当に有用なわけではないのです。理論的には、台所のモノを減らすには、単純に、自分が本当に使う2割の道具を見極めて、残りを手放せばよい、ということになるでしょう。でもやはりそんなに簡単にはいきません。私たちの理性がいたずらをして、みんな実に様々な理由のためにモノを取っておきたくなってしまうのです。「もしモロッコ料理のパーティーを開きたくなったら？　あのタジン鍋は必要だわ！」……というわけで、より穏やかな方法がお好みなら、1日か2日かけて（すべてはあなたの決断の速度次第）、食材も含め、すべてのものを戸棚から取り出し、以下の質問をクリアしたものだけを棚に戻すとよいでしょう。

☐ **ちゃんと使えるか？　期限切れではないか？**

そのうちちゃんと修理しようと保管しておいても、それはごみ処理場からモノを救い出すことにはなりません。単に差し迫った終焉を先延ばしにしているだけです。今すぐ修理するか、部品として売るか寄付しましょう。さもなければ、今回限りきっぱり捨ててしまいましょう（期限切れの食材はコンポストへ）。

☐ **よく使うか？**

過去1か月の間に使いましたか？　もし分からなければ、今日の日付を貼りつけて、そのまましまっておきましょう。1か月間手を伸ばさなかったら寄付してしまいましょう。でも、ずるはなしですよ。「このフォンデュ鍋、やっぱり大事だから今晩使おう」なんていうのはカウントしません。フォンデュセットも、ほかの埃をかぶっている道具類も、まとめて寄付しましょう。

☐ **同じものが2つ以上ないか？**

一度にオーブンの中に入れられる手は2本だけです。いちばん気に入っているミトンを1組だけ選びましょう。この問題にうまく対処するには、

初めから「これは最大○個」と決めてしまうか、置き場所はここまでと決めてしまうとラクです。同じ食材はまとめてしまいましょう。

□ 家族の健康を危険に陥れないか？

たとえば、フッ素樹脂加工、アルミ、プラスチックはどれも健康に害を及ぼすことが明らかになっています。これらは捨てるべきです。この基準は、特に同じものが２つ以上ある場合に、毒性のある製品を抜き取ってしまえばよいのでとても有用です。たとえばスープをかき混ぜるスプーンなら、プラスチック製のものは資源物入れへ。残すのは木製かステンレス製のものにしましょう。これらのものを毎日の暮らしから消し去ることで、気持ちもラクになりますし、家族の幸せと健康も守ることができます。

□ 義理の意識から持ちつづけていないか？

もしゲストにもらった手みやげを手放すのがためらわれるようなら、くれぐれもゲストはあなたを悩ませたり、義理を埋め込んだりするつもりがないことを思い出してください。みんな、ほんの礼儀のしるしとして持ってきてくれただけなんですよ。自分では買うつもりがなかったものや、それほど欲しくなかったものは手放して大丈夫です。そしてもしゲストがその手みやげの消息をあなたに尋ねるようなら、感謝の気持ちを示した上で、「モノを減らしているので」と伝えてしまえば、まったく問題ありません。自分のお城なのですから、あなた自身が王様・女王様になればよいのです。

□「みんなが持っている」から持っているのでは？　用途があまりに限られていないか？　期待どおり時間の節約につながっているか？

私たちはついマーケティングの口車に乗せられて、いろいろな台所用品をしまい込んだり、実際に使ってみたりしています。卵のスライサー、グレープフルーツ用のナイフ、サラダの水切り器、めん棒……。どれも本当に必要なのかどうか、考えてみましょう。**ほかのもので代用できませんか？**　たとえば、布巾をサラダ用水切り器の代わりとして使うこともできますし、ガラス瓶をめん棒の代わりにすることもできます。いや、指でもかなり上手に延ばせるものです。

□ 私の大切な時間を割いて手入れをする価値があるか？

台所にあるすべてのモノについて考える必要があります。どんなに小さなものも、壁にかけてあるものやキャビネットの上にしまってあるものも忘れずに。長年あつめてきた装飾用品のことを考えてみてください。何の役にも立たないのに、グチャグチャと目障りで、溜まった埃をはたく必要まであります。その価値、ありますか？　フードプロセッサーもずいぶん手入れの大変な道具です。戸棚から取り出して、いろいろいじって、かさばる部品を洗い終わるころには、きっと余裕で倍の量の玉ねぎを包丁で刻めたはずです。持っている価値、あるのですか？

☐ **このスペースを何かほかのものに使えるのでは？**

もし台所の収納を不動産として見なすなら、たとえばあなたの「小物入れ」は、ただ訳の分からないガラクタのような小物をしまうためだけに貴重なスペースを食いつぶしていることになります！　中にしまってあるのが本当に「ガラクタ」なら、取っておく理由はありません。もしガラクタでないのなら、本来しまわれるべき場所に移動して、空いたスペースで大切なアイテムがちゃんと呼吸できるようにしてあげましょう。

☐ **リユース可能か？**

もしできなければ、誰かほかの人に使ってもらっては？　台所の「リユース化」については、P.68で説明します。

とにかく、手放すことをためらわないでください。モノを減らす暮らしで得られるメリットに目を向けましょう。

そして、後悔を恐れないこと。こうしたプロセスでは、誰もが「もしも」「もしかして」とビクビクするものです。でも、どう転んだって、手放さなければよかったと後悔するものが最低ひとつは出てくるはずです。このひとつは小さな代償に過ぎず、あなたの台所を思い通りに変えるために払う些末な対価なのだということを見失わないでください。

見過ごしてよいものはひとつたりともありません。持っているものをくまなく見ていきましょう。そして、もし最終的に「ただ空いたスペースを埋めるためだけにモノを持っている」というような状況になったら（ええ、よくある話です）、後付けの収納や棚を撤去するか、いっそのこと、もっと小さ

な台所の家に引っ越してしまえばよいのです！　なぜなら、すべてがうまく機能するには、スペースがニーズに見合っている必要があるからです。その均衡を超えるものは、結局はすべて無駄。スペースも、不動産も、収納やメンテナンスの手間も、それから暖房の効率も、すべてが無駄なのです。

　もちろん、モノを減らすのはとても主観的な作業です。ひとりひとりの家族構成や、料理の技術や習慣によっても変わります。でもひとつの参考までに、私たち家族が気持ちのよい暮らしを営むために（ごみと無駄づくしのぜいたくな暮らしではありませんよ！）台所に残したもののリストをご紹介します（食材については P.92参照）。

・**食器**

ディナー皿12枚／小皿12枚／カップ12個／スープボウル12個
地元のセラミック工房から良質なものを購入しました。12ずつに揃えた理由は、わが家のテーブルは10人まで座れて、さらに盛りつけ用に2枚ほど余分に必要だから。

・**グラス類**

棚1段分のワイングラスとさらに1段分のガラスコップ（大体24個ずつ）
これら棚2段分のグラス類で、パーティーに必要な個数がカバーでき、使い捨てコップに頼らずに済みます。これらのグラスは冷たいスープや前菜を盛りつけたり、粗塩や歯ブラシのようなものまで、いろいろなものを入れるのにも使います。

・**カトラリー**

12人分

・**鍋類**

サイズ違いの平鍋3つ／サイズ違いの深鍋3つ／スープ用の鍋1つ／鍋のふた2つ／やかん1つ（以上すべてステンレス製）

・**調理や盛りつけ用**

ボウル3個／大皿1つ

・**オーブン用**

パイ皿2つ／大ぶりのキャセロール1つ／食パン型1つ／オーブンシー

ト2枚

- **その他調理用具**

  ステンレス製のおたま／スプーン／へら／トング／泡だて器／木べら／果物ナイフ1本／包丁1本／パン切りナイフ1本／はさみ1本／まな板1つ／ステンレス製のざる／ふるい／おろし金／蒸し器／じょうご／計量スプーン1セット／計量カップ1つ／はかり／栓抜き／こしょう挽き／鍋つかみ2つ／鍋敷き2つ

- **小型電化製品**

  万能ブレンダーとトースター

さて、ないものは何でしょう？

以下は、先ほどの質問をクリアできなかったわが家の道具類です。

- **フードプロセッサー**

  →大きな機械を洗うくらいなら、包丁で切る方が早いし、五感にも響きます。食材とつながりながら料理することで、全体のプロセスがよろこびに満ちたものとなります。

- **電子レンジ**

  →かさばるのが嫌で、そもそも水を温める以外にあまり使っていなかったため。代わりにやかんを残しました。

- **缶切り**

  →なぜなら缶を買わないから。

- **サラダ用水切り器**

  →ざるやタオル、またはメッシュ袋（P.80参照）を代わりに使います。

- **めん棒**

  →指でもちゃんと生地をパイ皿に押し込めます。またはガラス瓶を使っても。

- **クッキー型**

  →家の中を探せば、代わりに使えるものが山ほどあります。

- **レモン削り**

→平たいおろし金かナイフを使います。

・にんにく絞り器

　→包丁の側面で押しつぶせば、皮から出てきます。

・ハケ

　→ハーブの束や指、またはスプーンを代わりに使います。

・野菜の皮むき器

　→ピーラーをやめてみたら、とてもシンプルになりました。「皮をむかな
　　くてよい野菜」を皮をむかずに食べるようにしたのです。おかげでコ
　　ンポストに入れる量も減ったし、野菜の皮に含まれる豊かなビタミン
　　も摂取できます。

・いろいろなまな板

　→キッチンカウンターに備えつけのものを使うことにしました。

・ケーキ型

　→代わりにオーブン皿を使います。

・ランチョンマットやテーブルクロス

　→どちらもすぐに汚くなって、洗濯の手間も電気も洗剤も無駄です。ラ
　　ンチョンマットやテーブルクロスを洗うより、テーブルを布巾で拭く
　　方が遥かに簡単。それに、ランチョンマットがあっても、どの道テー
　　ブルは拭かないといけないのですから！

・装飾用品

　→私は何の役にも立たないものを洗ったりケアしたりすることに少しも
　　時間を使いたくありません。人生は短いのです。そんな時間があったら、
　　息子たちと向き合っていたいです。

・輪ゴムやビニール袋用クリップ

　→パッケージ入りの食材は買わないので、その口を閉じるための小物や
　　道具は必要ありません。

・フォーマルなディナーセットと2セット目のカトラリー

　→かなりのスペースを占領する上、余計な手洗いの手間までかかって、
　　そんなのは納得できません。

・竹串

→代わりにローズマリーの枝を使うと、肉にすばらしい香りがつきます。

・そして、すべての使い捨て用品！

2. リユース化

　この大規模な片づけを終えて、それでも何か使い捨てのものが残ってしまったら？　はっきり言わせていただきます。それらが陣取っているスペースを取り戻しましょう！　だって絶対に必要ないのですから。お金はきちんと「ふところ」へ！　断じてごみ処理場に捨ててはなりません。使い捨て用品は簡単に「リユース化」できます。

　私たちはみんな時間を節約しようと躍起になっています。そのためならどんな代償だって（環境さえ！）惜しくないというほど。それでつい、「これで時間が短縮！」という広告の謳い文句に乗せられてしまうのです。でも、使い捨て用品で本当に助かっている人なんているのでしょうか？　たとえば使い捨てコップ。まず、①袋を開けて、②袋と使い終わったコップをごみ箱に入れて、戸別収集の日に玄関の外に出す、③ごみ箱をまた家の中まで戻す、④足りなくなったらまたお店に買いに行く、⑤それをお店から持ち帰る……これを何度も繰り返すわけです。どうしてこれが、①食器棚からコップを出す、②食器洗い機に放り込む、③片づける、よりも時間の節約になると言うのでしょうか？　どうやら私たちは、長持ちする製品を繰り返し使うよりも、使い捨て用品の買い出しやごみ出しのために行ったり来たりする方が時間の節約になると思い込まされてしまっているようです。「テーブルの上の物、まとめて捨てるだけ！　割れないから安心だよ！」と、使い捨てのマーケティングチームは謳います。でも、私たち、そろそろ自分たちが大人だって思い出してもいい頃ではないでしょうか。そう、もう立派な大人なんです。ワレモノだって平気ですよね？

　わが家では、ペーパータオルをやめてマイクロファイバー（＊マイクロプラスチック問題があり、使用には注意が必要です）の布を使うようにしました。これでもう「買い忘れ」の心配もありません。コンポストのおかげでごみ箱の中敷きも必要なくなりました。サンドイッチも、市販のサンドイッチ袋ではなく、既に持っている布巾で包むようにしました。ワックスペーパーもアルミホイルも、なくて

もまったく困らないことが分かりました。使い捨てのお皿もコップもペーパーナプキンも買わなくなったので、夫はお金の節約をよろこびます。買い物に行く手間だって、どれだけ減ったことでしょう！

　ひとたび台所用の様々な使い捨て用品を買うのをやめてみると、すぐにそれらがなくてもわりになんとかなってしまうことが分かるはずです。とにかくしばらくの間試してみて下さい。すんなりやめてしまえるものもいろいろあります。ただ、物によっては最初にいくらか投資が必要なものもあるでしょう。でも大丈夫、数か月ですぐに元が取れますから！　え？　環境を守るためにまた買い物をするのかって？　ええ、その通り。その買い物のおかげで、一度しか使わずに捨ててしまうものがなくなるのですから。もしここまでの大規模な片づけで売却したものがあれば、そのお金でこのリユース化の買い物ができるはずです。ただ、買うときはくれぐれもリサイクル可能な材質のものを選んでください。金属、ガラス、または紙製の製品を選びましょう。プラスチックは避けてください。

　ここでも、ニーズはひとりひとり違いますが、ご参考までにわが家がリユース化した使い捨て用品のリストをご紹介します。

- **・ペーパータオル**
  →キッチンカウンターは布巾で、手はタオルで拭きます。布巾類は古いシーツからたくさん作ります。肉や魚のかすはナイフでこそげます。

- **・ペットボトル**
  →家族全員がステンレスの水筒を持ちます。シンプルなものを2本（子どもたち用）、保温タイプを2本（スコットと私）。市販のミネラルウォーターはごみになる上、水道水ほど厳しく規制されていないので、何を飲んでいるのだか知れたものではありません！

- **・食品用ラップ、サンドイッチ袋、食品保存用袋etc.**
  →様々な保存瓶を使います。わが家にはサイズの違うものが100個くらいあって、保存食作りのほか、食材を保管したり、冷凍したり、さら

には持ち運びにいたるまで大活躍。残り物用として、食器棚に10個ほど空のものもしまっています。いちばん気に入っているのはフランスの保存瓶です。自分がフランス人だからではありません！ 一体型のため、扱いやすく洗いやすいのです（お気に入りのブランドはパッキンも100％天然ゴム製です）。

- ペーパーナプキン

→布製のナプキンを使います。わが家はいちばん来客が多い時に合わせて30枚ほど用意しています。選んだのは汎用性の高いミディアムサイズ（カクテルパーティーにもディナーにも使えます）。模様入りなので油汚れも目立ちません。自分のナプキンが分からなくならないように、家族ひとりひとりがイニシャル入りのナプキンリングを持ち、しっかり繰り返し使ってから洗濯します。

- ティーバッグ

→茶こしを使います。わが家のステンレス製保温水筒の口径と容量に合ったミディアムサイズのボール型ストレーナーを選びました。

- コーヒー用ペーパーフィルター

→フレンチプレスを使います。コーヒーメーカー用の繰り返し使えるフィルターもあります。

- つまようじ

→ポルトリーレーサー（七面鳥の詰め物用のピン）を使います。いちばん来客が多い時に合わせて30本ほど持っています。または繰り返し使えるステンレスやチタンのカクテルピンを買ってもいいでしょう。

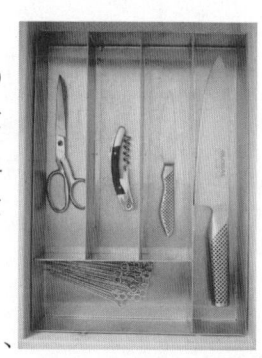

リユース化では、使い捨てを追放するだけでなく、

しっかり長持ちする物を買うことも重要です。できれば業務用の中古などプロ仕様のセカンドハンドを買うとよいでしょう。または近くの業務用販売店に足を運び、ヘビーユースに耐える商品を探してみてください。

3. ごみの分別

ゼロ・ウェイスト・キッチンのもうひとつのカギ、それはごみの分別容器を準備すること。それぞれの容器のふたに、入れてよいもののリストを貼ると、自分も、家族も、来客も、みんなにとって便利です。冷蔵庫に貼るのも一案ですが、便利さは劣ります。分別容器のサイズは、近所に量り売りの店があるかどうかによりますが、「ごみ」を入れる容器が資源物入れや生ごみ入れよりも小さいのが理想的です。必要となる分別容器は以下の3種類です。

① 生ごみ（コンポスト）

ゼロ・ウェイスト・キッチンへの最初のステップは、自分のニーズに合うコンポストを取り入れることです（P.114参照）。家庭ごみ全体の30～50％は生ごみですから、ひとたびコンポストを始めれば、すぐにあなたのごみは目に見えて減ります。どの方式を選ぶにしても、コンポストでいちばん重要なのは「生ごみを分別すること」です。私の経験では、以下のような生ごみ入れの容器を台所に置いておくとコンポストがラクになります。

□ サイズは大きめ

生ごみ入れが大きければ、庭などに置いたコンポストに頻繁に移しかえに行かずに済みます。どんな容器だってかまいません。今台所で使っているごみ箱をそのまま生ごみ入れにしてしまってもよいのです。わが家では1週間に一度、生ごみ入れの中身をコンポストに移します。肉や魚のくずはその日まで冷凍しておきます。生ごみが臭うのは生ごみ以外の「分解しないもの」と混ざるから（ごみ処理場を思い浮かべてみましょう）。「分解しないもの」が生ごみのスムーズな分解を阻害してしまうことが原因です。分別すれば、分解の最初の段階はまったく臭いませんから、「カーボンフィルター付き容器」なんて買う必要はありません。そんなものを

買ったらフィルターを定期的に交換しなければなりません。お金はもっと別のいいことに使いましょう。（＊高温多湿の日本では、特に夏場は「1週間無臭」は不可能です。3日に一度程度コンポストに移すのが無難です）

□ 見た目がよい

コンポストを敬遠する人は、こぞって「キッチンカウンターの上に"汚い容器"があるなんて考えるのもいやだ」と言います。そりゃそうですよね！ でも、誰も「容器を台の上に置かなければいけない」なんて言っていませんよ。汚いごみ箱を台所の上に置こうと考える人はいないはずです。「シンク下」がベスト。目に入らず、さりとて忘れることはなし。

□ 簡単に手が届く

わが家は生ごみ入れをシンク下に引き出し式に収納しているので、たとえば野菜を刻むときもすぐに手が届きます。さっと洗って、ヘタの部分を切ってそのまま生ごみ入れに落とすだけ！ シンク下なら、三角コーナーに溜まるびしょびしょのくずを入れるのも簡単。食洗機に入れる前に食べ残しを捨てるのもラクラクです。

使うコンポストの方式にもよりますが、コンポストには次のようなものが入れられます。

※ただし大半は、工夫次第でコンポストに入れる必要がなくなります。該当するものにはページ番号を付けていますので、参考にしてください。

生ごみ：野菜・くだもの／食べ残し／古くなったパン／賞味期限切れの

食材／肉や魚の骨／エビ・カニなどの殻／ナッツの殻／卵の殻（以上 P.93）／お茶殻（ティーバッグは大抵ポリプロピレンでコーティングしてあるため、完全に分解されません）／コーヒーかす

その他：コーヒーの紙フィルター（P.70参照）／卵の紙パック（P.83）／ピザの箱などの汚れた紙やダンボール（P.101）／つまようじ（P.70）／竹串（P.67）／マッチ／セロハンの袋（ビニールではなくセロハンのものだけです！）(P.69)／ペーパーナプキン（P.70）／紙皿／ペーパータオル（P.69）／ワックスペーパー（バターの包み）

②資源物（リサイクル）

お住まいの地域で何をリサイクルに出せて、何を出せないのかを正確に把握して、それに従って容器を準備しましょう。資源化困難物は通常の資源回収では収集してもらえないので、専用の回収拠点に持ち込むか、送る必要があります。わが家の台所では、資源物入れは基本的にひとつだけ。自治体がまとめて収集するガラス、紙、アルミ缶・スチール缶、プラスチックの一部が入ります（＊カリフォルニア州のシンプルな分別回収制度についてはP.112参照）。あとは、コルク専用の小さな容器も置いていて、まとめてお店に持って行き、「アップサイクル」してもらいます。もうひとつ、どうしても家に入り込んできてしまうプラスチック製のコルクもどきや、ごく稀に出るキャンディーの包みなどを入れる容器も置いています。こちらはいっぱいになったら、中身をテラサイクル＊という団体に郵送すると「アップサイクル」してもらえます（＊日本支部もありますが、日本支部ではキャンディーの包みは取り扱っていません。http://www.terracycle.co.jp/　日本ではキャンディーの包みは「容器包装プラスチック」として通常のごみ出しで資源化しましょう）。もちろん、輸送にかかる二酸化炭素の排出を考えると、完璧な解決策とは言えません。でも、製造業やリサイクル業界の改善を待つ中では有用です。

ゼロ・ウェイストを始めると資源物の量が確実に今より減りますから、少なくとも最初のうちは、柔軟に方法を変えていく必要があるでしょう。たとえば、今あなたのお宅にはビニール袋をリユース（またはリサイクル）するための容れ物が置いてあるかもしれません。でも、そんなものはすぐに必要な

くなってしまうはずなのです。

③ごみ（焼却／埋立）

さて、今までごみ箱だった容器が「生ごみ入れ」になった今、今度は、これまで「生ごみ入れ」として使っていた容れ物（大体小さなバケツくらいのサイズですね）を逆に「ごみ箱」として使ってみてはいかがでしょうか。中敷きのごみ袋も必要ありませんよ。だって、ごみ袋がないと困るような「ぬれたごみ」は、みんなコンポストに行ってしまうわけですから。

そして、この「ごみ箱」に入る中身こそが、次に必要となるアクションを教えてくれるのです。まずは買い物の習慣を変えるところから始めましょう。

買い物

2つの買い物リスト

買い物リストは確実に時間を短縮できます。でも実はそれだけではありません。

コンサルティングの仕事をしていて驚いたのは、なんとクライアントの家庭の4分の3は買い物リストを作る習慣がなかったこと。結果として、頻繁な買い出し（ひどい時は毎日）や衝動買い（既に持っているものを忘れてもう一度買ってしまった etc.）につながっているようでした。

わが家には2つの買い物リストがあります。ひとつは食料品など「いつもの買い出し用」、もうひとつは「特別な買い出し用」です。どちらのリストも食材棚の横など使いやすい場所に置き、必ず裏紙で作ります（いちばんよく使うのは片面印刷の子どもの宿題）。まとめてクリップで留め、鉛筆をつけておきます。下から上に書いていくので、下から破り取ってお店に持って行けます。携帯電話を使うのもペーパーレスでよいですが、家族全員に参加してもらったり、さっと書きとめるには不向きかもしれません。

家族の誰かが食材を使いきったり、バターが残り少しだと気づいたら、そ

の都度「いつものリスト」にメモします。これには家族全員が参加します。ある時レオが「バナナ1万本」なんて書き込んだことがありました。私たちが地元産のものしか買わないのが不満だったのでしょう。もちろんそのままリクエストを呑むわけにはいきませんでしたが、リストに参加したご褒美として半ダース買ってあげました。「いつものリスト」には、持ち寄りパーティーに持って行くチーズなど、少しだけ特別な日の買い物も一緒に書き込みます。週1回足を運ぶ食料品店で手に入るものはすべてここに書きます。足を運ぶのは、量り売りコーナーの充実度、ロケーション、インストア・ベーカリーの有無などを考えて選び抜いた店です。

　別の店に足を運ばなければならないものは「特別リスト」にメモします。でも大抵は、買い物に行く日までに代わりのものが見つかったり、そもそも買う必要がなくなってしまったりすることも多いです。「特別リスト」には、慈善団体などに寄付するものや、特別な量り売りアイテムなどもメモします。

　とにかく、この2つのリストは、時間とお金と「リデュース」に絶大な効果を発揮しています。

大量買いvs量り売り

　私たち消費者には信じられないほどのパワーがあります。生き延びるために誰もが食料品を買い、毎週、あるいは毎日、ありとあらゆる商品を買い足しています。私たちの選択は、メーカーや小売店を、その商品のパッケージやクオリティ次第で盛り立てることも盛り下げることもできるのです。なにしろ自分が一生懸命働いて得たお金をつぎ込むわけですから、単に台所の食材棚をいっぱいにするだけで満足すべきではありません。私たちのお金は、私たちの価値観を映し出すべきです。というのは、お金を渡すということは、究極的には「あなたのお店は私のニーズを完全に満たすので、もっと繁盛してください」というメッセージを言外に含むことになるからです。私たちは、無駄な包装を避け、地元のオーガニックな産物を選ぶことで、自分の財布を使って一票を投じることができるのです。量り売りという選択は、こうした観点をきっちりと満たすことだと思います。

　アメリカでは、「量り売り」というと、みんな会員制の大型倉庫店（ウェアハウス・クラブ）を連想

します。あの収縮フィルム入りの大箱ベイリーフ3個セット！　あるいは巨大な容器入りのマーガリン！　この「まとめ買いで安くなる」図式は、可能な限り低い単価を実現するので、たしかに寄宿学校や軍の食事を賄うには経済的にちがいありません。一般的な家庭にとっても得になる場合もありますが、必ずそうなるとは限りません。スコットと私はもうだいぶ前に会員をやめました。そう、あの3ポンド（1.3キロ以上）もあるマーガリンを買ったら、容器の底が見えないうちからトーストのくずやジャムの跡がその他正体不明の物体と混じり合って……食指が動かなくなると思いませんか？　実際、私たちはそんな光景を見たことで食べる気なんてしなくなり、結局まだ大きな塊をそのままごみ箱に放り込んでしまいました。ちゃんと最後まで食べられないようなものに無駄にお金を費やしたことを心底後悔し、私たちはこれ以降二度と大量買いをしませんでした（ついでにマーガリンともおさらば！）。必要以上に買えば、どうしても飽きてしまったり、消費期限とにらめっこする羽目になります。どちらの場合も、結局は、食材、スペース、お金、資源、そして大切な時間のすべてを無駄にすることになるのです。

　でも、この本の中で言う「量り売り」とは、自然食品店や生協の店内にあるような、大きな容器に入れられた未包装のばら売りのことです。こういう「量り売り」なら、家から持参した容器を使って買い物をすることができるし、たくさんでも、少しでも、自分が必要な分だけを買うことができます。

　包装という点で見れば、会員制の大型倉庫店でも自然食品店でも、包装はどちらも減ります。でも、食材の「保管」という観点で比べると、前者は途方もない量の食材を家に溜め込むことになります。もし今、私がキッチンにある食材すべてを大型倉庫店で買わなければならないとしたら、ダンスホールのような食料貯蔵庫が必要になってしまうでしょう。けれど、自然食品店の量り売りコーナーで買えば、そんな馬鹿でかい食料貯蔵庫は必要ありません。たしかに、自然食品店でも包装を完全になくせるわけではありません。メーカーは商品を包装して小売店に運びますし、物によっては大型倉庫店とまったく同じあの巨大な50ポンド袋で入荷するわけです。でも、自然食品店では、消費者は自分が本当に必要とする量と保管スペースの広さに合わせて買い物をすることができます。一般的な家庭では、一度に1ポンド（450g）

のステビアは必要ないですし（1か月に小さじ半分もあれば私には十分）、13ポンドのピーカンナッツなんて要らないわけですから（たまに1カップ使うくらいです）、言ってみれば自然食品店は"わが家のダンスホール"、消費者のために保管スペースを提供してくれているのです。

よく、自然食品店の量り売りは高いと言われます。でもわが家はそれで食費を3分の1も減らすことができています。割高になる惣菜などを避け、肉の消費を減らして、手頃なものを選んで買うようにしていれば（つまりスーパーで普通に買い物をするときと同じようにしていれば）、あなたの食費は目に見えて下がるはずです。

自然食品店や生協では、地元産やオーガニックの品揃えもよいことが多いです。たいていは原材料や産地もきちんと調べてくれているので、自分で原材料欄を解読する手間も省けます。良質な食材はたしかに安くはありません。でも長い目で見れば、自分たちにとっても、地球環境にとっても、その方がいいのです。これは私が、家族の健康と地球のために進んでしたい投資です。みんながもっとオーガニックを買うようになれば、きっと値段ももっと下がっていくでしょう。私は買い物をするたびによろこんで一票を投じたいと思います。「量り売り、賛成！」「オーガニック、賛成！」。子どもたちの未来が、もっとごみや無駄の少ない、量り売りの多いものになってほしいと思うから、自分が一生懸命働いて得たお金を毎週その理想に向かって投資できてうれしく思います。

この本の中では、この先、食材だけでなくあらゆるタイプの「未包装の商品」について「量り売り」という言葉を使うことにします。

量り売りショップをさがす

みなさんが実際に量り売りで日々の買い物をできるかどうかは、きっとそういう店が近所にあるかどうかによって決まるはずです。「近くに量り売りショップがない」といろいろな人から言われます。でも、私だってごみを減らそうと思い立つまでは、自分の町に量り売りショップがあるなんて思いもよらなかったのです！ というわけで、量り売りショップの検索サイト"Bulk"を作りました（http://zerowastehome.com/app/）。ぜひ、みなさんのご近所

の量り売りショップを追加して、もっと便利なアプリにしてください！（＊
英語のみですが、日本からの登録も可能です。日本では、ウェブサイト「プラなし生
活」が随時更新している「Bulk Shop Map」が参考になります）

ゼロ・ウェイストの買い物セット

ゼロ・ウェイストの買い物には次のものが必要です。

- **・トートバッグ**

  ここ数年でいきなり目が回るほどたくさんの買い物袋が市場に出回るよ
  うになりましたが、やはり 100 円そこそこの安いものではなく、丈夫で
  質のよいバッグを買うとよいと思います。私は金属製の取っ手のついた
  頑丈なキャンバス生地のランドリーバッグを使っています。

- **・布袋**（2サイズ）

  古いシーツで作って、目立つ場所に重量表示をつけました。こうして空
  の状態の重さを明示しておくと、アメリカの量り売りショップなら、レ
  ジの計量で全体の重量から差し引いてもらえます。軽くて乾きやすいシ
  ルクで作るのもよいですし、量り売りショップで買ってもよいでしょう。
  重量表示がない場合は、サービスカウンターで重さを量ってもらい、袋
  の目立つ場所に消えないように書き込みます（ペンや油性マーカー、残った
  ペンキなど何でもよい）。口を使い捨ての紐でしばらなくて済むように、紐
  がついているデザインを作るか選ぶようにしましょう。

- **・メッシュ袋**（オプション）

  野菜や果物は、布袋ではなくメッシュ袋に入れると便利です。メッシュ
  生地は中が見えるので、中に入れた野菜のコードをレジでそのまま読み
  取ってもらえます。洗濯ネットも便利ですが、大体化繊です。

- **・広口の保存瓶**（2サイズ）

  P.69で紹介した保存瓶をそのまま使えます。私が使っているのは 1ℓ と
  500mℓ の 2 サイズ。サービスカウンターで空の重量を量ってもらい、メモ
  するか、消えないように記入しましょう。

- **・ガラス瓶**（オプション）

白ワインビネガーの瓶は、広口のスクリューキャップが多いのでとても便利です。ワインボトルやレモネードの瓶（フリップキャップ）もよいでしょう。サービスカウンターで空の重量を量ってもらい、メモするか、消えないように記入しましょう。

- **水で落とせるクレヨン／洗えるクレヨン**

  アメリカの量り売りショップでは、商品名や商品番号をシールに書き込み、商品を詰めた瓶や袋に貼りつけてレジに持って行くスタイルが一般的です。でも、水で落とせるクレヨンや洗えるクレヨンで、商品番号を袋や瓶に直接書き込んでしまえば、そうした使い捨てシールも不要です。

- **枕カバー**

  または古いシーツで作った大きなパン用の袋。

- **「いつものリスト」も忘れずに！**

  ★これらのアイテムの多くはZeroWasteHome.comのサイト上でも紹介・販売しています。
  http://zerowastehome.com/products/

店内で、そして帰宅したら……

さて、買い物セットも準備万端。次はこれをどんなふうに使えばいいのでしょうか。そして、家に持ち帰ったあとはどうすればよいのでしょう？

- **布袋**

  “乾いた食材”を詰めます（小麦粉、砂糖、豆、シリアル、クッキー、スパイスなど）。詰める前にクレヨンで袋に直接商品番号を書き込み、台所の保存容器に入りきる量を入れます。スパイスなどは、買いすぎを防ぐために台所のスパイス入れをそのままお店に持参して詰めます。ベーカリーコーナーでロールパンなどを詰めるにも布袋は最適です。

⇒帰宅したら、密閉容器に移し替えます。私はフランス製の保存瓶（各種サイズ）に入れています。

・メッシュ袋（または布袋）

野菜や果物を詰めます。

⇒帰宅したら、湿度を保つ冷蔵庫の野菜室に移します。もし葉物がしおれるなど野菜室がきちんと機能しないようなら、ぬれタオルを入れるか、布袋をぬらして入れてみてください。ハーブ類はコップに水を入れて挿します。また、大きな野菜類は袋から出して保管しますが、ぶどうなどの小さなものはまとめてメッシュ袋に入れたまま保管します。こうすると洗うのも簡単です。メッシュ袋をそのまま水に通すだけ！

・小さい保存瓶

"ぬれた食材"を入れます（はちみつ、ピーナツバター、ピクルスなど）。クレヨンで直接商品番号を書き込みます。オリーブ・コーナーやサラダバーもパッケージフリー食材の宝庫です。

⇒帰宅したら、そのまま食材棚や冷蔵庫にしまいます。

・枕カバー

パンを持ち帰るのに使います。前もって電話で「パッケージフリー」の注文を入れておきます（お店によってはその場で注文してもよいでしょう）。受け取りの際に枕カバーを差し出すと、店員さんがそこにパンをすべり込ませてくれます！　軌道に乗ったら毎週自動的に取りおいてもらえるように頼んでみてもいいでしょう。

⇒帰宅したら、保管用の新しい枕カバーにパンを移して（バゲットは半分にカット）、冷凍庫で保存します。1週間ほど持つので、その都度必要な分だけ解凍します。

・ガラス瓶

液体を入れます（オリーブオイル、ビネガー、メープルシロップなど）。ただ、

量り売りショップでも液体の量り売りまでしている店はなかなかないかもしれません。注入口が大きすぎて瓶の口に入らないこともあるので、大きめの瓶を持参するのが無難です。クレヨンで瓶に商品番号を書き込むのもお忘れなく！

⇒帰宅したら、そのまま棚にしまうか、メープルシロップなどは冷蔵庫にしまいます。

・**大きい保存瓶**

量り売りの肉、魚、チーズ、惣菜などを入れます。注文の際、カウンターのスタッフに「この保存瓶に入れてください」と伝えるだけです。瓶に値札シールを貼ってくれるはずです。

⇒帰宅したら、そのまま冷蔵庫にしまいます。

　容器を持参する人はまだ少ないので、少し怪訝な顔をされることもあるかもしれません。でも、気おくれしなければ大丈夫。私の経験では、持参した容器を使うときに「許可を求めない」方がスムーズな気がします。たとえば、魚売り場に新しいスタッフがいたら、保存瓶を差し出して、「ソテー用のイカを4枚、ここにお願い」と言うだけ。目はイカを見たまま、あくまでよそよそしく。まっすぐ目を見てお願いしてしまうと、かえって疑念を持たれるだけ。まるで保存瓶で買いものするのが当然の常識であるかのように振る舞えばよいのです。そう、人生この方ずっとこの方法で買い物してきたんですよと言わんばかりに！　そして保存瓶の目的を聞かれたら、ただこう答えます。「ごみ箱がないので」。それ以上聞く人なんて誰もいません。ただ、そんな中でも最近、もう3年も保存瓶で買い物を続けていた店でいきなり拒否されるという出来事がありました。カウンターの向こう側の新人スタッフは「食品衛生法の基準に反します」と繰り返すばかり。私は彼女に上司に確認するよう促し、最終的にはやっと保存瓶に詰めてもらうことができました。でも、初めての人がいきなりこんなことを言われたら、もう二度と挑戦したくなくなってしまいますよね。容器の持参に対する反応は地域によってもかなり異なりますし、形態別に（カウンターか、取り出し容器か、乾いた商品か、ぬれた

商品か）国と州と自治体のころころ変わる規制も関係してきます。店によって規制の解釈も異なり、中には規制なんて完全に無視している店もあります。ただ、店や自治体が容器の持参にいい顔をしないとき、それは大体において訴えられるのがこわいからです。客がきれいに容器を洗っていなかったせいで病気になる責任を取りたくないわけです。だから、もし拒否されても、店員に言われた言葉を真に受ける必要はありません。上司を呼んで、どの法律の何条が客の容器への詰め替えを禁じているのか、きちんと提示してもらいましょう。私の経験では具体的な証拠を提示できる店はほとんどありません。

　慣習とちがうことをするのは勇気がいります。でも、どうかあきらめないでください！　もしうまく行かなければ、別の店で、あるいは別の日に出直してみてください。

　「いつものリスト」を使って、週1回、いつも同じ日にすべての買い物を済ませるようにすると、単に衝動買いを避けられるだけではありません。お店のスタッフとも良好な関係を築くことができ、このスタイルでの買い物もしやすくなります。毎週金曜日、私はチーズ売り場のカールたちに会えるのを心待ちにしています。そして、ほかほかのパンを手渡してくれるキトと言葉を交わし、レジではいつも変わらぬジェイの笑顔にほっとします。彼らがいてくれるから、彼らが受け入れてくれるからこそ、ゼロ・ウェイストの買い物が可能になっているのです！　私のリクエストに応じてくれる彼らには本当に感謝しています。お店ではいつも、笑顔と、根気と、感謝を忘れずに。

自然食品店以外では

　近所の自然食品店や生協の量り売りで買えないものについてはどうすればいいでしょうか？　あるいは近くに自然食品店がない場合には？

　量り売りで買い物ができるのは自然食品店だけではありません。たとえば、農家から直接野菜を届けてもらう CSA（Community Supported Agriculture ＝ 地域支援型農業）、ファーマーズマーケット、さらに各種専門店などは、環境意識のしっかりしたところであれば、どこもパッケージフリーで買い物をできる可能性があります。

中でも、CSAはすばらしいビジネスモデルです（＊日本でも有機野菜や無農薬野菜の通販や宅配が増えていますが、大抵は宅配便が使われます。カリフォルニアのCSAは、郊外の農家が市街地のまとまった数の顧客と契約を結び、自前のトラックで毎週野菜を配達に来るスタイルが定着しています）。地域コミュニティの活性化にもなりますし、季節に逆らわないオーガニックの作物作りも進みます。ただ、私たちが加入していたCSAは、残念ながら野菜をすべてビニール袋に入れていました。600世帯の会員に毎週10枚のビニール袋が配られるということは、つまり私たちの農家は毎週6000枚ものビニール袋を自然の中に垂れ流している計算になります。私は解決策を提案し、ほかの方法に変えてくれるよう掛け合いましたが、野菜の仕分けには袋詰めは不可欠という言い訳がなされるのみでした。袋詰めにしないで届けてくれるCSAもありましたが、結局私は近所のファーマーズマーケットで野菜を買うことにしました。その方が旬のものがたくさん手に入るし、売り手と直接話すこともできるし、ビニール袋もその場で断ってしまえるからです。アメリカにはCSAやファーマーズマーケットを検索できるLocalHarvest.orgというサイトまであります（＊日本でも「オーガニックマーケット」「ファーマーズマーケット」「有機野菜」「無農薬野菜」「宅配」「通販」「直売」などのキーワードを使って、ニーズに合った農産物の入手先を検索してみてください）。

　その他、自然食品店以外で、パッケージフリーで食材を入手できるオプションには以下のようなものがあります。

- **卵**

　ファーマーズマーケットやCSAから買いましょう。どちらも、卵のパックをよろこんで引き取ってリユースしてくれます。でも、もし田舎に住んでいるなら、パックなんて一切使わずに、近所の人から直接卵を買わせてもらうことだってできるかもしれません。

- **牛乳とヨーグルト**

　デポジット瓶入りのものを買いましょう。住んでいる地区によっては、近くの牛乳屋さんや配達サービス、もしかしたら食料品店の冷蔵コーナーでもそうした牛乳やヨーグルトを買うことができるかもしれません

（＊日本では、生活クラブなど一部生協でもリターナブルびん化が推進されています）。食料品店の場合は、会計のときにいったんデポジットを支払い、あとで瓶をお店に返しにいくと払い戻してもらえます。

・**専門店**

瓶や布袋を持参して、買うものを詰めてもらいましょう。もちろんアイスクリームやキャンディーも。断られることもあるかもしれませんが、瓶に入れてもビジネスはビジネス！　応じてくれる店もたくさんあります。たとえばパリのマイユ社のお店も、持参した瓶にマスタードを詰めてくれます。

・**ワイン**

きれいに洗った空き瓶をワイナリーに持参して詰めてもらいます。フリップキャップなら繰り返し使えて、コルクもごみになりません。持参した瓶へのボトリング（詰め替え）に対応してくれるワイナリーはなかなか見つけにくく、まったくない地域もあるかもしれません。量り売りショップの検索サイトのほか、直接電話で問い合わせたり、インターネットで検索してみてください（＊日本でも「生ワイン　量り売り」などのキーワードで検索してみてください）。またはお近くのワイナリーに個別に相談してみましょう。ワイナリーにとっても、瓶代がかからないことはメリットですし、試飲会や見学会などのイベントに合わせて、持参した瓶へのボトリングに対応してくれるかもしれません。

・**ビール**

地元の醸造所などに容器（グラウラー）を持参して詰めてもらいましょう。その場で空のグラウラーを買って、バーでビールを詰めてもらえる醸造所もあります（＊日本でも「生ビール　量り売り」などのキーワードで検索してみてください）。直接電話して、対応してくれる醸造所を探してみましょう。もし断られたとしても、あなたが問い合わせたことで、せめて「考えてもらうきっかけ」になるはずです。ただし、この方式は持ち帰ったビールを一度に飲み干してしまえる場合に限ります。ビールは一晩で炭酸が飛んでしまいますから。友達を呼びましょう！

・**作る**

量り売りで買えないものは作ってしまいましょう。私は、まともな暮らしを守るため、量り売りで買えるものは基本的に作らないことにしています。自分でパンを焼く代わりに、パン・コーナーのばら売りのバンズやインストアベーカーリーのバゲットを枕カバーにすべり込ませます。ゼロ・ウェイストの暮らしをできる限りシンプルで簡単に保ちたいと思うので、私はすべきことを減らし（ごめんね、ケフィア……）、自分の時間に優先順位をつけ、未包装で入手するのが難しい主要な食材だけを手作りしています。量り売りで買えるいくつかの材料だけで簡単に作れるレシピを選びましょう。

・缶詰

缶詰で買っているものは、家で作ることもできます。市販の缶詰（多くは化学調味料入りで環境ホルモンを放出します）を買う代わりに、自分で保存食を作ればよいのです。暮らしをシンプルに保つため、私が作るのは、家族が年間通して欲しがるトマト缶（トマトの水煮）だけ。夏の終わりにファーマーズマーケットでトマトを買います。終了間際に行くと、まとめ買いの値引き交渉までできます。

・生協による宅配（＊日本）

自然食品店が近くにない地域では、生協による宅配がないか調べてみましょう。日本では、良質な生協の宅配（個人宅配または共同購入）が広く普及しています。検索サイト「生協の宅配をはじめませんか」で地域ごとの検索ができますので、調べてみてください（https://www.coop-takuhai.jp/）。パッケージフリーとは限りませんが、通常の通販よりも遥かに簡易な包装で届けてもらえる場合も多く、また、包装をもっと簡易にできないか、個別に相談してみることもできるでしょう。

・育てる

庭で育てた食べ物は常にパッケージフリー、ラベルフリーです！ たとえばハーブ類は大抵プラスチック製の容器で売られていて、しかも量も選べませんが、プランターで簡単に栽培できます。畑作りの著作で知られるロザリンド・クリーシーは、初心者はまず収穫量の多い野菜で自信をつけるとよいと言います。ベビーリーフや葉物類は短期間にたくさん

収穫できます。なす、チャード、ケールは長期間収穫できます（面積あたりの収穫量が多い）。ブッシュ型のトマトよりも、その他のつる性のトマトの方が実を多くつけます。花豆、エンドウ、きゅうりは上に伸びて長期間収穫できます。中日性のいちごは初夏から秋まで実がつきます。ラディッシュ、レタス、ルッコラ、ワケギは回転が速いです。

· **自然採集**

自然界にはプラスチック容器は生えていません！ 自然採集の講座に参加してあなたの野性を取り戻しましょう。わが家では家族みんなが採集を楽しんでいます。レオはよく唇にブラックベリーの染みをつけて帰ってきます。バケツにザリガニを入れて持ち帰ってくることも。スコットは魚や貝を獲ります。私は野草が専門。自然採集は日々の食料の足しにもなって、お金の節約にもつながるすばらしい方法です。

買い物の日の様子

もしかしたら、私たち家族がゼロ・ウェイストに「取りつかれてしまっている」ように思われる方もいるかもしれませんね。たしかにゼロ・ウェイストは私たちの暮らしのきわめて大切な一部です。でも、私は「取りつかれている」とは思っていません。ええ、たしかに最初のうちはそういう部分もあったかもしれません。でも、すべてが自動操縦のように回せるようになった今、私たち家族はゼロ・ウェイストによるお金や健康や時間の節約のメリットを十二分に享受できています。私たちの勝因は主に買い物と整理の工夫にありました。古い習慣をくずすには、とにかく実践あるのみですし、自分にあったやり方を見つけられるまでには多少時間がかかるかもしれません。でも、"５つのＲ"を指針に正しい選択をしていけばよいのです。やったことのない人には大変そうに見えるかもしれませんが、今の私には、みなさんの買い物のやり方の方がずっと大変そうに見えますよ！

実際にどんな感じかをわかっていただけるように、私の毎週金曜日の様子を書き出してみます。

夫と私は１台の車をシェアしているのですが、金曜日は私が買い物に使う番。ファーマーズマーケットが金曜日だからです。

トートバッグは３つ持っています（それ以上は要りません！）。２つは自然食品店用、１つはファーマーズマーケット用。

　ファーマーズマーケット用のトートと、自然食品店用のトートの片方は車のトランクに入れておきます。ファーマーズマーケット用のトートには、野菜用のメッシュ袋を入れておきます。自然食品店用のトートには、きれいに洗濯した布袋、水で落とせるクレヨン、枕カバーを入れておきます。

　もうひとつの自然食品店用のトートは、家の中の買い物リストの横にかけておいて、洗い終わった布袋やメッシュ袋、空の保存瓶、お店に返すデポジット容器類（牛乳やヨーグルトなど）や卵の紙パックをいつでも入れられるようにしておきます。

　金曜日になると、私はこのトートと２つの買い物リストを持って、車に向かいます。保存瓶は、１ℓサイズを必ず５個以上入れるようにします（肉用、魚用、デリ用、チーズ用、そして粉チーズ用）。卵のパックとメッシュ袋はファーマーズマーケット用のトートに移し替えます。

　時間とガソリンの節約のため、「特別リスト」には行き先順に番号をふります。いちばん遠くからスタートし、右折（＊日本なら左折）がいちばん多くなるルートで戻るようにします。これは企業のガソリン節減のコンサルティングを行った夫からのアドバイスです。

　こうして出発。進みながら、ひとつずつリストから行き先を消していきます。最後の３つはいつも大体ファーマーズマーケット、自然食品店、そして図書館です。

　ファーマーズマーケットでは、ファーマーズマーケット用のトートを引っつかんで、まずまっすぐお気に入りの野菜スタンドへ（野菜がトートのいちばん下に来るように）。そしてお気に入りのフルーツ・スタンドへと進みます（果物は野菜よりやわらかいため）。かご入りのベリーを買うときは、中身をメッシュ袋に移し、かごはお店の人に返してリユースしてもらいます。最後に卵のスタンドで、自分のパックに卵を詰め直してもらいます。買う野菜や果物は、いつもその瞬間にいいなと思ったものを選んでいますが、必ず家族の１週間分の食事に十分な量を買います。

　次は自然食品店です。ここでは……

①自然食品店用のトートを2つともカートに乗せ、まずはサービスカウンターに立ち寄ってヨーグルトと牛乳の瓶を返却し、デポジットを払い戻してもらいます。払い戻しはチケット制なので、会計のときに使い忘れないよう、クレジットカードの横に挟み込みます。

②次はベーカリーに行き、「バゲット10本、袋はなしで」と注文。バゲット10本がわが家4人の1週間分にちょうど必要な量です。

③続いてサラダバー（目当ては手頃な粉チーズ）、オリーブ・コーナー（ケイパー、ピクルス、オリーブ）、惣菜売り場、肉売り場、魚売り場で、それぞれ保存瓶に詰めていきます。

④チーズ売り場で保存瓶にチーズを詰めてもらっている間に、ワックスペーパー包装のバター、デポジット瓶入りの牛乳とヨーグルトをカートへ。

⑤量り売りコーナーで、「いつものリスト」に載っているものを布袋と保存瓶に順に詰めていきます。

⑥必要なら野菜売り場にも立ち寄って、ファーマーズマーケットになかった野菜を買ったり、パン・コーナーでばら売りのクロワッサンをいくつか買ったりします。

⑦ひとまわりしてベーカリーまで戻ってくると、焼き立てバゲットが枕カバーの中で私を待っていてくれて、ほかほかでうれしくなります（店内はどこも寒いので）。レジに向かう間、いい匂いが漂って、子どものころの思い出がよみがえります。

⑧レジでは、重いものから順にトートに詰めてもらえるように、まず保存瓶を台に載せ、次に袋類、最後にパンを出します。トートに荷物を詰めてもらっている間に、クレジットカードと一緒に挟んだデポジット・チケットのことを思い出します。瓶や袋の重量分と、デポジットの払い戻し分を合計金額から引いてもらいます。

⑨お金を払い、レシートを断り、図書館にさっと立ち寄って、家に戻ります。

　ここからも分かるとおり、私は店内の外周部分にあたる、フレッシュでヘルシーなものが集まる売り場だけを通り抜け、中央の「加工済」「包装済」の棚はすっ飛ばします。買い物から出る唯一の使い捨てパッケージは、バタ

ー。その理由については既にお話ししたとおりです。

　家に着くと、車から荷物を出し、冷蔵品は冷蔵庫へ、布袋の中身は保存瓶に移し替え、バゲットは半分にカットして保存用の新しい枕カバーに入れて冷凍し、野菜は冷蔵庫の野菜室にしまいます。食卓のフルーツボウルを新しいフルーツで満たし、汚れた布袋は洗濯機に投げ込み、買い物リストは資源物入れに入れ、トートバッグは元の場所に戻します。2つは車へ、1つは家へ。そしてまた翌週すぐに使えるようにしておくのです。

ゼロ・ウェイスト・クッキング

　一般的な家庭のごみには、ファーストフード的な出来合い物のパッケージが大量に混ざっています。こんな状態では、ゼロ・ウェイストなんてほとんどの人にとって考えられない目標でしょう。でも、実はスローフード的な食生活はそんなに難しいことではありません。台所用品と一緒で、ちょっとの片づけと整理、そして計画、これが大きく物を言うのです。

レシピのゼロ・ウェイスト化

　少し前まで、私のレシピファイルには何年もかけて集めたレシピがずらりと並び、その多くは加工食品や缶詰を使わないと作れないものばかりでした。あまりヘルシーとは言えない、ごみがたくさん出るレシピが、ヘルシーでごみの出ないレシピとごちゃ混ぜになり、たくさん詰め込みすぎで、ヘルシーなレシピがちっとも見つかりません。ゼロ・ウェイストの買い物はうまく行かず、複雑で、もどかしい思いでいっぱいでした。バーボンボール（＊ラムボールのウィスキー版）のために粉砂糖の量り売りを求めて右往左往するなんて、何かが間違っていました。

　そしてだんだんわかってきたのです。「ゼロ・ウェイスト・キッチン」が「ゼロ・ウェイスト・ショッピング」なくして成り立たないように、「ゼロ・ウェイスト・ショッピング」も「ゼロ・ウェイスト・クッキング」なくして成り立つはずがないのだ、と。そう、レシピのゼロ・ウェイスト化が必要だっ

たのです！

　私は次のような手順ですべてのレシピを整理しました。

- **地元で、量り売りで入手可能なもののみを使うレシピを選ぶ**
- **材料が多すぎる、または時間がかかりすぎるレシピは手放す**
  手軽な料理も、手間のかかる料理と同じくらいおいしいものです。
- **一度も試していないレシピは処分する**（資源物入れへ）
  「作れずにいること」の重みにいつも苛まれていました。手放したら頭が
  すっきりし、「やることリスト」も減りました。
- **事前に準備できないディナーパーティーのレシピは手放す**
  誰かと一緒に料理をしていると、集中力が失われて、材料を入れ忘れたり、
  時間の感覚が飛んで失敗し、結局あとで平謝りする羽目になります。私
  はひとりの方がずっと手早く上手に料理できます。温めなおすだけなら、
  より正確なタイミングでサーブできるし、次に入れる材料に気を取られ
  ずに済むので、お客さんにとってもよりよいホストでいられます。それに、
  事前に作っておくと味もなじんでおいしくなります。
- **最後まで残ったレシピをスキャンする**
  何冊もある料理本は、印をつけたレシピだけをスキャンしましょう（あり
  ますよね？　たったひとつの気に入っているレシピのために捨てられない本！）。
  CamScannerというスマートフォン・アプリを使うと手早くスキャンで
  きました。スキャンし終わったレシピは資源物に入れます。本は寄付して、
  ほかの人に楽しんでもらいましょう。

　さて、レシピがすべてスキャンできたら、次は以下のようなフォルダに整
理しました。

- **朝食**：パンケーキ、パンプディング
- **フィンガーフード**：デビルドエッグ、パテ、マッシュルームの肉詰め
- **前菜**：山羊チーズのスフレ、ポロねぎのフラン
- **スープ**：カリフラワースープ、ガーリックスープ、ガスパチョ

- 穀物：ライス、キヌア、クスクス
- パスタ
- 豆：白いんげん豆のシチュー、レンズ豆のカレー
- じゃがいも
- 粉もの：ピザ、トルティーヤ
- 魚介：いわしのカルパッチョ、鮭の香草パン粉焼き、マスのムニエル
- 鶏肉：エコで手頃な鶏肉には専用のフォルダが必要なので！
- 肉：ラム肉のケフタ、牛肉の赤ワイン煮、鴨のチェリーソース
- 野菜：でん粉や肉を含まないレシピ
- デザート：チョコレートムース、レモンスフレ
- クッキー／スイーツ：ビスコッティ、バタークッキー、ピーカンの砂糖漬け
- 自然採集：マンザニータの実のサイダー、アザミのペスト
- 保存食：ジャム、マスタード、バニラ・エキストラクト
- コース料理：テーマに基づく3～4皿のコース料理（たとえば "モロッコ風 のディナー" "夏のブランチ" など）
- 雑貨・洗面用品：ヘアスプレー、洗濯洗剤、糊^{のり}、歯みがき粉

　電子レシピは自由に持ち運べます。私はクラウドに保存して、携帯電話でどこからでもアクセスできるようにしています。探しやすさも向上。ひとつのレシピを手軽に複数のフォルダにコピーできるので、より探しやすく、メニュー作りも容易になります。たとえば、カリフラワースープは「前菜」と「スープ」と「野菜」の3つのフォルダに入れられます。それに、今はインターネットでレシピを調べる時代。印刷せずにそのままフォルダに保存して、メールやクラウドで手軽にシェアすることもできます。

1週間のディナー・プラン

　私は主に来客の際にレシピを見ます。それ以外のときは、素材や味の相性から料理の組み合わせを考える「フードペアリング」の手法を参考にすることが多いです。その他、レストランのメニューや自然食品店の惣菜売り場からインスピレーションをもらうのも好きです。創造性も刺激されるし、旬の

ものやその時おいしそうだと思ったものを買う私のスタイルにぴったりです。

さらに、「曜日別のプラン」を作ることもできます。わが家では、①量り売りの有無、②"ほぼベジタリアン"の食生活、③曜日別の予定、などを考慮して、1週間のプランを立てています。とは言え、菜食の夜にも卵や牛乳、チーズなどをたんぱく源として取り入れたり、ファーマーズマーケットの掘り出し物をその日の献立に生かしたりしています。以下のスケジュールは、厳密なルールでもなければ、すべての人に当てはまる万能のものでもありません。家族のニーズに合わせて自由に作り変えればよいと思います。でも、こういうゆるやかなプランがあれば、忙しい平日の夜にどうしようと思い悩む必要もなくなるし、子どもたちの「今日のごはん、なに？」の合唱にも即答できますよ。

月曜日：パスタ

火曜日：豆料理

水曜日：粉もの（自家製キッシュ、ピザ、トルティーヤなど）

木曜日：パン（余り野菜のスープやサラダと合わせて、冷蔵庫の中身も一掃！）

金曜日（買い物の日）**：**じゃがいもと魚

土曜日：何も決めない日！　友人を招いたり、外食したり。

日曜日：穀物と肉

食材の保存方法

わが家の食材は、限られた数の保存瓶で保存できるようにオーガナイズしています。保存瓶には「基本の食材」と「ローテーションする食材」のどちらかが入ります。「基本の食材」は各家庭によって異なるはずです。わが家の場合は……

- 小麦粉、砂糖、塩、重曹、コーンスターチ、ベーキングパウダー、イースト、オートミール、コーヒー、ドライコーン、粉砂糖
- ジャム、バター、ピーナツバター、はちみつ、マスタード、トマト缶、ピクルス、オリーブ、ケイパー

・オリーブオイル、サラダ油、リンゴ酢、ホワイトビネガー、タマリ（＊ア
　メリカで広く親しまれる醤油系調味料）、バニラ・エキストラクト
・スパイスやハーブ類

「ローテーションする食材」は、以前のわが家なら何種類も買い込んでいた
ものばかり。たとえば豆。以前は、ひよこ豆、レンズ豆、インゲン豆、小豆、
空豆、ピントビーンズなどいろいろなものを揃えていました。たくさんの種
類の食材を蓄えておくと食卓が豊かになりそうに思えますよね。でも、大体
はその逆の結果となります。洋服ダンスと一緒で、好きなものばかり使って
しまい、好きでないものは奥に押しやられて忘却の彼方へ……。そしてスペ
ースをふさぎ、最後は腐ったり虫が湧いたり。結局ダメにしてしまいます。
　今では、ひとつのものにつき何種類も買い揃えず、専用の保存瓶をひとつ
だけ用意して、ローテーション方式で中身を入れ替えることにしました。た
とえば、わが家の「穀類」の瓶には、ある週は米が入り、別の週にはクスク
スが入ります。「ローテーションする食材」に入るのは……

　穀類／パスタ／豆／シリアル／クッキー／ナッツ類／スイーツ／スナック
　／お茶

　この方式を取るようにしたら、食卓にも変化が生まれ、収納スペースも減
り、食材を無駄にせずに済むようになりました。

食べ物の無駄を減らすA〜Z

　食材のローテーション以外にも、食べ物の無駄を減らす方法はあります。
まずは、既に書いたとおり、きちんと買い物リストを携えて買い物に出かけ
ること。さらに、少量ずつ盛り付けるようにしたり、残り物を温めなおした
り、冷凍庫を活用したりすれば、使わない食材や無駄にする食材が減り、"コ
ンポスト行き"を防げます。たとえば、ハーブ類は製氷皿で凍らせたり、残
り物はランチ用に少量ずつ保存瓶に入れて冷凍します。肉や魚の骨もまとめ
て冷凍庫にしまっておき、コンポストに移す前にスープを取ります。

ただ、どんなに完璧なゼロ・ウェイスト・キッチンを目指しても、必ず生ごみは出ます。以下は、つい見逃してしまいがちなものの利用法、AからZまでの24箇条です。

Add it 〈加える〉

かぼちゃが残ったら、甘くない食事用パンケーキに混ぜるのがおすすめ。パスタのゆで汁も、パスタソースに少し加えてみてください。

Bake it 〈焼く〉

わが家はケールはあまり好きではありませんが、ケール・チップは大好物！　ベーキングシートに並べてオリーブオイルと塩を回しかけ、170〜180℃で10分焼きます。

Collect it 〈集める〉

古くなったパンのかけらを保存瓶に集めて冷凍します。いっぱいになったら、パンプディングを作ります（レシピはP.103参照）。

Dehydrate it 〈乾かす〉

ディハイドレーター（食物乾燥機）を使ってもよいですが、天日干しや自然乾燥がいちばん経済的です。私はハーブを小さく束ねて室内で自然乾燥させます（屋根裏が理想的）。こうすると色も香りも最大限に保たれます。あるいは、セロリの葉を乾燥させて、粉砕して塩を加えれば、セロリ・ソルトのできあがり！

Edit it 〈入れ替える〉

わが家の子どもたちは、レーズン入りのシリアルが好きではありません。だから子どもたちの朝食のシリアルからレーズンを抜き取って、代わりにクッキーに入れます。

Ferment it 〈発酵させる〉

ワインや果物が余ったら、自家製ビネガー作りのチャンス。ワインビネガー作りに必要なのは、お酢の素となる酵母だけ。醸造キットなどを扱うお店で入手できます。

Grate it 〈すりおろす〉

リンゴのすりおろしはサラダに好相性。古くなったパンのすりおろし（パ

ンくず）は、ぜひ野菜やキャセロールの上へ。

Hang it 〈吊るす〉

賞味期限の切れたヨーグルトは、まだかびていなければ、塩味をつけて、ハンカチにくるんでシンクの上に吊るすと……やわらかなチーズのできあがり（これはもう書きましたよね。P.57参照）。

Ice it 〈冷やす〉

しなびたレタスは氷水に浮かべれば生き返ります。

Juice it 〈しぼる〉

その人参の頭、捨てないで！　グリーンスムージーに混ぜてください。

Knife it 〈カットする〉

果物がたくさんあって困るときは、全部カットしてお皿に並べると……あら不思議、どんどん食べられます！

Ladle it 〈スープにする〉

買い物の前日、私は残っている野菜を全部鍋に入れ、水とチキンの骨を足してスープをとります。アーティチョークの葉や、豆のさやなどの"ごみ"もちゃんとクリームスープのベースになります。

Marinade it 〈マリネする〉

余ったぶどうやドライフルーツはブランデーに数か月、あるいは数年漬けるとよいと母に教わりました。立派なデザートになります。

Neutralize it 〈中和する〉

もしスパイスを入れすぎてしまったら、捨ててしまわずに、レモン、乳製品、アルコール、または砂糖を加えてみてください。砂糖を入れすぎた？では、塩、ビネガー、あるいはレモンを。塩を入れすぎた？　ホワイトビネガーを少々と砂糖をひとつまみ入れれば落ち着くはずです。酸っぱい？　重曹を加えましょう。

Offer it 〈贈る〉（友人、学校、フードバンクへ……）

もし料理を多く作りすぎてしまったり、たくさん収穫しすぎてしまったら、誰かを幸せにしてあげましょう。庭のマイヤーレモンのサプライズ・ギフトなんてもらったら、誰だってよろこびます！

Preserve it 〈保存する〉

熟れた果物はジャムに、野菜が余ったらピクルスに。

Question it 〈調べる〉

インターネットで調べれば、どんな残り物の利用法もわかります。

Reinvent it 〈蘇らせる〉

ハムの余りは豆のスープの風味づけに、傷のついたリンゴはアップルソースに！　そのソースを"フルーツレザー"（＊ピュレ状にした果物を薄くレザーのように延ばして乾かしたおやつ）にしてもいいですね。

See it 〈見えるようにする〉

適切に保管することで、残り物の寿命も延ばすことができます。透明な保存瓶を使えば、中に入っているものを忘れずにすみます。

Thicken (or thin) it 〈濃くする／薄める〉

水っぽいスープや濃すぎるソースが冷蔵庫にいつまでも残ってしまったら……コーンスターチでとろみをつけるか、水でゆるめれば、たちまち蘇ります。

Use it all 〈全部使う〉

野菜の皮をむくのをやめれば、野菜を余すことなく生かせます。でも、どうしてもブロッコリーの茎の皮をむきたいなら、捨てずに別の料理に加えましょう。

Vamp it up 〈飾り立てる〉

私は残り物でカクテルパーティーを開くのが大好き。買い物の前に冷蔵庫の中身を楽しく一掃できます。ピザの残りは一口サイズに切り分け、肉や穀類はちょっとずつエンダイブの葉やマッシュルームに載せたり、スプーンや小ぶりのグラスに盛りつけます。ケーキの端切れや残りは層にしてホイップクリームとフルーツを重ね、トライフルに。フランスではこんなふうに飾り立てることを「でっちあげの技法」と呼びます。

Wet it 〈湿らせる〉

干からびたバゲットは水を吹きかけてから焼くと、生き返ります。

XYZ: eXamine Your Zipper 〈密封を確かめる〉

きちんと密封できているかどうか確認します。穀類は密封されていない

と、ダメになったり虫が湧いたりします。密封ひとつで賞味期限が違ってきます。わが家ではすべて密閉タイプの保存瓶で保存しているので、食べ物に蟻1匹、虫1匹寄りついたことがありません。

もてなす

来客時、あなたは何に気を配りますか？

ゼロ・ウェイストで人をもてなす際にいちばん重要なこと、それは「先手を取ること」です。ゲストがあなたの家にごみや混乱を持ち込んでくる可能性に対して、先手先手で対処してください。だって、せっかく台所のモノを減らしてきて、その変化をよろこばしく思っているのです。ゲストにその努力を台無しにさせてはいけません！　あなたの"ごみ撃退"の決意を友人たちに知らせましょう。リユース容器を使い始めたことも、コンポストでみみずを飼い始めたことも、洗いざらい話しましょう。どれだけがんばって整理したかをアピールし、それがどれほどの節約につながったかをしっかり教えてあげましょう。あなたがどう変化したのかを伝えていくことで、手みやげや使い捨てに頭を悩ますことも減るはずです。あなたの選択を理解し、尊重してもらうための手がかりを友人たちに渡してあげてください。

来客のおもてなしは、ゼロ・ウェイストの暮らしを知らしめ、より大きなスケールで実証する絶好の機会でもあります。もしかしたら、誰かがあなたのしていることを見て、そのいくつかを取り入れてくれるかもしれません！

以下、来客時のゼロ・ウェイストのアイディアをいくつかご紹介します。

食べ物

・いつもより多く料理する分、買い物にもいつもより多くの保存瓶を持参します。

・大皿に盛るのは避けましょう。直接ひとりひとりのディナー皿に盛りつける方がシンプルで、かつ洗い物も減り、美しくセットできます。盛りつける分量も調整できるので、無駄を減らせます。少なめに盛りつけて、

お代わりをすすめましょう。

・大人数のパーティーにはぜひフィンガーフードを。フィンガーフード、つまりオードブルは、お皿に盛りつける料理と違って食べ残しがまったく出ません。洗い物も減るし、なにより残り物の活用にも最適なのです。テーブルに並べるときは、布のナプキンの山や、楊枝代わりのポルトリーレーサー（P.70 参照）を添えるだけ。

・どうしてもお皿が必要なら、少し小さめのサラダ皿を使いましょう。少なめに盛りつけてもらえるため、食べ残しを減らせます。

・いろいろなものを少しずつ作るのではなく、限られた種類のものをたっぷり準備しましょう。ビュッフェ形式では、20 種類の前菜を 6 個ずつ作るよりも、6 種類の前菜を 20 個ずつ作る方が効率的です。

ドリンク

・ボトル入りのスパークリングウォーターを出す代わりに、水道水にくし切りのレモンやきゅうりのスライス、またはローズマリーを浮かべましょう。

・大人数にビールを出すときは、グラウラーや小樽を使えないか考えてみましょう。

・ドリンクを買うときは、その容器がリユースできるかどうかを考えてから決めましょう。たとえば私は 750㎖ のフリップキャップ・ボトル入りのウォッカを買いますが、それはこのボトルをワインの詰め替えに再利用できるし、フリップキャップなら使い捨てのコルクも不要だからです。

・水で落とせるクレヨンを用意しておき、ゲストが自分のグラスに印をつけられるようにしましょう。みんなが自分のグラスをキープできて、洗い物が減るだけでなく、不要なワイングラス・チャームを保管する必要もなくなります。

飾りつけ・雰囲気作り

・陶器のお皿、金属のカトラリー、そして布のナプキンを使えば、節約と優雅さを同時に達成できます。

・テーブルはクリエイティブに飾りましょう。ナプキンの折り方を工夫したり、鉢植えや庭から取ってきた葉や枝を使ったり、ろうそく、あるいはシンプルに季節の果物を飾るだけでもよいのです。テーブルにチョコチップで絵を描いたり、レンズ豆やとうもろこしなどのカラフルな穀類で模様を描きます。子どもたちに粘土で（P.270参照）花やいろいろな形を作ってもらうのもいいでしょう。わが家が気に入っているのは、テーブルの真ん中に小麦粉を小さじ1ほど散らし、そこに絵を描くこと。種をつけたアーティチョークの先の綿毛を散らすのも好きです。ビュッフェ・コーナーには、シダの葉をグラスに挿して、いろいろなサイズの保存瓶を逆さにかぶせたものを台にして、取り皿（ディナー皿とサラダ皿）を段違いに並べる、あるいは保存瓶にフィンガーフードを詰め、テーブルの上にわざと傾けて中身をこぼす形でディスプレイ……なんてこともしました。

・オイルキャンドルを、空の容器（＋芯のベース）から作りなおします。詰めるのはみつろうでもオリーブオイルでも構いません。みつろうは自然食品店で1ポンドの未包装の塊が、鉛不使用の芯は手芸用品店などでメートル買いができます。短い芯をベースに差し、溶かしたみつろうで容器を満たします。ただ、オイルを使う方が詰め直すのが簡単です（P.278参照）。時には、未包装で売られている小さなろうそくを買い、その残りを容器に溶かし入れたりもします。私のキャンドルホルダーはリバーシブルで、短いものも長いものも立てられます。

・音楽を iPod にダウンロードしましょう。CD プレーヤーと CD は誰かに譲って楽しんでもらい、代わりに iPod を部屋のスピーカーにつなぎます。

おすすめの手作りレシピ

マスタード

材料：マスタード・パウダー 120㎖、白ワイン 180㎖、リンゴ酢 120㎖、
卵1個、砂糖大さじ1、小麦粉大さじ1

作り方：

1. 保存瓶にすべての材料を入れて混ぜる。
2. 中くらいのソースパンに2～3㎝の水を入れ、その中に保存瓶のふ
   たを開けたまま置き、中火にかける。
3. とろりとするまで泡立てる。
4. 冷めるのを待ち、冷蔵庫へ。

フラワー・トルティーヤ

材料：小麦粉 940㎖、塩小さじ 1.5、ベーキングパウダー小さじ1、バター
120㎖（冷やす）、お湯 235㎖

作り方：

1. 大きめのボウルに粉類を入れて混ぜる。
2. バターを加え、粗いパン粉のようになるまで指先をつかって混ぜる。
3. お湯を加え、ソフトな生地になるまで混ぜる。
4. 12個の小さな丸形に分割する。
5. できるだけ薄く延ばし、中火にかけたフライパンで両面を20秒ずつ
   焼く。

バニラ・エクストラクト

材料：バニラビーンズ2本、ブランデー 120㎖

作り方：

1. バニラビーンズを縦半分に切る。
2. 小瓶に入れる。
3. ブランデーを注ぐ。
4. 密封し、3日以上寝かせてから使う。

ホットソース

材料：トウガラシ450g（セラーノやハラペーニョなど）、ホワイトビネガー 470㎖、水470㎖、塩大さじ1

作り方：

1. トウガラシをぶつ切りにする。
2. 中鍋にすべての材料を入れて混ぜる。
3. 沸騰させる。
4. 弱火で30分。
5. ハンドミキサーで攪拌（かくはん）する。
6. 冷めたら小瓶に移す。

ピザ生地

材料：小麦粉470㎖、イースト小さじ2、砂糖小さじ1、塩小さじ1/2、 オリーブオイル大さじ2、お湯175㎖

作り方：

1. 大きめのボウルにすべての材料を入れて混ぜる。
2. よく捏ねて、ひとまとめにまとめる。
3. お皿などでボウルにふたをする。
4. あたたかい場所で45分間発酵させる（私は生地を準備している間に、オーブンを低温に合わせておいて電源を切り、余熱で発酵させます）。生地は2倍にふくらむ。
5. 指にたっぷりと粉をつけて、生地をボウルから取り出し、ひとまとめにする。
6. 油を塗ったベーキングシートの上に、生地を指先で延ばす。
7. 好きなトッピングを載せ、210℃で25分ほど焼く。

ホースラディッシュ

材料：ホースラディッシュの根のすりおろし235㎖、ホワイトビネガー 175㎖、塩小さじ1/4

作り方：

1. 小さめのボウルにすべての材料を入れて混ぜる。
2. ハンドミキサーで攪拌する。
3. 小さめの保存瓶に移す。
4. かなり強いので、使うときは控えめに！

アンチョビ

材料：カタクチイワシ450g、粗塩

作り方：

1. カタクチイワシの頭と内臓を除き（骨は残す）、水で洗う。
2. 保存瓶の中に、粗塩とカタクチイワシを交互に重ねる（最初と最後は厚めの塩の層にすること）。
3. 密封し、3週間以上冷蔵保存してから使う（塩が溶け出し、水のようになります）。

豆乳

私が豆乳を作っていたのは"手作り中毒"の時期だけで、今はもう作っていません。でも、乳糖不耐症の方たちの参考としてご紹介します。

材料：大豆235㎖、水1.4ℓ、砂糖・バニラエクストラクト（好みで）

作り方：

1. 中くらいのボウルで大豆を一晩浸水させる。
2. 水を切る。
3. 1.4ℓの水を加え、ハンドミキサーで攪拌する。
4. 大きめの鍋にハンカチを敷き、漉して絞る。
5. 砂糖やバニラの風味を加える。
6. 沸騰させ、弱火で10分。

7. 冷めるまで待ち、冷蔵庫へ（1週間ほど保ちます）。

パンケーキ

パンケーキミックスを買う人も多いようですが、一からの手作りも簡単で、
しかもずっとおいしいです！

材料：小麦粉350㎖、ベーキングパウダー小さじ3.5、塩小さじ1、砂糖大
　　　さじ1、牛乳295㎖、卵2個、溶かしバターまたはオイル大さじ3

作り方：

1. 大きめのボウルにすべての材料を入れて混ぜる。
2. 生地の1/4を、薄く油を引いたフライパンに注ぎ、両面をこんがりと
　 焼く。

パンプディング

材料：古くなったパンくず（大きめの塊）700㎖、卵4個、牛乳470㎖、砂
　　　糖235㎖、溶かしバター大さじ3、塩ひとつまみ、シナモンひとつ
　　　まみ

作り方：

1. 油を引いたオーブン皿の上にパンくずを広げる。
2. その他の材料を中くらいのボウルに入れて、まとめて泡立てる。
3. パンくずの上に注ぎ込む。
4. 175℃で45分ほど、真ん中にナイフを差して何もくっつかなくなる
　 まで焼く。

さらにもう一歩

　この章で取り上げたアイディアのほとんどは、物理的なごみに関するものです。以下の通り、エネルギー、水、そして時間の節約の工夫も取り入れることで、より完全な取り組みとなります。

〈**エネルギー**〉

- ・オーブンは予熱しない
- ・冷蔵庫は必要なときしか開けない
- ・なるべく電動タイプではなく手動タイプのものを使う
- ・圧力鍋を使う
- ・大きな鍋は大きなコンロへ、小さな鍋は小さなコンロへ
- ・冷凍庫と冷蔵庫には物をしっかり詰めて、冷気をキープする
- ・自動製氷機はスイッチを切る。氷を作りなおすときだけ使うか、あるいは単に製氷皿を使う。
- ・冷蔵庫のドアのいろいろな場所に1ドル札を挟んでみて、密封度をテストする。もし1ドル札が動くようなら、パッキンがゆるんでいる可能性があります。

〈**水**〉

- ・排水口にストレーナーをつけ、溜まったごみをコンポストに入れる。ディスポーザーを回すよりも水が少なくてすみます。
- ・漏水を食い止める。水を使わない2時間の前後でメーターを比べてみれば、漏れがないかわかります。
- ・シャワー式蛇口を取りつける。
- ・シンクに水を溜める容器を置いておき、野菜を洗ったり蒸したり茹でたりした水を集めて植物にやる。
- ・お皿を洗うたびに蛇口をひねって新しい水を使うのではなく、シンクに水を溜めておき、それを使って洗う。

〈時間〉

- せん切りやみじん切りなどプロの技に習い、調理時間を効率化する。
- 洗った野菜をすぐに刻めるよう、まな板はシンクのそばへ。
- シンクの上で料理する。使い終わった道具類はすべてそのままシンクの中へ。
- パン切りナイフはパンの横にしまう。
- 家族全員が水筒を持ち、グラスを使わない。
- 食器棚の奥行きが深すぎる場合は、背板を入れ、保存瓶などが奥に引っ込んで届かなくならないようにする。
- やけどした時すぐに使えるように、キッチンカウンターにアロエの鉢を置く。葉を小さく切り取り、患部に当てるだけ。
- 骨はスープにそのまま入れる。スープストックを分けて取ったりしない。
- サラダは手で混ぜる。
- オイルやビネガーの瓶に注ぎ口をつける。

© Nicole Markwald

2008年から「ゼロ・ウェイスト」生活を送っているジョンソン一家。ストイックなイメージとはかけ離れた、シンプルかつ優雅な生活ぶりが注目の的に。買い物は量り売りで買える自然食品店やファーマーズマーケットなどを利用。ビニール袋やプラスチック容器は使わず、持参した瓶や布袋などに商品を詰める。

2015年、さらなるごみの減量に取り組んだ結果、家族4人が1年間で出したごみはたったこれだけ！

そのごみの内訳は……

1. 家の補修に使った研磨ベルト、コーキング材など

2. シリコン製のスマートフォンケース

3. 壊れたスプレー、薬や来客の洗面具のパッケージなど

4. 宅配便のテープや伝票など

5. ヘルメットのクッション、炊き出しボランティアのヘアネットなど

6. 食材のラベル、来客のガム、食洗機の錆びた部品など

7. 預け荷物のシール、古いパスポートのラミネートされたページ

8. 洋服のタグ類

ごみの
内訳

布やメッシュ袋、保存瓶などが揃った買い物の必需品、「買い物セット」（上／ P.78参照）。買った物はすべてこれらに入れる。カリフォルニアの自然食品店やファーマーズマーケットでは、あらゆる商品がパッケージフリーや量り売りで販売されている。

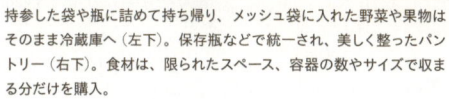

持参した袋や瓶に詰めて持ち帰り、メッシュ袋に入れた野菜や果物は
そのまま冷蔵庫へ（左下）。保存瓶などで統一され、美しく整ったパン
トリー（右下）。食材は、限られたスペース、容器の数やサイズで収ま
る分だけを購入。

化粧品も手作り（左上／P.141〜145 参照）、いちばん多い来客時に合わせて必要枚数だけを揃えた布製
ナプキン（右上／P.70 参照）、古いTシャツを切り分けた「繰り返し使えるティッシュ」（左下／P.137 参照）、
100％天然素材でコンポストにも入れられるブラシ（右下／P.197 参照）。

戸別回収用のカート。緑＝COMPOST（堆肥化）、青＝RECYCLE（資源化）、黒＝LANDFILL（埋め立て）の3分別。市から各家庭に貸与され、回収は有料で行われる。

収集日の朝には、各家庭のカートが街角に並ぶ。

公園など公共の場に設置されている回収ボックスも3分別。カリフォルニア広域で共通の色分けになっていて、誰にでも分かりやすい。

3分別でも世界トップレベル
～カリフォルニア州のごみの分別～

　本書の舞台であるカリフォルニア州は、ごみ問題に非常に積極的で、州政府・自治体・市民団体が一丸となってゼロ・ウェイスト目標を掲げる「ゼロ・ウェイストのメッカ」です。州全体として資源化率50％の突破を義務づけるという大胆な施策により、既に多くの自治体が50～60％以上の資源化率を達成、さらに州全体の公式目標として2020年までに75％の資源化率の実現を目指しており、世界的な注目を浴びています（日本の資源化率は約20％）*。そんなカリフォルニアの典型的な分別方式を、簡単にご紹介します。

＊カリフォルニア州廃棄物部局公式サイト「ごみ75％資源化目標について」
　http://www.calrecycle.ca.gov/75Percent/

ごみは「3色のカート」に分別する（P.111参照）

　市民はごみを3色のカートに分別します。①緑のカートには「コンポスト」、②青いカートには「資源物」、③灰色のカートには「ごみ」を入れます。「10分別」「15分別」が当たり前の日本人からすると、拍子抜けするほどシンプルです。

①コンポスト（＝堆肥化）

　生ごみ・草木のほか、なんと、ちり紙やピザのデリバリーの紙箱などの「汚れた紙」もここに入れ、すべてまとめて堆肥化されます。日本でもアメリカでも、家庭から出るごみの30～40％は生ごみと言われます。これを資源化できれば資源化率は大きく向上する、ということで、カリフォルニアではほとんどの自治体が生ごみの分別収集に取り組んでいます。できあがった堆肥は、地元の農家などがよろこんで買い取るそうです。オーガニックのさかんなカリフォルニアの循環の輪がしっかり実現しています。

②資源物（＝リサイクル）

資源物は、紙も、缶も、ガラス瓶も、プラスチック類も、すべて青いカートでまとめて回収され、後から中間処理施設（MRF）で機械選別されます。日本のように各家庭で分別する方が資源物の品質は上がりますが、移民も多いアメリカではそこまでの徹底は難しいのも現実。このシンプルで合理的なシステムがうまく機能しているようです。

③ごみ（＝埋め立て）

カリフォルニアには「燃えるごみ」は存在しません！　焼却炉はなく、すべて最終処分場に直接埋め立てます。土地が広いアメリカならでは、という気もしますが、実は、世界的にはごみを燃やす日本の方が少数派。ごみの焼却は、埋め立てと比べても高度な技術を要し、ダイオキシンなど難分解性の有毒物質の排出も避けられないため、非常にお金がかかり、取り入れている国は驚くほど少ないのです。そんな中、日本は実は「世界一の焼却大国」、世界の焼却炉の大半が日本に集中していると言われます。

「焼却が当たり前」の日本からすると、「燃やさずにそのまま埋めるなんて！」と思いたくなりますが、日本の行政のごみ処理は、高度な焼却炉の建設維持にお金がかかりすぎて、資源化を大胆に進めるための予算がほとんどない（＝いつまでもほとんどのごみを燃やしている）という構図です。一方カリフォルニアでは、「高度なごみ処理施設の維持」ではなく、「ごみを減らして資源化を伸ばす」ことに主眼が置かれ、結果として生ごみの堆肥化や合理的な資源化により、ごみを大幅に減らせている、というのはおもしろいところです。

すべて有料の戸別回収

以上の3色のカートはすべて戸別回収。みんな玄関の前にカートを出して回収してもらいます。回収は有料で、カートのサイズによって月2500円〜5000円ほど。これは日本の有料指定袋に比べてもかなり高額です。この収入だけですべてのごみ処理経費が賄われ、日本と違って、市の一般予算（＝税金）からごみ処理経費を捻出しないそうです。

コンポスト方式比較表

	庭	手間	におい	虫	初期費用 ※市町村の 補助次第
地上式（a）	必要	○ 手軽	○ 通常は におわない	△ 湧きやすい	○ 数千円〜
埋め込み式（b）	必要	◎ とても手軽	○ 通常は におわない	× 必ず湧く	○ 数千円〜
EMバケツ（c）	必要	△ ややコツが要る	夏場は△	◎ 湧きにくい	○ 数千円〜
土に埋める	必要	穴を掘る 手間がある	◎ におわない	◎ 気にならない	◎ 穴を掘るだけ
バクテリア de キエーロ（d）	必要 (不要な「ベランダ タイプ（e）」も有)	◎ とても手軽	◎ におわない	○ 通常は湧かない	△〜○ 手作りも可
ダンボール コンポスト（f）	不要	◎ とても手軽	○ 通常は におわない	○ 室内は湧かない	○ 数千円〜
手動式 生ごみ処理機（g）	不要	○ 手軽	○ 通常は におわない	○ 室内は湧かない	△ 高価なものも
電動 生ごみ処理機	不要	◎ とても手軽	○ 通常は におわない	◎ 湧きにくい	× 高価

※一般的な参考情報です。詳細はインターネットなどで調べたり、メーカーにお問い合わせください。
※このほか、「みみず式」なども良質な堆肥ができるとして定評があります。

☆a〜gは各タイプ別コンポストの一例です。下記のほかにも様々なメーカーから販売されています。

地上式コンポスター
（三甲株式会社）

埋め込み式コンポスター
（広田産業株式会社
「ミラコンポ」）

EM バケツ
（イーエムジャパン）

バクテリア de キエーロ
（キエーロ葉山）

維持費	堆肥	植木や草	備　考
◎ ゼロ	できる	○ 必ず入れる	・草木をメインに入れる ・いっぱいになったら、別の場所に移す
◎ ゼロ	できない (何も残らない)	△ 少量なら可	・最初に深く埋め込むのが大変 ・必ず虫が湧くが、地中なので気になりにくい
△ ボカシを購入 (ぬかを使っても)	大量に できる	×	・良質な堆肥が大量にできる ・生ごみの水分を切って、清潔なうちにバケツに詰めると、 　快適に管理ができる
◎ ゼロ	できない (残らない)	△ 掘るのが大変	・庭に穴を掘れるスペースさえあれば、あとは埋めるだけ ・上手に埋めるコツは「土壌混合法」で検索
◎ ゼロ	できない (残らない)	×	・見た目がよい ・多少スペースが必要
△ 数か月おきに 全交換	できない	×	・交換時、ダンボールがごみになる
機種による	機種による	×	・中身の状態によっては、ハンドルの回転が重くなる
△ 電気代	機種による	×	・電気を使うので、環境の観点からはそれほどおすすめ 　できません ・運転時、におう場合も

e

ベランダ de キエーロ
（キエーロ葉山）

f

ダンボールコンポスト
（NPO 法人循環生活研究所）

g

手動式生ごみ処理機
（パネフリ工業株式会社
「ダスクリンくるくるⅢ型」）

洗面所・浴室・トイレ

トイレットペーパー以外に、わが家はもう使い捨ての
ものを買いません。すべてのものについて、繰り返し
使える、またはパッケージフリーの代用品を取り入れ
ています。

ゼロ・ウェイストを始める前、私は化粧品や洗面用品を熱烈に消費していました！　でも、それらに注入されている様々な化学物質や、その健康への影響などを知ると、なんだか自分が実験用のモルモットのような気がしてきました。そして、日々の暮らしからごみや無駄や有害物質を追放しようと決意したその日から、私は今度は"自分自身のリサーチ"の飽くなき実験台に変身しました。

　まずは全力をかけて様々な製品のことを調べ上げました。どれも健康や環境に害を及ぼすものばかり。私は知りました。市販のスクラブ洗顔料に含まれるマイクロビーズのプラスチック粒子が海や川に流れだしてしまうこと。石鹸の包み紙はプラスチックでコーティングされていることが多く、リサイクルできないこと。オーガニック系のブランドの多くは原材料には気をつけているけれど、容器包装が環境に与える影響についてはあまり考えていない

こと。

　次いで、環境によいと見せかける、様々なイメージ戦略にも分け入っていかざるを得ませんでした。たとえば、「環境にやさしいから、肌にもやさしい！」なんて、そのまま鵜呑みにしてはいけませんよ！　ある商品を使ったときなど、肌が赤く、まるで日焼け止めもせずに日がな直射日光の下で過ごしたみたいに腫れあがってしまいました。見るも無残でした。ある時は、世界的なブランドのナチュラルな謳い文句に乗せられて、量り売りの

固形コンディショナーを買ってみたら、中に含まれる香料のせいでひどい頭痛に。耐えきれずに石鹸を外に放り出したら、頭痛はすぐに収まりましたが、次の日私が目にしたのは、その高級品が溶けてわが家のコンクリート・パティオにへばりついている光景。なんてひどい！　なんという無駄づかい！買う前に原材料をよく確認すべきでした。

　容器包装も、原材料も、使い心地も、どれもがっかりするものばかりだったので、私はついに自分で手作りを試してみるようになりました。量り売りで買える材料だけを組み入れれば、容器包装も防げるし、原材料もコストも意のままのはず。

　もちろん、手作りに失敗はつきものです。試作のマスカラをつけてレストランへ出かけたとき、私が学んだのは、「1.友人は私のメイクが変になっていても何も言わない」、そして、「2.メイクが溶けてメガネ血腫のようになっていた」という2点でした。

　環境のために髪も切りました。髪が短くなれば、乾かすための電力も減るし、使うシャンプーも少なくて済むし、シャワーの時間も短くて済むからです。ただ、残念ながら私には似合いませんでした。そして不幸にも、すぐあとに雑誌の取材で家族写真を撮ることになった私。記事のコピーを受け取った母の反応は……「髪、どうしちゃったの？　全然似合ってないじゃない」。

　ありがたいことに髪はまた伸びます。18種類もの手作りワックスの配合を試すために切った髪も、また伸びてくれました。ワックスをちょうどよい硬さに仕上げようとするうちに、指には水ぶくれができました。数年にわたるリサーチの中で、私は4種類の市販のマスカラと、22種類の手作りマスカラと、4種類のデオドラントの代用品と、7種類の市販の固形シャンプーと、3種類の歯みがき粉用ディスペンサーと、6種類の市販のファンデーションを試しました。使った材料は、マンゴー、レモン、アボカド、砂糖、塩、卵、コーヒーかす、オートミール、はちみつ、ヨーグルト、牛乳、様々なオイル、重曹、リンゴ酢、炭、コーンスターチ、ココアパウダー、アロエ、玉ねぎ、ココナッツオイル、セージ、きゅうり、お茶、グレープフルーツ、グリセリン、ビタミンE、ホワイトクレイ、グリーンクレイ、パパイヤ、使い終わったマッチ棒、ホースラディッシュ、こけ、そしてイラクサ。これらを

すべて肌に塗ったのです。

ああ、かわいそうな私の家族！　自分の髪が足りなくなると、私は試作のワックスをマックスの足に塗って試しました（本人の了解は得ましたよ、もちろん！）。カラーリングを試すときは、子どもたちの散髪のあと、床に落ちている髪を集め、しばって12本の小さな束を作り、いくつもの試作品に浸してから、夕食時のキッチンカウンターで乾かしました。まあ、食欲をそそる光景ではないですよね。スコットはシェービングクリームの代わりに7種類の石鹸を試しました。そのうちのひとつは私の特製。残っていたアルカリ性パイプクリーナーとベーコンの脂身で作ったものです。使ってみると、あらビックリ、1日中ブタとじゃれ合っていたような匂いなんてしないんですよ。まるでアイボリー石鹸のような匂いなんです！　ただ、泡立ちはよくありませんでした。それで、一度パイプクリーナーを使い切ってしまうと、もう一度プラスチック容器入りのそれを買うほどのことはないと思いました。だって、もうできている石鹸をばら売りでそのまま買えるのですから！

人前でちょっと恥ずかしい思いをしたことや、家族に不便を強いたことを除けば、私は自分の代用品作りを楽しんでいました。既存のシステムを出し抜いているような気がするのです。

ただし、何でも試してみる価値はあるとは言え、何でも暮らしに取り入れる価値があるわけではありません。やっぱり、イラクサをリッププランパー代わりに使うのはすすめられません。やってはみましたが、むらが出て、ひりひりするのです。重曹をシャンプー代わりにするのは、試してみる価値のあるオプションかもしれません、もしあなたがショートヘアならば。でも、私のロングヘアはちりぢりに縮んでしまって、普通のシャンプーに戻したらすぐさま友人たちが気づいたほどでした。一方、月経カップ（P.138参照）は、ちょうど台所で布巾を使うのとまったく同じで、バスルームの必需品だとわかりました。やってみて、お金も節約できて、使いやすくて、なんでもっと早くやらなかったんだろうと、私は地団太ふんで悔しがりました。みなさんにもきっと同じような発見が待っていますよ！

この章では、私がいいと思った商品や調合方法・レシピなどをお伝えします。ご自身のライフスタイルにぴったりと合うものにするには、多少の実験

が必要になるかもしれません。でも、最初に必要なモルモットの基礎部分はほとんど私がやりましたから、みなさんはそこまでやる必要はありません。ご安心を！

バスルームのセットアップ

　洗面所、浴室、トイレというバスルームまわりは、おそらく家の中で2番目によくごみが出る場所だと思います（＊アメリカでは、ひとつの広いバスルームの中に洗面所と浴室とトイレが組み込まれているスタイルが一般的）。でも、ここでも、大規模な片づけとリユース化、それに分別容器の準備によって、ごみは簡単に防げます。

1.シンプル化

　バスルームの一番の目的は、健康で清潔な毎日を送ること、そして身だしなみの儀式の場として機能することだと思います。でも実際には、同じシャンプーがいくつも増殖していたり、期限切れの薬や、捨ててもいいようなありとあらゆる残骸がひしめく場合が多いように見受けられます。みんな自分の中にこだわりや自信のなさを抱えていて、なんとかその気配をキャビネットの中に封印したいと思っているわけです。その証拠に、どこの洗面所も、何年も若返らせてくれる魔法のクリームや、欠点を覆い隠してくれる化粧品、そして異性を確実に魅了できる魅惑の香水でいっぱい！　これらの商品のために私たちは毎年何万円もの出費を余儀なくされ、それなのにその多くは埃をかぶり、最後はごみ箱行きとなる始末。でも、こんなものを溜め込んでしまう私たちを一体誰が責められるでしょう！　だって、メディアを見れば、どこもかしこも私たちの目がくらむような完璧な顔やすらりとした身体の修正写真ばかり。毎シーズン、広告は新登場"必携"のアイシャドウパレットやハイテク・スキンケアを作り上げます。こんなものを見ていたら、自分が美しいなんて思えなくなること請け合いだというのに、こともあろうか、それが洗面台の中に鎮座しているのです。不安感に暮らしをかき乱されている

わけです。

　美しくなるための最初のステップ（美しくなれば必要な化粧品も減り、バスルームも片づくはず）は、メディアやお店の販売戦略になるべく触れないようにすること。ええ、たしかに辺境にでも住んでいない限り、完全に触れないというのはほとんど無理でしょう。でも「減らす」ことは十分に可能ですし、少し練習すれば、「見たいものだけを見る」能力だって身につけられます。よく覚えておかなくてはならないのは、美しさというのはお店で買えるものではないということ。自分の内側から湧き出るはずのものがボトルに入っているわけがありません。

　アメリカの全国排泄コントロール協会（National Association for Continence）の調べによると、平均的なアメリカ人は、そのとても忙しい1日のうちの約1時間をバスルームで過ごしているそうです。近年の「スパ」ブームにも表れるように、このストレス生活の中で、みんなリラクゼーションを求め、家の中で唯一邪魔されずに過ごせる場所を味わいつくしたいと渇望しているようです。さらに「流せるトイレブラシ」などの使い捨ての掃除用具が飛ぶように売れていることからも、簡単に掃除できてすっきりリフレッシュできる場所が求められていることがよくわかります。

　"禅"を思わせるようなすっきりとしたバスルームへの第2のステップは、シンプル化。キャビネットや引き出しの中身を全部取り出して、何が本当に必要なのかを検証するところからスタートします。

□ ちゃんと使えるか？　期限切れではないか？

　古くなった化粧品は、雑菌の繁殖の温床となり、健康に害を及ぼす可能性がありますし、歯が折れた櫛は髪を傷めます。今回限り処分して、二度と買わないようにしましょう（＊使い残しの化粧品を処分する場合は、牛乳パックやビニール袋の中にぼろ布やキッチンペーパーを詰め、そこに浸み込ませて可燃ごみとして出す方法が一般的に推奨されています）。期限切れの薬はある程度までは大丈夫ですが、症状を悪化させることもありえます。薬局に問い合わせて、住んでいる地区でどのように捨てたらよいか確認しましょう。アメリカでは、不要な処方薬を回収してもらえる「処方薬引

き取りデイ～National Prescription Drug Take-Back Day」という試みも行われています。

□ よく使うか？

もしかしてあなたは15年前にコストコで巨大な容器入りのローションを買ったのでは？　でもその後別のブランドを使うようになったのですね？　そのローションは出番を待っていますが、おそらく出番は永遠にやって来ないでしょう。現実を否定してはいけません。ひと月以上使っていないもの、埃をかぶっているものは手放しましょう。（＊処分方法は前項を参照してください）

□ 同じものが 2 つ以上ないか？

ひとりの人には一体何本のブラシや櫛が必要なのでしょう？　髪留めは？　髪の色に合わせて髪留めを選ぶようにすれば、着る服に合わせて色とりどりの髪留めを持つ必要はありません。そして、ほとんどポニーテールしかしないのなら、髪留めはひとつで十分なはず。おさげが好きなら2つ。ひからびた石鹸は全部ひとつにまとめてしまいましょう。水に浸してやわらかくして、くっつけて固めます。半分しか残っていないシャンプー、試供品、ホテルでもらった無料シャンプーの類も全部ひとつの容器にまとめてしまいます。2つあるうちの1つを処分するときは、使い勝手のいいものや乾きやすいものを残しましょう。たとえば、テリー織りのタオルよりもワッフル織りのものを残すのがよいでしょう。

□ 家族の健康を危険に陥れないか？

化粧品や洗面用品に含まれる化学物質は、健康に害を及ぼす危険性があります。自分自身と家族の健康を第一に考えましょう。アメリカでは環境団体が「化粧品データベース」（Skin Deep Cosmetics Database）を公開していて、シャンプーや化粧品や歯みがき粉など、市販の化粧品類の安全性をオンラインで調べることができます（＊英語のみですが、日本でおなじみの商品も掲載されています）。なお、デヴィッド・スズキ基金の「化粧品に含まれる悪しき12の化学物質」によれば、もっとも警戒すべき化学物質は以下の通りです。

1. BHA（ブチルヒドロキシアニソール）・BHT（ブチルヒドロキシトルエン）

2. コールタール染料

3. ジエタノールアミン関連の原材料

4. フタル酸ジブチル

5. ホルムアルデヒドを放出する保存料

6. パラベン

7. 香料

8. ポリエチレングリコール化合物

9. ワセリン

10. シロキサン

11. ラウレス硫酸ナトリウム

12. トリクロサン

☐ **義理の意識から持ちつづけていないか？**

香水はごく一般的なギフトです。そして香料の多くは有害です（おそらくさきほどの質問でアウトになったはず）。どうか考えてみてください。まだ持ちつづけているのは、瓶がきれいだからとか、誰かが高いお金をはたいて買ってくれたからとか、そういう義理の意識が理由ではないですか？でも、安心してください。処分はどの道避けられないのです。あなたが捨てなければ、結局ほかの誰かが代わりに捨てる羽目になるのです。

☐ **「みんなが持っている」から持っているのでは？**

バスルームにあるすべてのものについて、本当に必要なのかどうか考えてみましょう。今までずっと必要不可欠だと思い込んできたものもすべて問い直すのです。私も以前はうがい薬や絆創膏、綿棒などを買っていました。だってみんな持っていますから！　自分にも必要だと思っていましたが、今はもう思いません。**ほかのもので代用できませんか？**　たとえば、あなたの小指は綿棒の立派な代用品になります（フランス語では"耳の指"と言うくらいです！）。

☐ **私の大切な時間を割いて手入れをする価値があるか？**

湿気と埃は相性がよくありません。バスルームまわりの置き物や飾りを手入れしている人なら、へばりついた埃をきれいにするのがどれだけ大

変か、きっとご存じのはず。置き物の船にそれだけの価値がありますか？
まあ、ないでしょうね。子ども部屋に移しましょう。

□ **このスペースを何かほかのものに使えるのでは？**

ヘアカーラーはすごく場所をとります。これがなくなれば、今までラックの上で埃をかぶっていたタオルを、空になったキャビネットに入れられます。

□ **リユース可能か？**

使い捨てのものたちも場所をふさぎます。この章で全部なくなる予定ですが、とりあえず今あるストックは、誰か必要とする人の助けになるかもしれません。たとえば、アメリカであればシェルターへの寄付が考えられます。男性用のシェルターには使い捨てカミソリが必要ですし、女性用のシェルターには生理用品が必要です。生理用品は公衆トイレで緊急時の人が使えるように置いてくることもできます（かごいっぱいの生理用品が置いてあるトイレもありますよ）。

これで棚がひとつ空になりませんか？　さっさと撤去して、壁の穴を塞いでしまいましょう。後付けの収納は極力空にして、備えつけのスペース（シンク下や洗面台のキャビネットなど）を活用するようにしてください。台や床など平らな面には何も置かず、飾り棚やトイレ収納などの後付けの収納を取り除くと、バスルームが広々として落ち着いた空間になるばかりか、日々の掃除もラクになります！

台所のシンプル化には、「もしも」「もしかして」の不安がつきものです。バスルームのシンプル化では、むしろ「大きな期待に大枚はたいた高級品をあきらめる」という難しさがあります。でも、払ってしまったお金はもう戻ってきません。過去の損にくよくよしないで、明るい面を見るようにしましょう。あなたは、これまでの買い物のパターンに気づき、もっと賢い選択をするための学びを得ているのです。今処分しようとしている商品にあなたがはたいたお金は、もしあなたがこのシンプル化を経て、よりよい消費スタイルを勝ち得ることができるのであれば、その金額の甲斐が十二分にあったのです。これから先、「脱・使い捨て＆容器包装」でお金がしっかり節約でき

ることをよろこんでください！

　ここでも、何を捨てて何を残すかはとても個人的な作業です。でも、ご参考までに、私たちがこのプロセスで手放したものをご紹介します。

　バスローブ／置き物や飾り／ボディースポンジ／ろうそく／デオドラント・スプレー／多すぎる櫛、ブラシ、毛抜き、はさみ／期限切れの薬／多すぎる化粧品ポーチ／多すぎるメガネ／多すぎるタオル（家族ひとりにつき２枚で十分。普段使い用に１枚、もう１枚は海水浴や来客用）／多すぎる髪留めやアクセサリー（私は１つあれば十分）／アイブロウパウダー／ハイライト／つけまつげ・つけ爪／後付けのタンス・棚／パーティー用のカラーパレット／ヘア・ブリーチ・キット／ヘア・カラー・キット／ヘアタイプ別シャンプー／ハンド・サニタイザー（消毒液）／ハンドクリーム／ハンドタオル／ホテルの洗面セット／ヘチマたわし・軽石／ボディー・ローション／雑誌立て／うがい薬（家族の誰も使っていませんでした）／ネイルアート／ネイルポリッシュ／香水／綿棒／消毒用アルコール／サンプル類／歯のホワイトニング・ジェル／トイレ用ブラシ／フェイス・タオル／耐水マスカラ／美容クリーム／そして、ごみ箱！

　これだけのものを二度と買わなくなったのですから、今どれほどの節約につながっているか、お分かりいただけると思います！

2. リユース化

　トイレットペーパー以外に、わが家はもう使い捨てのものを買いません。バスルームにあるすべてのものについて、繰り返し使える、またはパッケージフリーの代用品を取り入れています。すべて量り売りで買いますから、買い物にはいつもの買い物セットを持参することが欠かせません。固形やパウダー状のものは布袋に、液体類は瓶に。家では保存瓶やディスペンサーに移し替えて保存すると、美観も高まります。

3. ごみの分別

　台所にはごみ箱や資源物入れがどうしても必要です。でも、バスルームで

は、「入れるものがめったに出ない」ということもありえます。バスルームに分別容器が必要かどうかは、近くに量り売りショップがあるかどうか、どのくらいリユース化を進められるかどうかによって決まってくるでしょう。分別容器を置くのであれば、日々の掃除をラクにするためにも、シンク下に置くのがベストです。

①リサイクル

ほとんどのお宅は、台所でしかリサイクルをしていません。わが家もずっと、トイレットペーパーの芯や、シャンプーやリンスのボトルをごみに出していました。理由は簡単。バスルームに資源物の分別容器を置いていなかったから。今はもう、わが家のバスルームから出る資源物は、1年にせいぜい2〜3個というところまで減らすことができたので、わざわざ専用の資源物入れを置く必要もありません。でも、移行期間にはシャワーのそばにひとつ置いておくと便利でした。

②コンポスト

お使いのコンポストの種類に応じて、次のような洗面用品・衛生用品をコンポストに入れられます。

※ただし大半は、工夫次第でコンポストに入れる必要がなくなります。該当するものにはページ番号を付していますので、参考にしてください。

竹製・木製の歯ブラシ（P.135）／綿100％の綿棒（紙軸のもの）（P.124）／コットンパフ（P.153）／綿100％のフェイシャル・パッド（P.153）／綿100％のガーゼ（P.153）／ティッシュペーパー（P.137）／ブラシや電動シェーバーについた髪の毛／ヘチマたわし（作り方はP.208）／海綿（P.232）／切った爪／シルク100％のデンタルフロス／タンポン（紙製のアプリケーターも）（P.138）／トイレットペーパー（P.137）／未塗装の木の櫛／尿（堆肥化を早めるのに特に有用です）（P.155）

バスルームにコンポスト入れが必要かどうかは、ゼロ・ウェイスト化への取り組みの度合いで違ってくるでしょう。最終的に、コンポストに入れるも

のが髪の毛や爪だけになったら、専用の容器なんてもちろん必要なくなってしまうでしょう！ 私はブラシについた髪の毛は窓の外に放ってしまいます。小鳥たちが巣の材料としてリユースしてくれますから！

③ごみ

もうお分かりですね。いちばん手っ取り早くゼロ・ウェイストに到達する方法は、使い捨ての物たちに代用品を見つけることです。ということで、ぜひこれを試してください。「ごみ箱を撤去する」。そして、資源物入れとして再利用しながら、リサイクルも最終的にはゼロを目指します。わざわざ台所のごみ箱まで運んでいかなければならないものがあるとすれば、そのすべてに代用品が必要です。

洗面用品・衛生用品

私たちの親世代、祖父母世代、さらに曾祖父母世代が使っていた物の多くは、繰り返し使えたり、最低限の包装しかされていないものばかりでした。以下にご紹介する代用品の数々には、そんな古きよき時代が思い起こされるものがいくつもあります。昔ながらの道具や方法の再発見は、すごく楽しく愉快です。見た目も美しくて、もうプラスチック容器や使い捨て商品がいっぱいに詰め込まれたキャビネットに逆戻りするなんて想像もできないくらい。以下にご紹介するアイテムは、それぞれ使いやすさも考慮して選ばれたものばかりです。どうか、日々の暮らしのルーティンにうまく組み込めるものを選ぶことをお忘れなく。

アイテムのひとつひとつに、それぞれいくつもの代用品が存在します。選ぶ際に注意すべきガイドラインをいくつかご紹介します。

- ・先入観なく、すなおな気持ちを持つ
- ・具体的なニーズに応じて選択する
- ・買う商品に「悪しき 12 の化学物質」（P.124 参照）が含まれていないか注意

- 根気強く。身体が慣れるのに少し時間がかかるものもあります
- 楽しむ。うまく行かないことがあっても、ユーモアのセンスを忘れずに

肌

〔ハンドソープ・ボディソープ・洗顔ソープ〕

・固形石鹸

ばら売りか、あるいはリサイクル可能なただの紙で包まれた固形石鹸が手に入れば、それがベストです。パッケージが本当に紙かどうか確かめるには、少し破ってみて、プラスチックのコーティングの有無をチェックしてください。しっかりと泡立つので、これひとつでほかの多くの商品が不要に。手を洗うにも、顔を洗うにも、身体を洗うにも、シェービングにも、さらにシャンプーとしても使えます。小さくなってきたら、あたらしい石鹸にくっつけてしまいます。

・液体の量り売り

どうしても液体のハンドソープでなければ困るという場合は、マルセイユ石鹸やカスティール石鹸などのオリーブ石鹸の液体タイプが、汎用性が高く、使いやすいです。ただ、やや値段が高いので、手作りも考えてみてください（P.199参照）。

〔ローション〕

・量り売りローション

量り売りしている店を見つけることができれば、必要なのは詰め替え容器だけ。でも、化学合成物質には注意して！

・量り売りの油

食用油はローションのナチュラルな代替品！　私はとても気に入って使っています。原材料のラベルを読む必要さえありません。台所でも使えて、1人2役！　普通肌にはキャノーラ油や大豆油、乾燥肌にはオリーブオイル、ピーナッツオイル、ベニバナ油、ごま油、大豆油、ひまわり油、脂性肌にはグレープシードオイルなどがおすすめです。

・手作り

固形のデオドラントの作り方はいろいろありますが、どれも材料が多すぎて（重曹、コーンスターチ、溶かしたココナッツオイルが一般的）、できあがりも満足のいくものではありませんでした。肌に白いすじが残ったり（袖なしやタンクトップを着ているときには感心できません）、服に油じみがついたり。

・アルム石

別名「クリスタル・デオドラント」。使いやすく、手作りの必要もありません。石をそのまま湿らせ、肌にすりつけ、使い終わったら乾かすだけ。落としたら割れるかもしれませんが、瓶入りの手作りデオドラントを思えばずっと長持ちしますし、カミソリの傷にも有効です。

※**注意**：これらは臭いのもととなるバクテリアを退治してくれますが、制汗作用はありません（市販の制汗剤はアルミニウムの一種を含んでいて、深刻な健康被害につながる恐れが指摘されています）。ですから、不用意な服装をしていると、人前で恥をかくことになります。これは私も経験済み！ 緊張することがわかっているときは、ぬれてもわからない服を着るようにしましょう。

〔日焼け止め〕

個人的に、適度な日焼け止めは必要だと思っています。ビタミンD欠乏症と同じくらい、皮膚がんが心配です。わが家では、まず服や帽子を日よけ代わりに使い、それだけだと多少の日光は通してしまうので、いつもより長く日に当たるときには日焼け止めを使うようにしています。ただ、顔には毎日紫外線防止効果のあるティント・モイスチャライザーをぬっています。つまらない見栄かもしれませんけれど。

・量り売りのごま油

単独で使うと、いくらかの日焼け防止効果があります。ただ、正確なSPF（紫外線防御指数）は証明されていないので、軽い日焼け止め向き。

・手作り

お手製の日焼け止め作りはとてもシンプル。酸化亜鉛か二酸化チタンの粉末をごま油か手持ちの量り売りローションに混ぜるだけ。でも私、ま

だこれらの粉末のばら売りを見つけられずにいます。SPF20なら、50 g 分の粉末を200 g分のローションに混ぜます。

- **市販のもの**

長時間強い日光や、水・砂・雪などの反射光線に当たる場合には、オーガニックの市販品を選んで使っています。ガラスか金属製の容器のものを探しましょう。

髪・毛

シャンプーの手作りには、パッケージ入りのいろいろな材料が必要で、私たちにとっては本末転倒です！ 手作りしてもごみが減らないのなら、わざわざやる必要なし！

- **シャンプーをやめる**

もしあなたがショートヘアなら、"ノー・シャンプー"の仲間入りをしてみては？ シャンプーを使わない洗髪は、①髪をすすぎ、②重曹を頭皮にふりかける（スパイスシェーカーが便利です）、③重曹をもみ込む、④リンゴ酢ですすいでつやを出す、⑤最後にもう一度（あるいは二度）水ですすぐ。重曹もリンゴ酢も量り売りで手に入れます。

- **固形シャンプー**

固形のシャンプーやリンスは旅行にも最適で、包装も最小限です。ただ、残念ながら多くはラミネートペーパーで包まれていたり、有害な原材料が含まれていたり。しっかりチェックするようにしましょう。というわけで、わが家は泡立ちのよい固形石鹸を買っています。未包装のもの、または紙だけで包まれたものをひとつ買っておけば、あらゆる洗浄のニーズに応えてくれますから！

- **量り売りシャンプー**

近くの自然食品店の量り売りでシャンプーやリンスを買えるようなら、持参したボトルに詰め替えて、使いやすいポンプ式ボトルに移すだけ。ポンプ式ボトルを使えば、中身の減ったシャンプー容器がシャワーの周辺に増殖することもなく、しかも使う量をコントロールできるので、無

駄も減ります。もちろん、この方式はプラスチックの使用を完全にゼロにすることはできません。メーカーから小売店への運搬にプラスチックが使われるからです。でも、量り売りにお金を落とすことで、将来的なシステムの向上を後押しすることができます（理想はメーカーと小売店の間をリユース容器が往復すること）。私はリンスをこの方式で買っています。

・**ドライシャンプー**

洗髪の間隔をあけるため、量り売りのコーンスターチをドライシャンプー代わりに使っています。スパイスシェーカーに入れ、毛根の皮脂の部分に振りかけて、もみ込み、ブラッシングします。これで髪のボリュームもアップ！

物事はできるだけシンプルに、家族全員がひとつのシャンプーとひとつのリンスを共用することを強くおすすめします。

〔**シェービング**〕

使い捨てのカミソリや替え刃に代わるタイプがたくさんあります。慣れるまでしばらくの間は、多少のひっかき傷や腫れができてしまうかもしれませんが、そこを乗り越えてしまえば、あとは何事もありません。

・**直刃カミソリ**

このタイプは、日常的に刃を研ぐ必要があり、勇気と機敏さが求められます（特に腋の下）。刃の交換はまったく必要ないため、ゼロ・ウェイストの面では間違いなくナンバーワン！　ただ、旅行時に機内持ち込みができないのでご注意ください。

・**電気シェーバー**

エネルギーを使いますが、機内持ち込みできます。

・**両刃の安全カミソリ**

使い捨てカミソリにいちばん使い心地が似ていて、夫もこれを気に入っています。使用後に乾かすことで、替え刃の摩耗も6か月まで延ばすことができます。つまり、10枚セットの替え刃（小さな紙箱入り）で5年間

もつ計算になります。このタイプのカミソリは、刃を取り外せば機内持ち込みできます（刃は預け荷物にするか、到着時に購入します）。

・石鹸

よく泡立つタイプなら、十分にシェービングクリームの代わりになります。スコットはいつも、みんながシャンプーに使うのと同じ石鹸を使っています。直接肌にすりつけて泡立てます。

女性のための追加オプション

・毛抜き

とても時間を食う作業ではありますが、手でできて（特別な買い物も電気も必要ありません）、そのうち生えてこなくなります。まゆ毛や口ひげなど、特に狭い部分に便利で、有害なブリーチなどをせずに済みます。

・レーザー脱毛

費用はかかりますが、だいぶ値段も下がってきて手頃になりつつあります。レーザーに映らないような細く薄い毛は残る可能性がありますが、長い目でどれだけの時間とお金が節約できるかを考えると、十二分に価値があります。私はこれのおかげで日々の暮らしとルーティンがとてつもなくラクになりました。

・シュガーワックス

シュガーワックスの脱毛は、古代エジプト発祥で、今もアラブ諸国で使われています。別名"ハラワ"（「甘いお菓子」の意）とも呼ばれ、そのままデザートにもなるほど。上手にワックスを塗れる人にとってはすばらしい方法だと思います！　少しコツが要りますが、がんばる甲斐は十分にあります。

シュガーワックス

作り方：

1. フライパンに砂糖120㎖（私は量り売りの未精製きび砂糖を使っています）、水大さじ1、レモン汁大さじ1を入れて混ぜる。
2. 強火にかけ、温度が123℃に達するまで煮立てる（友人のシロップ用温

度計を借りて計りました。私のコンロや鍋では3分ほどかかります）。

3. すぐに、湿らせた耐熱皿に流し込み、そのまま冷ます。さわれるくらいに冷めたら、完全に硬くなる前に、生地をまるくまとめる。

4. 生地をこね、延ばす（澄んだ琥珀色から不透明な象牙色に変わり、べたつくはずです）。

5. 親指を使って生地を毛の生え際に当てるように細く押しつけていき、毛並みに添ってすばやくはがす。同じ生地でほかの部分も繰り返す。

6. 余った生地は次に使うまで保存瓶に入れて保管し、必要なときに瓶を湯せんにかけてあたためる。

歯

〔歯みがき粉〕

　理論的には、歯みがき粉は効果的な歯みがきに必須ではありません。ブラッシングの行為自体が、虫歯を防ぐ上では重要なのです（世界には小枝で歯みがきをしている人もたくさんいます）。でも、わが家はみんな歯みがき粉の清涼感が好きなので、手作りの歯みがき粉にシフトしてみました。適度に使えば、市販の歯みがき粉の立派な代用品となります。ほかにもいろいろな作り方がありますが、手に入れにくい材料を多く使うなど、継続が難しいものが多いです。チューブタイプに慣れている方は、パウダータイプは使いにくいと感じるかもしれません。最初はもしかしたら、歯をみがくたびに「これで環境負荷を和らげられるんだ」と反芻したり、太平洋ごみベルトを思い浮かべたりしないと報われないかもしれませんが、きっといつの間にかやみつきになりますよ。私は最近、友人が持っていた普通の歯みがき粉を使う機会がありましたが、もう好きな感じとは思えませんでした。歯が隅々まできれいになった気がしないのです。マックスも同じで、いくつか子ども用の歯みがき粉を試しましたが、味が気に入らないとかで、私に重曹をせがんだくらいです。

歯みがき粉

作り方：

スパイスシェーカーに重曹240㎖、（好みで）ホワイトステビアパウダー

小さじ１を入れて混ぜます。

★スパイスシェーカーは回転ダイアル式で出す量を調節できるものを選んでください。
★ステビアは重曹の塩気をカットするために入れます。

使い方：

ぬらした歯ブラシの上に少し振りかけて使います。

うれしいおまけ：

真っ白な歯！　そして、シンクの中や周りに歯みがきチューブがベタベ

タ垂れるあの光景ともおさらば！

※**注意**：市販の重曹はどれもまったく同じように作られているわけではないようです。より
粗いもの、より細かいものがありますので、いくつか量り売りを試して、いちばん細かい
ものを選ぶのがおすすめです。また、この歯みがき粉はフッ素入りではありません。でも、
アメリカの水道水はあらかじめフッ素を添加している地域が多いので、フッ素入りの歯み
がき粉は必要ないですね。

〔歯ブラシ〕

・小枝

カリフォルニアの先住民は、ミズキ科の木の小枝を使って歯を磨いてい
たそうですが、こうした伝統は世界中にまだ広く残っています。特に有
名なのはニーム（インド）やミスワク（中東）ですが、アメリカ大陸なら、
オリーブ、くるみ、モミジバフウなどの木がよく使われます。チューイ
ング・スティックとも呼ばれ、まず端の部分の皮をむいて、噛んで中の
繊維を毛羽立たせて、歯と歯茎をやさしくこすって使います。実は、通
常の歯ブラシよりもむしろ効果的だという研究もあるほど。歯みがき粉
も使わず、家に植えてあれば、容器包装や輸送とも無縁です。使い終わ
ったら、端の部分を切ってまた使います。短すぎて使えなくなったら、
コンポストに入れられます。わが家では、子どもたちに普通の歯ブラシ
を使わせるだけでも大変すぎるくらいですから、小枝を現実的な選択肢
としては考えていません。でも、現時点ではそれだけが「真のゼロ・ウ

ェイスト」であることは確かですし、私もキャンプの時などにはぜひ使いたいと思っています。

・**市販のもの**

残念ながら、市販の歯ブラシだけに絞ってみると、理想的なものはまだ市場に出回っていません。再生プラスチックから作られ、リサイクル可能なものもありますが、結局はリサイクルできないデッキやベンチに姿を変えることになります。持ち手の部分が再生プラスチックで、ブラシの部分が使い捨てになっているものもあります。持ち手が木で、ブラシ部分がイノシシの毛でできた100%天然のものもあるのですが、プラスチック包装入りでしか買えません。どれも理想的とは言えない中で、わが家は結局、紙包装入りのコンポストに入れられる竹製歯ブラシ（ただし中国製）を使っています。地元でもっといいものが手に入るようになるまではこれを使う予定です。

〔**フロス**〕

・**口をゆすぐ**

タネも仕掛けもなし、食べてから20分以内に水でうがいをすると、虫歯予防に大きな効果があると歯医者さんに言われています。

・**歯ぐきマッサージ**

専用のブラシは、繰り返し使え、健康な歯ぐきを保つのに効果的です。でも、歯垢を落とすにはやはりフロスの方が上です。

・**シルク**

私の知る限り、市販のフロスにいちばん近い、そしていちばん強く効果的な代用品がこれ、絹糸です。新しく糸を買うと包装がついてきてしまうので、単にオーガニックシルクの生地をほどいてみてもいいでしょう。2、3本の糸をまとめてよじると非常に使い勝手がよく思えます。使い終わったら、糸はコンポストに入れられます。アメリカ歯科医師会によれば、「重要なのは、使うフロスのタイプではなく、どう使うか、いつ使うか」なのです。

目

- **レーザー治療**

  近視はレーシックなどのレーザー治療で治せます。遠視の場合は、より
  よいメガネやコンタクトレンズを選ぶしかありません。

- **メガネ**

  メガネはいつまでも使えます。コンタクトレンズは違います。できれば
  前者を選びましょう。

- **コンタクトレンズ**

  洗浄液の手作りは危険ですし、コンタクトレンズは絶対に量り売りで買
  うことはできません。でもレンズや洗浄液の容器包装は、お住まいの地
  域の分別回収にもよりますが、リサイクル可能です。時々使うだけにす
  れば、レンズも長持ちします。

ティッシュペーパー

- **ハンカチ**

  悲しいことに過去の物として扱われていますが、時々鼻をかむ程度であ
  れば、使い心地も理想的。

- **布切れ**

  ハンカチでは足りない場合は、古いTシャツを15㎝角に切り分け、取り
  出しやすいように保存瓶に詰めておきます。

  どちらも、洗うときはお湯で。滅菌にはスチームアイロンを使います。

トイレットペーパー

まさか自分がお尻の拭き方について書くことになるなんて、夢にも思わ
なかったのですけれど！　私から言っておきたいのはこれだけ。「脱・ト
イレットペーパー」は、自分の暮らしや社会慣習、そして来客の反応な
どについてもよく考えてから取り入れるべきです。

- **あなたの手**

  トイレットペーパーを使わない国はたくさんあります。手と、手の届く場所にバケツ1杯の水があれば用は足りて、もちろんいちばんごみも無駄も出ないやり方です。でも西洋諸国では、来客にはよろこばれません。

- **布**

  バケツを2つ置き、片方にはきれいな布製のお尻拭きを、もう片方には使い終わった汚いものを入れ、洗濯してまた使います。ただ、この方式は「小」には有効ですが、「大」には現実的ではありません。

- **温水洗浄便座**

  便座にハイテク機器を取りつけます。水が出るように水道につなげ、電気で乾かす必要があります。設置費用の問題がなければ、ソーラー発電を使うのも手でしょう。私はこのハイテク機器に大きな期待を込めていましたが、実際に使ってみたら、がっかりでした。温水洗浄便座があっても、トイレットペーパーで拭く必要が完全になくなるわけではないのです。

- **トイレットペーパー！**

  再生紙100%、無漂白、ばら売り＆紙包装でも、100%ごみゼロ・無駄ゼロではありません。でも、今のわが家にはこれがベストの選択肢です。ホテルやレストラン向けの卸売業者なら、シングルの紙包装のトイレットペーパーが箱単位でまとめ買いできて、自然食品店で買うよりも安いです。

生理用品

- **月経カップ**

  もうタンポンや使い捨て生理用品のことは忘れてください！　ずっと使い続けられる月経カップに変えましょう。ラテックスアレルギーがなければ、天然ゴム製のものをぜひ。そうでなければ、合成ゴムのものもあります。多少の初期投資が必要ですし、慣れるまでに数か月かかります。でも、一度コツがつかめてしまえば、もう使い捨てには戻れないはず！（＊日本でもアマゾンなどで入手可能です）

・布ナプキン

そのまま洗ってスチームアイロンにかけて殺菌するだけ。自然食品店でも買えますし、私のオンラインストアでも扱っていますが、私は古いコットンフランネルシャツで自作しましたから、あなただって裁縫ができれば自分で作れます。パッドの作り方は、youtubeで「布ナプキン　パッド　作り方」と検索すると、わかりやすい動画がいろいろ出てきます（＊日本語のものもたくさんあります）。ライナーは、下のイラストを拡大して、フランネル生地から数枚切り取り（私は3枚でひとつのライナーにします）、重ね合わせて、端を縫い合わせます。要所にスナップをつけます。

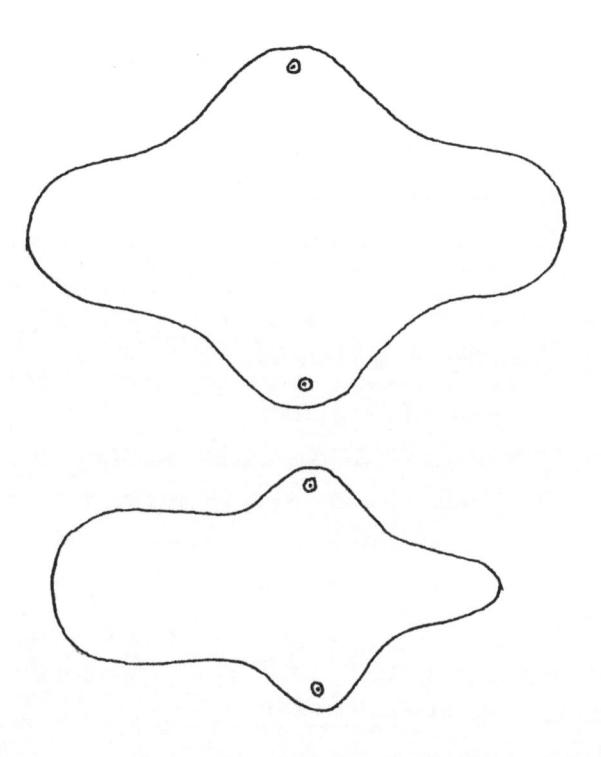

昔、服飾デザインの学校に通っていた頃、まさか将来自分が生理用ナプキンのデザインを世に出すことになるなんて、誰が思ったでしょう。人生は驚きに満ち満ちています！

化粧品

　暮らしを変える以前の私が、もし「ゼロ・ウェイスト」という言葉を耳にしたら、きっとドレッドヘアとむき出しの肌、そして飾り気のない顔の求道者が集まるようなコミュニティをイメージしたに違いありません。でも、やってみてわかったのですが、「5つのR」を実行していれば、別に化粧品をあきらめなくてよいのです！

　私は、愛用の化粧品類に含まれる原材料を注意深くチェックしてみました。予想通り、「悪しき12の化学物質」が勢揃い！　以来、化粧品入れの中身（＝自分の脂性肌に合う商品を何年も調べ抜いてきた賜物）を地元のオーガニックストアで買い替えていくことにしました。有害な化粧品を安全な製品に入れ替えていく作業は、本当ならそれほど難しくはなかったかもしれません。もし買うときに商品についてくるパッケージのことを考えなくてもよかったなら……。とにかく、この「化粧品のエコ化」は、本来はよろこばしい体験のはずが、ストレスの募るかなり辛いプロセスとなってしまいました。たとえば、ある商品を使ったら、なんとまゆ毛の上ににきびが出現。まさかそんなひどいことが起こるなんて！　別のケースでは、リサイクルできると思ったオーガニック・ブランドのマスカラのパッケージが、実はリサイクルできないことがわかりました。もう、がっかり。買う前にパッケージがリサイクルできるかどうかまできちんと見るべきでした。

　①有害な原材料を含まず、②包装も最小限で、③私の肌に合う、このすべてを一度に満たす化粧品を探し当てるのは、至難の業でした。買う前に考えるべきことが多すぎました。不確定要素も、調べることも多すぎました。

　どう考えてもうまく行くとは思えませんでした。私は、自分が台所で犯したのと同じ間違いを、ここバスルームでも犯しつつあるのでした。量り売りのオレオを求めてサンフランシスコ・ベイエリア全域を走り回るのも、アイブローをいくつも買いあさって、見つかる当てもない"それ"を探し求めるのも、同じくらい馬鹿げていました。

　解決の糸口は、ここでも暮らしのシンプル化にありました。ひとたび自分に不可欠なものがわかると、私は徐々に手持ちの化粧品を使い切り、食材で代用してみるようになりました。一切混ぜ物の入らない主原料を使うことで、

有害物質の介在を締め出せるし、オーガニックな代用品の数々を安く（しかも量り売りで）手にすることができます。以前のやり方から脱却するまでにはしばらく時間がかかりましたが、今は自分の作った代用品の方がずっと満足度が高く、融通も利き、使っている材料の成分も分かるのでより快適に感じています。今、私が容器入りで買っている唯一の化粧品は、オーガニックの SPF ティント・モイスチャライザー（ガラス瓶入り）。日中の保湿と紫外線防止に同時に応えてくれる、便利でオーガニックな商品です。残りはすべて使うのをやめたか、または自分で作るようになりました。

　自家製洗顔スクラブは、卵などのナマモノや、時にパパイヤやアボカドなど遠い外国産のものを組み合わせて作るものが目立ちます。市販のものよりパッケージが増えてしまうものもあるくらい！　もっとシンプルにするために、私はひとつかふたつの量り売り食材だけで同じくらいよい働きをするものだけを使いたいと思っています。

　"代わり"を見つけるのは簡単ではありません。でも、私のレシピや秘密をいくつかご紹介しますので、参考にしてください。

チークパウダー

作り方：

ココアパウダーまたはキャロブパウダー（茶色）、シナモン（オレンジ）、ビーツのパウダー（ピンク）を小さな保存瓶に入れて、好みの色に仕上がるように混ぜる。もちろん単体で使っても。

使い方：

モイスチャライザーを塗ってすぐ、丸形のブラシでパウダーを軽く叩いて、顔の色づけしたい部分に塗る。モイスチャライザーがパウダーを固定してくれます。

コール・アイライナー（アートメイクがこわい方はこちらを！）

古代エジプトでも使われていたこの方法。スモーキーアイを作ったり、アイラインを引くのに理想的な黒いパウダーができます。

作り方：

1. すり鉢の上に金属製のふるいを置き、10個のアーモンドをひとつずつ燃やす（完全に火がつくのに、ひとつにつき数分かかります）。

2. 灰を下のすり鉢の中にふるい入れ、すりこぎでできるだけ細かくすりつぶす。

3. オイルをほんの1滴だけ加え、またすりつぶす（状態はまだ粉っぽいまま。でなければ、オイルが多すぎです）。

4. 小さな保存瓶かコールアイライナーの専用容器（アメリカではヴィンテージのものがいろいろ出回っています）に黒いパウダーを移す。

使い方：

スモーキーアイ→アプリケーター（専用容器に組み込まれています）またはオリーブオイルに浸したつまようじをパウダーに差し入れ、余分な粉をはたいてから、目の縁の粘膜に添ってつける。目を閉じて、アプリケーターを外す。指でにじませる。

アイラインを整える→小さな化粧用の刷毛をヘアスプレー液（P.145参照）につけて湿らせ、このコールパウダーを少しつけてから塗る。もう少し量の多い「ケーキライナー」の場合は、コールパウダーとヘアスプレー液を混ぜてペースト状にし、小さな化粧品缶などに移す。ペーストが乾いて固まるまで待つ。使うときは、湿らせた刷毛で固まったペーストをこすり取るようにして塗る。

アイブロー

作り方：

ココアパウダーとコール・アイライナーのパウダー（P.141参照）を混ぜて、あなたのまゆに合う色を作ったり、または単独で使います。

使い方：

小さな化粧用の刷毛を、水またはヘアスプレー液（P.145）で湿らせ（ヘアスプレー液の方がしっかりつきます）、このパウダーをつけて塗ります。

アイシャドウ

パステルグリーン：フレンチクレイ

アーミーグリーン：セージパウダー

ゴールド：ターメリックパウダー

ブラウン：ココアパウダー

ブラック：コール・アイライナー（P.141参照）

使い方：

指先または小さなブラシで、湿らせたまぶたに色をつける。ファンデーションを使うと、パウダーを固定できます。

マスカラ

作り方：

1. 小さな保存瓶に、みつろう小さじ1、ココナッツバター小さじ1.5、コール・アイライナー小さじ1/4（P.141参照）を入れる。
2. 小さなソースパンに水を3cmほど入れ、中に保存瓶を置く。混ぜながら中火にかけ、中身を溶かす。
3. 火から下ろし、はちみつ小さじ1/2を中に混ぜ入れる。
4. 冷めて固まるまで待つ。
5. ぐるぐるかき混ぜてペーストを作り、保存瓶や小さな化粧品缶に移す。

使い方：

清潔なマスカラ・ブラシをペーストの中で転がし、余分なマスカラをこそげ落としてから、小刻みに動かしてまつ毛につけます。これは一般的なマスカラではありません。何回か塗って好みの濃さにします。

★目に塗るものですから、衛生観念をしっかりと持って、ブラシも清潔に保ちましょう。
また、このマスカラはドライタイプではなく、耐水で調整効果のあるマスカラです。

フェイスパウダー

フェイスパウダーは、顔の欠点を隠し、Tゾーンの脂分を抑えるほか、メ

イク全体の仕上げとして使います。コーンスターチが市販のフェイスパウダーの理想的な代用品となります。

作り方：

コーンスターチを小さな保存瓶に入れる。そのまま使うか、肌の赤みを修正したければグリーンクレイを加える。またはブロンザー（P.181参照）を加えて、肌の色に合わせます。

使い方：

大きめのブラシをパウダーにつけ、余分な粉を手の甲で落としてから、顔の必要な部分に軽くはたく。

リップ ＆ チークステイン

作り方：

1. ビーツをスライスし、火が通るまで煮る。
2. （ビーツを食べる）
3. 残った汁を煮詰める。
4. 火から下ろし、冷ます。
5. ロールオン式のガラス瓶に注ぎ込む。少し余裕を残して、最後にウォッカを少々。

使い方：

唇にそのまま塗る。濃いめにつけたい場合は重ね塗りする。

万能バーム

作り方：

1. 小さな保存瓶に、みつろう大さじ 1、オイル大さじ 4 を入れる（どんなオイルでも大丈夫ですが、私はビタミン E の豊富なひまわり油が好きです）。
2. 小さなソースパンに水を 3 cm ほど入れ、中に保存瓶を置く。混ぜな

がら中火にかけ、中身を溶かす。

3. 小さな化粧品缶に注ぎ入れ、冷ます。

使い方：

唇や爪のつや出しに。目じりや毛先の保湿に。また、ほお骨やまぶたにはハイライトとして。

★別容器に保存して革製品や木製品の手入れに使うこともできます！

ヘアスプレー

作り方：

1. レモン2個をスライスし（絞った残りかすでも可）、鍋に入れて水470mℓを加える。

2. 強火で20分間煮詰める。

3. ざるで漉して、スプレーボトルに注ぎ込む。

4. ウォッカ大さじ2を加えて、保存性を高める。

使い方：

そのままスプレーして、形を整え、乾かします。

カラーリング

ヘナの葉のパウダーは、量り売りでも買うことができ、ナチュラルなカラー剤の中ではいちばん速効性があります。赤みがかった色合いのほか、インディゴパウダーと混ぜると黒っぽくなります。もし量り売りを入手できなかったり、もう少し目立たないように染めたい場合は、台所の食材を使えばいろいろな色を出せます。効果はすぐには現れません。色がつくまで毎日染める必要がありますが、繊細に仕上がるのでその価値は十分にあります。髪の色とタイプによって、仕上がりは変わります。

・濃くするには

クルミの殻ひとつかみを水470mℓで煮て、半分くらいまで煮詰める。ざ

るで漉して、髪に塗り、30分おいてからすすぐ。好みの色がつくまで毎日、そのあとはメンテナンスとして週に一度くらい染める。

・明るくするには

レモン汁を髪にもみ込んでから、日に当てる。皮膚が太陽に当たらないようにサンバイザーをつけること。好みの色になるまで毎日繰り返す。私は濃く淹れたカモミールティーをコンディショナーに使います。

・白髪をブロンドに変えるには

ターメリックのお茶を髪に塗って15分。5分おきに色の変化をチェックして、すすぐ。

日々の手入れや気軽な手直しのために、絵筆を1本、使うカラー剤の中に入れておくとよいでしょう。

私の日課

以前は高価な商品から離れられなかった私ですが、今では泡立ちのよい石鹸ひとつだけで、頭の先から爪の先まで洗っています。量り売りで買えるリンスを使い、2日に1回髪を洗います。洗わない日はポニーテールにするか帽子をかぶり、時々コーンスターチのドライシャンプーをします。使う化粧品は本当に必要なものだけに減らし、SPFティント・モイスチャライザー以外は、すべて手作りか、混ぜ物のない量り売りアイテムを使っています。

朝、私の日課は、シャワーを浴びて、固く絞ったタオルでやさしく顔の角質を取るところから始まります。服を着たらSPFティント・モイスチャライザーを塗り、大きめの化粧品ブラシで頬とヘアラインにココアパウダーを滑らせます。アンティークのコールアイライナー容器のアプリケーターで自家製アイライナーを塗り、指でこすってスモーキーに。まつ毛にも自家製マスカラを塗って、これで出発の準備は完了。外出中は、ハンドバッグに忍ばせた自家製バームに手を伸ばし、唇や爪やキューティクルのつやを補います。指先についた残りでそのまま髪の先にも滑らかに手ぐしをかけます。

夜は固形石鹸でメイクを落とし、グレープシードオイルで軽く顔を保湿します（目じりと唇は念入りに）。

特別な時には、通常のメイクをもっとしっかり（ティント・モイスチャライザーを二度塗りし、アイラインも濃いめ、唇もビーツのリップステインで色づけします）、そしてココアにディップしたブラシでアイブロー。コーンスターチで髪にボリュームを出したり、巻き髪にすることもあります。大きなイベントの前日は、丁寧に爪の手入れやフェイシャルをするのが気に入っています。

フェイシャル

洗面所の引き出しがフェイシャルのグッズでいっぱいだった日々も今は昔。フェイシャルをしたい気分になったら、私はまっすぐ台所に向かいます。だって、必要なすべてが食材棚にあるから。同じものを複数の場所に保管しておく理由なんてありません。それに台所のシンクが、中で顔を洗うのにちょうどよいサイズなのです。

1. クレンジング：自家製の液体石鹸（台所のシンクで使っているもの。P.199参照）で洗う。
2. スチーム：ボウルにタイムの葉をパラパラと入れ、熱湯を注ぐ。ボウルの上にかがみ、頭にタオルをかぶせて5分間。
3. 角質除去：台所のシンクで、重曹を手に少し取り、円を描くように顔を擦って角質を取る。洗い流し、軽くたたいて乾かす。
4. パック：少量の量り売りクレイ（脂性肌にはフレンチクレイかベントナイト、普通肌と乾燥肌にはカオリン）とリンゴ酢を混ぜてペーストを作る。顔に塗って、ぬるいお湯ですすぎ、乾かす。★一晩ピンポイント・ケアの場合は倍量に。
5. 化粧水（オプション）：コットンパフ（P.153）でリンゴ酢を塗る。

爪の手入れ

昔はものすごい時間をかけて念入りに水玉模様や蛍光ピンクに塗ったものです。中学のときなど、私のネイルの色が毎日変わるのを先生たちが話題にしていたほど。20年以上途切れることなく使い続け、おそるおそる「ノー

マニキュア」を試したのですが、そのまま定着しました。以来、爪のすじが奇跡のように消えたことに気づきました。

〔**必要な道具**〕
- 爪切り
- キューティクルカッター
- キューティクルプッシャー付きのステンレスやすり
- 万能バーム

〔**シャワー前**〕
- 爪を好みの長さに切る。
- 好みの長さまで削る。

〔**シャワー後**〕（キューティクルがやわらかくなったら）
1. タオルでキューティクルを押し戻す。
2. ステンレスやすりの端を使ってネイルベッドをやさしくこすってきれいにし、爪の下にも滑らせる。
3. キューティクルカッターで、爪の周りのささくれた部分（キューティクルではなく）を切る。爪切りでやってもよいのですが、キューティクルカッターの方がきれいに間際から切れます。
4. 万能バームを爪とキューティクルにつけ、手をこすり合わせて指先についた残りを延ばす。

　1年に何回かはサロンに行って磨いてもらっていますが、予約は開店時間に合わせて入れ、なるべく日中に使われる有害な化学物質に触れずに済むようにします。前日の強い匂いは大体翌朝には消えていますから。昔は全然気にならなかったのですが、今はこういったもので気分が悪くなります。有害物質から離れて暮らしをエコ化したことの、ひとつの弊害、とも言えるでしょうか。

薬と健康

わが家を訪れる人は、わが家の救急箱を見ると、してやったりの表情でこう言います、「さてさて、さすがにこの中は容器包装があるでしょう！」。たしかに、中には私たちが常備している3種類の薬（鎮痛剤、風邪薬、漆かぶれ用の軟膏）が入っているのですが、その裏で私たちがどれだけ「減らす」努力をしたかは、なかなか見えづらい部分かもしれません。

薬のゼロ・ウェイスト化は試行錯誤の連続でした。ある日、薬用ハーブエキスの量り売りを発見した私は（地元の自然食品店で売っていたのです）、よろこび勇んで、持参した保存瓶に鼻炎用と風邪用の2種類を詰めてレジに向かいました。でも、よろこびは会計の瞬間にしぼみ、実際に使用してみてさらに打ち砕かれました。ものすごい値段である上に、ほとんど効かないのです。少なくとも、それまで使い慣れていたパッケージ入りの薬のような効き目や即効性はゼロ。もしかしたら、この秘薬にはもっと時間が必要だったのかもしれません。でも、子どもの症状は強くなる一方で、私はこれ以上わが子を実験台にする気にはなれませんでした。結局、薬局で錠剤を買って与えたら、その晩すぐに症状は和らぎました。やはり、ゼロ・ウェイストと言えどもトイレットペーパーや化粧品くらいは大目に見るわけですし、どうしても薬が必要な時くらい仕方がないのではないでしょうか。どれだけ私がこのライフスタイルを大切に考えていると言ったって、医療の進歩を拒否したり、ゼロ・ウェイストの目標のために自分たちの命を危険にさらしたりするつもりは毛頭ありません。というわけで、必要な薬をパッケージのために拒否することはありませんが、そんな中でも以下のような心がけは可能だと思います。

- 健康的に暮らすことで、薬がたくさん要らない生活にする（P.150参照）
- 可能な範囲で自然療法の手当などを活用して、買う薬の量を減らす（P.151）
- 買う薬は、容器包装や本当に必要かどうかを考えて決める（P.153）
- 処方薬は必要最低限しか持たない（P.154）

予防

　言うまでもなく、私はひとりの母親であって医者ではありません。これが健康に効くとか、医学的にこうするべきだとか、そういう発言をすべき立場にはありません。ただ言えるのは、ゼロ・ウェイストの暮らしに踏み出して以来、わが家の健康状態が目に見えてよくなったということです。とにかく昔のようによく風邪をひいたり、発疹が出たり、アレルギー症状が出たりしなくなりました。新しいライフスタイルの効果はすぐに現れたわけではありません。徐々に、年を追うごとに、身体の問題が減っていったのです。たとえば、スコットは慢性の副鼻腔炎がきれいさっぱり消えてしまいました。そして今年は、初めて家族が誰ひとり風邪をひかず、病院に行ったのも定期健診だけでした（こんなことを書いていきなり病気になったりしませんように！）。

　悲しいことですが、病気になる前からゼロ・ウェイストの健康上のメリットを求めて動き始める人はほとんどいません。みんな、病気が目覚まし時計のようになって、やっとよりよいライフスタイルを調べ、取り入れて、健康を取り戻そうとするのです。「もう年だから食生活を変えようなんて思わない」と話していた人。「どの道死ぬんだから」なんて言っていた人。この人はスーパーの加工食品コーナーに並ぶ商品が健康に悪いことは百も承知だけれど、戦いは放棄していると言っていました。けれどもある時、家族に病気の足音が迫ったことに気づき、どうすれば有害物質を避け、より健康に暮らせるのかを考え、この本に書かれている様々な方法を取り入れていったのです。

　ゼロ・ウェイストの暮らしによる様々な変化（フレッシュで健康にいいものを買う、有害な化学物質に触れないようにする、食べ物に染み出るプラスチック製容器包装を締め出す、屋外で過ごす時間を増やすなど）は、私たちの健康を確実に向上させてくれます。わざわざ病気になるのを待ってから変化を取り入れようとしないでください！　今できることをして、あらかじめ自分の健康を守っていきましょう。

自然療法

　いくら健康に暮らしていると言ったって、私たちの生活は、あざができた

り手を切ったり、鼻がつまったり、つま先をぶつけたり……そんなことに彩られています。身体が元気に動いてくれているときは何とも思わないけれど、つま先を嫌というほどぶつけた瞬間、「ああ生きていたんだ！」と思い出すのです。そして、途端にほかのことなんて考えられなくなってしまいます。でも大丈夫。"ゼロ・ウェイストの台所"、または自然の中まで少し足を延ばせば、大抵のことは治ってしまいます。わが家は自然療法の手当をいろいろ調べたり試したりしてきました。その中で気に入っている方法をご紹介します。

★以下は著者の体験と見解に基づくものであり、安全性や効果を保証するものではありません。

アレルギー：地元のはちみつを毎日食べる

あざ：半分に切った玉ねぎを患部に 15 分間当てる

せき・のどの痛み：塩水でうがいし、のど飴（P.152）をなめる

消化：フェンネルシードを噛むか、アニスのお茶を飲む

湿疹：オートミール風呂に入り、オリーブオイルを塗る

足の臭い：足にリンゴ酢をスプレーし、靴に重曹を振りかける

痛風：コーヒーを飲む、またはさくらんぼを食べる

頭痛：エスプレッソを飲む、ミントをこめかみにすり込む、生の月桂樹の
　　　　葉を巻いて鼻の穴に押し込む（たしかに素敵な見かけではないですよね。
　　　　でも私にはよく効くんです！）

虫さされ：患部にホワイトビネガーを塗る

くらげの傷：患部にホワイトビネガーを塗る

腎臓結石：オリーブオイルとレモンジュースそれぞれ 60㎖ を混ぜ、一気に
　　　　　飲む。そのあと、水をたっぷり 1 杯飲む

切り傷：小さな傷ははちみつで和らげる

痙攣性の生理痛：カモミールかヤロウのお茶を飲み、お腹に湯たんぽなど
　　　　　　を当てる（ガラス瓶にお湯を入れてしっかり密閉し、靴下に詰
　　　　　　めても）

吐き気：しょうがを砂糖漬けやお茶にして飲む

鵞口瘡(こうそう)(口内炎の一種)：塩水でうがいする

前立腺関係：トウモロコシのひげのお茶を飲み、トマトを食べる

胸やけの即効薬：重曹小さじ1をコップ1杯の水に溶かして飲む（常用しないこと）、またはマスタード小さじ1/2を食べる

鼻水：海塩を使って、ネティポットで鼻洗浄

日焼け：リンゴ酢かオリーブオイルをたっぷり塗る

歯痛：カモミールティーでうがいをするか、患部に氷を当てる

カンジダ膣炎：ヨーグルトを食べる

いぼ：ホワイトビネガーに浸したオレンジかレモンの皮を患部にあてがう。なくなるまで続ける

その他すべて：インターネットで検索！

のど飴

シュガーワックスを改良していて、偶然できたレシピです。

作り方：

1. フライパンに、はちみつ120㎖、レモンジュース大さじ1、濃いハーブティー大さじ1を入れて混ぜる。ハーブティーは、タイム、セージ、ペパーミント、ユーカリ、ジンジャーなど。私は去痰作用のあるヤーバサンタという自生の植物を摘んで使います。
2. 強火で3～4分、または琥珀色に変わるまで煮る。
3. 火を止めて、さわれるくらいまで冷ます。
4. 小分けにし、指先でまるめる。
5. 完全に冷えたら、粉砂糖をまぶす。
6. 粉砂糖を詰めた密閉容器に入れて保存する。

★3歳以下の子どもには与えないでください。

薬局

どんなにがんばっても、時には薬局のお世話になることだってあります。でも落ち込まないでください。ここでもあなたのゼロ・ウェイスト・スキルが生かせます！

・錠剤はガラス瓶入りか、せめてリサイクル可能なプラスチック瓶入りのもの（1錠ずつアルミニウムとプラスチックで個包装されて、さらに箱に入っていないもの）を選びましょう。

・特大サイズを買うのはやめましょう。たしかに割安かもしれませんが、全部飲みきれずに期限切れになるのが関の山。現実を見ましょう。

・薬用クリーム類は、プラスチックではなく金属製のチューブに入ったものを選びましょう。

〔絆創膏〕

　2、3年前、絆創膏を切らしたとき、私はウキウキしました。もう、あのアニメのキャラクター広告に踊らされずに済む。もう一度買う前に、絆創膏が本当に自分たちに必要なのかどうか確かめてみようと思いました。本当に必要になるまで待ってから薬局に行くことにしたのです。そして、今もそのまま待ち続けています。どうやら、家から絆創膏が消えたら、必要性も一緒に消えてしまったようなのです。小さなすり傷や切り傷は石鹸で洗い、自然乾燥させるようになりました。深い傷用のサージカルテープは手元に残していますが、10年経ってもまだなくなりません。以前は定期的に必要だった気のする絆創膏ですが、今となっては本当にどれだけ必要だったのだろうと思います。息子のレオも、以前はまるで万能薬のように、しょっちゅう絆創膏に手を伸ばしていました。アニメの絆創膏を貼るだけで"痛いの"が飛んで行く気がしていたんですね……。今はもう、スムージーだって同じくらいの効果があると分かってくれたようですけれど。

〔コットンパフ〕

　傷の消毒にガーゼなどが必要になることもあります。綿100％のガーゼはコンポストに入れられますが、わが家は繰り返し使えるパフに乗り換えました。吸収のよいコットン・フランネル製で、ただ洗って、スチームアイロンで滅菌するだけ。オンラインでも買えますが、もし自分で縫ってみたければ、コットン・フランネルを3枚重ねにして、6cmほどの円形に切り取り、端を縫い合わせてひとつのパッドに仕上げます。

処方薬

人生、どうしようもないことも起こります。時には、それで病院と薬局に行く羽目になることも。そんな時は、普通は身体の心配の方が環境保護の心配より先に来るものですが、そんな中でも「5つのR」に添ってできることはいくつかあります。

- ・処方箋が必要かどうか、医師と話し合う。自然療法の可能性についても話し合う。
- ・薬局では、レジ袋や既に知っている薬の説明書は断る。

さらにもう一歩

この章で取り上げたアイディアのほとんどは、物理的なごみに関するものです。以下の通り、エネルギー、水、そして時間の節約の工夫も取り入れることで、より完全な（そして実りの多い）取り組みとなります。

〈エネルギー〉

- ・温水パイプに保温材を巻く
- ・温水の温度設定を50℃にする
- ・タイマーを使ってシャワーを2分以内にする

〈水〉

- ・漏水チェック→トイレのタンクにビーツの赤いジュースを垂らす。もし水を流さないのに便器内に色が現れたら、漏水しているので修理する必要があります。
- ・トイレのタンクにレンガを入れる→流れる水の量が減ります。減ったことに気づく人なんていません（水道料金の請求書を見るまでは！）。レンガが入っていることさえ忘れてしまうでしょう。
- ・リフォームするなら、コンポストトイレや節水トイレの導入を検討する（お

住まいの地区の条例や補助金の有無も確認しましょう）。

・"水洗トイレのマントラ"を実践しましょう——「黄色だったら熟させよ。茶色だったら流すべし」（＝小便なら水を流さずに節約しよう、というキャッチフレーズ）。いや、もっといいのは、無水トイレを使ったり、時にはコンポストや柑橘系の植物に尿をかけてしまうことです（尿はすばらしい土壌改良材となります）。

・トイレットペーパー以外は（たとえ"流せる"と書いてあっても）何もトイレに流さないこと。

・必要な分だけ水を出せるレバータイプの蛇口にする。リフォームするならソーラー式の自動水栓の導入を検討する。

・シャワーの水を出してみて、4ℓほどのバケツが20秒以下でいっぱいになるようなら、節水型シャワーヘッドに取り換えましょう。

・シャワーがお湯になるまでの水はバケツに溜めて、植物の水やりに使いましょう。もっといいのは、自治体の条例等を確認して、台所や風呂・シャワーの排水を庭の散水などに再利用できる中水利用システムを導入することです。

・「ネイビーシャワー」にならいましょう。海軍発祥のこの方法、まず水を出して髪と身体をすばやくぬらし、石鹸やシャンプーをつける時は止め、また出してすばやくすすぎ、終わったらすぐに止めます。

〈時間〉

・洗面所のキャビネットは普通扉の外側に鏡がついていますが、鏡は扉の内側に取り付けましょう。そうすれば、鏡を見たいときにいちいち扉を閉める必要がなくなります。

・大きめのガラスのコップを使って、一緒に使う道具をまとめる（例：マニキュアの道具はすべて同じコップにしまう etc.）。こうすると必要なときにコップをどこでも好きな場所に持って行けます（冬は暖炉の前もよし、夏は外のデッキもよし……）。

・入浴時に服をその辺に脱ぎ散らかさなくて済むよう、いくつか洋服かけを取りつける。

- 洗面所のキャビネットの棚は、ひとり1段ずつ場所を決め、さらに歯みがき粉など共用のものを1段にまとめる。
- 洗面用品や化粧品は、使う順番に棚に並べる（例：モイスチャライザー→チークパウダー→アイライナー）。
- 平らな面には何も置かない！

4

寝室・洋服

BEDROOM AND WARDROBE

企業は"エコな寝室作り"のために私たちにオーガニックのマットレスやシーツを買わせようとしますが、いちばん重要なのはモノを減らして整理することです。これは効果抜群、しかも簡単でお金もかかりません！

もうだいぶ前のことです。スコットが帰宅すると、アパートが空き巣に荒らされ、私のジュエリーが結婚指輪以外すべてなくなっていました。ドアなどを破って押し入った形跡はなく、つまり犯人は鍵を使って侵入したと考えられるということで、保険会社に損害を補償してもらうことができませんでした。ずっと保険料を支払い続けてきたというのになんという無駄！　たぶん、盗難被害を「自然淘汰」のサインとして受け止めるべきだったのだと思います。でも私は、代わりにまた一から集めなおしました。インド旅行から戻るとアンクレットをつけ始め、ベリーダンスを習うと腰にチェーンを巻き始めました。私はすぐに、なくなった分以上のジュエリーを手に入れていました。そして、新しい母国となったアメリカには「新郎は婚約指輪に2か月分の給料をつぎ込む」という基準があることを知ると（ダイヤモンド業界の売り上げ増進を狙ってのものですよ、みなさん！）、新しく知り合った女性の裕福度を指輪の石のサイズから推し量る始末。しかも、恥ずべきことですが、スコットを説き伏せて自分の指輪も倍の大きさのものに変えてもらったのです。質素に育った私の過去は一体どうなってしまったのでしょう!?　アメリカンドリームを追い求めるうちに、私は派手なジュエリーを成功や地位に結びつけて考えるようになっていました。欲にまみれて、跡形もなく消えてしまいかねないものにとんでもない重きを置くようになっていたのです。

　発展途上国に旅行したときは、指輪を人に見られるのが心配でたまりませんでした。リゾートに行くと、指輪を部屋に置いていくのがためらわれました。ビーチでは波に取られるのではないか、家ではもしや家政婦さんに……。そして去年、ファーマーズマーケットで、決して高いとは言えないトマトをしっかりと値切って、生産者のおじさんの無骨で勤勉な手から箱入りのそれを無造作に受け取ろうとした時、指輪がおじさんの目にとまったのです。「こりゃいい指輪だ」、おじさんは言いました。その瞬間、私はもうそれが自分

にふさわしくないことに気づきました。それはほかのすべてのジュエリーと同様、持ち続けること自体が重荷でしかない、私が戦おうとしていた大量消費の象徴のような存在になっていたのです。その後、オークションで指輪を売り払うと、私は言いようのない安堵感を得たのでした。

　若い頃、私は祖母の宝石類に目をみはり、羨望の眼差しで眺めていました。今となってみれば、そのせいで祖母はずいぶん心配の種を抱え込んでいたのです。幾度も強盗に入られ、路上でも繰り返しひったくりに遭い、今や、保険や保管のために、宝石の実際の価値以上のお金を費やしているくらい。祖母は今、盗まれずに生き残ったいくつかのジュエリーを金庫に預けて保管しています。お気に入りのネックレスを身に着けるのに、わざわざ銀行まで出向かなければならないのです。もう祖母のジュエリーを相続したいなんていう気持ちはなくなりました。

　結局、笑顔こそが最上のアクセサリーに違いないのです。

　もちろん、暮らしのシンプル化は単にジュエリーの相続を断るだけにとどまりません。ジュエリーへの執着の見直しは、洋服や部屋のシンプル化のほんの一部に過ぎませんでした。

寝室

　日々の暮らしの3分の1の時間を睡眠に費やしていることを考えると、寝室を健康的で安らかな環境に整えることはきわめて重要です。

　企業は"エコな寝室作り"のために私たちにオーガニックのマットレスやシーツを買わせようとしますが、私が思うに、いちばん重

© Michael Clemens, Sees The Day

要なのはモノを減らして整理することです。これは効果抜群、しかも簡単でお金もかかりません！　家具も、じゅうたんも、凝ったブラインドやカーテン類も、どれもアレルゲンの住み処となり、有害な化学物質を放出します。ミニマリストの寝室が健康に大きなメリットを生み出してくれることは間違いありません。

　"エコな寝室作り"のために新しくモノを買う必要なんてありません。減らすだけでよいのです！

　自分たちが寝室で何をするのかを見つめなおしてみれば（睡眠、読書、着替え、そして時には夫婦生活……）、これらの行為の円滑化につながらない家具や装飾品は手放せばよいわけです。この重要な場所を、快適度は下げずにシンプル化するためのアイディアをいくつかをご紹介したいと思います。

- ・コンピュータ、テレビ、フィットネス用品などはリビングに置くのがベストです。子ども部屋の場合は特にそうです。
- ・ベッドサイドに大きな台があると、アクセサリー、薬、どうでもいい本、古い雑誌、そして使い終わったティッシュ（よくてハンカチ）など、そんないろいろが集まってきてしまいます。面積が小さければ、モノが積み上がりにくくなります。スツールをテーブル代わりにしたり、窓枠にシェルフをつける、ベッドに収納用ポケットを取りつける、などを考えてみましょう。
- ・たんすは貴重なスペースをふさぎ、埃をはたく時間もかかります。クローゼットを最大限に活用して、たんすを不要にしてしまいましょう。
- ・椅子やコート掛けにはどうしても埃が溜まり、洗濯かごに行くべき汚れた服をつい乗せてしまいがちです。これらをなくせば、毎回その場で片づけざるを得なくなります。汚いものや臭うものはまっすぐ洗濯かごへ。その他はクローゼットに戻すか、壁掛けのフックに吊るしましょう。
- ・装飾カーテンはアレルギー源の埃を集める以外に何の役にも立ちません。取り外すことを考えましょう。布地は再利用して、別のもっと役に立つものに作り変えましょう。
- ・純粋に見た目だけの「飾り枕」は暮らしの効率を損ないます。寝るとき

はどかさなければならないし、ベッドメーキングのあとは元通りに置い
て、時々きれいにして、たまにはドライクリーニングに出したり修理し
たり……。よりかかって本を読める枕が1組だけあれば十分です。

・いくつもベッドリネンを持っていたら、それだけでたんすがいっぱいに
なってしまいます（まさに"リネン室"）。そもそも、洗濯したシーツを乾か
してそのままベッドに敷けば、予備のシーツなんてほとんど不要なので
す。ベッドひとつにシーツや枕カバーは1組だけ。乾燥機を使わない場
合や部屋を貸し出す場合でもせいぜい2組。これをすべて生成りやベー
ジュなど同じ色で揃えておけば、洗濯を分ける必要もなく、使い回しも
利くので便利です。

　寝室に本当に必要なのは、プライバシーと断熱のためのカーテン、ベッド
とシーツ、掛布団とカバー、眠りやすい枕、本を読むためのクッションとラ
イト、クローゼット（またはキャビネット）、室内の空気をきれいにしてくれ
る植物。あとはハンカチを2枚ほどマットレスの下に押し込んでおけば、夫
婦生活の後始末も安心。

　寝室をシンプル化すれば、部屋の空気もきれいになる上、毎朝の掃除と片
づけもそよ風のようにラクになります。

　ところで、寝室の中でいちばん散らかりやすく、おそらくいちばん無駄の
多いであろう部分、それは間違いなく「洋服の収納」です。

洋服

いやはや、ファッションなんて、なんだかゼロ・ウェイストの対極にあるみたいに思えますし、「持続可能なアパレル」なんて、変わり続けるトレンドに彩られた今日の社会にあってはほとんど語義矛盾のように聞こえます。たしかにファッションは、オーガニックのものでさえ、「ファスト・ファッション」やトレンドと隣り合わせにある限り、とても無駄の多い存在です。華やかなファッション誌やハリウッドスターの姿、そして企業の販売キャンペーンに支配された短命でどんどん捨てられる服……。でも本当はそんなふうである必要はないのです。実際私はファッションのおかげで、自分のゼロ・ウェイストの暮らしが完全なものになったと感じているくらいです。

ファッションが大好きな私。20代の頃はロンドン・カレッジ・オブ・ファッションに留学し、アイディアを服に落とし込む術を学びました。デザイン画を描き、図案を作り、型紙を作り、縫い、卒業制作のファッションショーに向け、自分の創造力を舞台上のモデルに乗せる。でも、私の学んだ「ファッション」は、トレンドを壊して新しいものを創り出すことではありません。それはただ自分の創造性を表現すること。服としてまとめ上げ、新しい組み合わせ

を創造し、ひとつの空気を作り上げることなのです。自分のクローゼットの内側でも、私は「服をまとう」「持てる服を生かし切る」技としてファッションを捉えています。

「トレンド」と「スタイル」は互いに影響し合いますが、同じものではありません。イヴ・サンローランの言うとおり、「ファッションは古びる。スタイルは廃れない」のです。「トレンド」としてのファッションは、なるほど短命で、高価で、環境破壊のもとにしかなりません。一方、「スタイル」としてのファッションは、万人に開かれていて、創造力と自信があれば、地平は無限大です。

　結局のところ、トレンドの最先端にいるからと言って、ファッションセンスにすぐれているというわけでもないし、洋服をたくさん持っているからいいわけでもないのです。

1. シンプル化

　女性も男性も、みな一様に洋服を減らすのをためらいます。着る服や組み合わせが減るのが怖いのです。でも、皮肉なことですが、よく同じ人が「クローゼットはいっぱいなのに何も着るものがない」と嘆いているのを耳にします。これは、服をすっきりと減らして片づけるだけで、服選びが意外なほど明快で簡単になります。

　巨大なクローゼットは頭をぼやかします。海のように広がる可能性の中で、意思決定ができなくなってしまうのです。しかも大抵は時間だって足りないとくれば、結局私たちは来る日も来る日も同じ服ばかり手に取る羽目に。気に入っている服（おそらくは着心地がよく、自分の体形や趣味に合ったもの）は手前に集まり、そうでない服はあまり使わない段や手が届きづらい上の方へ押しやられます。そして大切なスペースを占領し、埃を集め、貴重な資源を死蔵することになるのです。コンパクトなクローゼットなら、入れる服は注意深く選び、どれも平等に着て、見える場所に民主的に配置されます。つまり、服を減らせば**クローゼットが着るものでいっぱいになるのです**。

　理論的には、たくさんある服を減らすには、気に入っているもの、つまり手前にあるものやいちばん上に置いてあるものを選び出し、残りを手放せば

済む話です。でも、往々にしていろいろな口実が大胆な決断を邪魔します。減らすには、とにかくすべてのものを取り出し、ひとつひとつのアイテムについて次の通り考えてみるとよいでしょう。

□ ちゃんと使えるか？　期限切れではないか？

穴があいたもの、すり切れたもの、しみがついたものは、直したり手を加えたりできないなら、一部はぞうきんとして使い、残りはリサイクルに回しましょう。流行の過ぎた服を身に着けたくなければ、寄付するか、売ってしまいましょう。ヴィンテージ好きの人がよろこんでくれますよ。

□ よく使うか？

もしかしてその花嫁の付き添い人用のドレス、「もしも」のために取ってあるのでは？　寄付すれば、クローゼットの場所も空いて、毎日着る服がもっと見えやすく、手も届きやすくなりますよ。それから"細い服"も手放しましょう。本当に体重が減ったらご褒美に新しい服を買ってはいかが？

□ 同じものが２つ以上ないか？

スカーフや水着がいくつもあると、季節物なのに一年中スペースを占拠します。気に入っているものだけを選び、残りは手放しましょう。下着や靴下も同様、洗濯の頻度から必要な枚数を判断し、多すぎる分は手放しましょう。アメリカなら、慈善団体のセカンドハンドストアがよろこんで引き取ってくれます。よろこんで買う人がたくさんいますから。

□ 家族の健康を危険に陥れないか？

防しわ加工（ノーアイロン）、難燃加工、アウトドア用品等に使われる高機能防水透湿素材、ビニール素材の服に使われるホルムアルデヒド、ポリ臭化ジフェニルエーテル（PBDE）、過フッ素化合物、フタル酸エステルは、どれも健康に害を与えます。ナイロン、ポリエステル、アクリルも皮膚にアレルギーを引き起こす可能性があります。これらの素材は手放して、なるべく身体に触れさせないようにしましょう。廃棄方法はメーカーに問い合わせて確認してください。

□ 義理の意識から持ちつづけていないか？

ジュエリーはよくギフトに使われたり、親から子に受け継がれたりします。でも、よき意思とは裏腹に、こういったものは私たちの美的な好みに合わないことが少なくありません。家族でも、リサイクルショップでも、チャリティーオークションでもいいのです。とにかく使ってくれる人に譲るのがよいでしょう。

☐ **「みんなが持っている」から持っているのでは？　ほかのもので代用できないか？**

クローゼットの中身すべてについて考えてみましょう。パワフルな宣伝広告のせいで、私たちはスニーカーをまるで必須アイテムのように思いがちですが、もしあなたが普段ヨガとサイクリングとウォーキングくらいしかしないなら、履き心地のよい普通の靴を代わりに履いても何の問題もないはずです。

☐ **私の大切な時間を割いて手入れをする価値があるか？**

小さなクローゼットには装飾品や収納ケースが入る場所などありません。帽子や靴を箱に入れて保管すると、中身が見えなくなる上、箱に埃が溜まり、場所を取り、効率性を損ないます。箱みたいな枠にとらわれるのはやめて、もっと自由な発想を！　たとえば、オープンシェルフで保管してみると、きっともっと使うようになって、不必要な手入れもいらなくなります。埃が溜まってしまったら、それが整理の時と思いましょう。

☐ **このスペースを何かほかのものに使えるのでは？**

もしここまで読んでもウェディングドレスを寄付したり売ったりする気になれないようなら、とりあえず屋根裏に移してしまって、そのスペースを有効に、たとえばキャリーバッグを使いやすく収納してみては？

☐ **リユース可能か？**

使い捨ての下着（ええ、本当にあるんです。旅行者用に売り出されています）やシール式のイヤリングといったモノは、もちろんゼロ・ウェイストのクローゼットに入る場所はありません。そして、モノを減らすときは、汎用性と質を見て「リユース可能か」を判断するようにします。3つ以上のアイテムと組み合わせられるもののみを選ぶようにし、その見込みがないものは処分しましょう。これについてはP.171で詳しく触れます。

忘れてはならないのは、どの部屋であっても、整理整頓は継続的に続けていく必要があるということです。そして、自分がどんなふうに服を使っているのか、いつも注意を払っておくことが欠かせません。積み重なった山の下の方やクローゼットの後方に何かが移動していることに気づいたら、ちゃんと使うか、捨ててしまいましょう。さもなければ、「何も着るものがない」という現実が再びあなたの暮らしの中に忍び込んでくることになります。

洋服の増殖を防ぐには以下のことが有用だと思います。

①1年のうち、買い物の日をあらかじめ決めておき、必ずその日に買い物をする。たとえば私は、4月半ばに春物・夏物を、10月半ばに秋物・冬物を買うようにしています。気ままな買い物が避けられるので、衝動買いがなくなり、持っている服を長持ちさせやすくなります。

②しっかりと在庫管理する。季節に一度の買い物に出かける前に、リストを見て、着古したもの（穴、破れ、頑固なしみなど）、または単に着飽きてしまって買い替える必要のあるものにマーカーで印をつけてみましょう。「ひとつ入れたら、ひとつ出す」のルールに従い、あらかじめ決めた数を厳守します。

2. リユース化

ゼロ・ウェイストのクローゼットは、洋服の数を減らすだけでなく、①セカンドハンドを買う、②汎用性の高いアイテムを買う、③手を加える、の3つによってリユース化を進めます。

①セカンドハンドを買う

いちばん環境にやさしい製品は、言うまでもなく、「既にあるもの」です。環境によいという謳い文句に乗せられて新しい製品を買う前に、まずはリユースをすること。オーガニックだったり、ビーガンだったり、リサイクル素材から作られていたり、リサイクルできたり、コンポストできたり、生分解性だったりする新しい服を買うよりも、まずは自分のクローゼットを物色し（ついでに家族のクローゼットも！）、さらにリサイクルショップや古着屋、フリ

ーマーケットをチェックするべきだと思います。また、クレイグスリストを始めとするシェアリングサイトのほか、ガレージセールなども、セカンドハンドの衣類をただで手に入れられる可能性が大いにあります。私に言わせれば、いわゆる環境配慮型の商品は、既に作られたものをすべて使い切り、着古してしまったとき、初めてよい選択肢となるのです。

　国際リサイクル機構（Bureau of International Recycling）によると、世界の人口の70％はセカンドハンドの服を着ているとのこと。わが国だってそうする時が来ていると思いませんか？

　人々は様々な理由でセカンドハンドを買うなんて真っ平だと感じるようです。でも誤解は打ち破らなければなりません。

・衛生面

「汚い、誰かが着たものなんて」。私たちはなんとなく新品の服の方が古着よりも清潔だと思い込んでいますが、実際は、誰かが試着したり返品したかもしれない新品の方が、つまり「着たのに洗っていない」わけですから、きちんと洗われた古着よりも汚い可能性があります。さらに、新品の服を買っても虫が絶対についていない保証はありません。大型の小売チェーンで虫の繁殖が問題になっているのは周知の事実です。新しく買った服は、新品であれ古着であれ、どこで買ったかに関わらず、着る前に必ず洗うようにしましょう。

・探しやすさ

「こんなグチャグチャじゃ何も見つからない」。一般的な小売店同様、セカンドハンドストアも販売方法を工夫して差別化をはかれるはずです。でも、アメリカの慈善団体の運営によるセカンドハンドストアの多くは、安い服を提供する一方、ボランティアの運営に頼っていたり、マーケティングのルールやパワーを理解していなかったり、あるいは単純にプレゼン能力に欠けているところも少なくありません。もしあなたがガレージセールのごちゃごちゃの山をかき分けるような真似はしたくないというなら、よりきちんと整理された店を探しましょう。

- **におい**

  「リサイクルショップってくさい」。ほとんどの人は、新しいプラスチックのにおい（＝合成化学物質の揮発）とデパートの香水の香り（＝有害なフタル酸エステル）でショッピングの気分が盛り上がるようです。一方、リサイクルショップはこれらの有害な揮発化合物が揮発しつくしたあとの製品を売っているので、一般の小売店よりもいくぶんヘルシーに買い物することが可能です。

- **イメージ**

  「新品を買えるのにわざわざ古着を買うなんて、貧乏くさい」。繰り返しますが、あなたが着ているものであなたの人となりが決まるわけではありません。あなたの人となりが、あなたの着ているものを決めるのです。それに、セカンドハンドの市場はあらゆる経済レベルに応えてくれます。高級路線はデザイナーブランドやヴィンテージものまで。ヴィンテージなんて、今や「かっこいい」「レア」「ハイクオリティ」の時代です。

というわけで、ぜひともセカンドハンドでユニークな服を見つけて、二酸化炭素の排出軽減も一緒に実現してしまいましょう！　でもその前に、セカンドハンドで買い物をする際のルールをいくつかご紹介します。

- **薄着で出かける**

  たとえば、レギンスの上にぴったりしたタンクトップを着ていけば、試着もそのまま通路で楽々。

- **トートバッグを持参する**

  スーパーには必ず買い物袋を持参するのに、服や靴を買うときはうっかり、なんてことも多いものです。たまにしか買い物に行かなくなれば、そういった事態も減るはずではありますが、そんな時でも「意志あるところには道あり」。もしトートバッグを忘れたら、小さいものを大きいもので包んでしまえば大丈夫。たとえばアクセサリーは、買ったTシャツで包めばよいのです。

- **在庫リストを持参する**（携帯電話から見られればベスト）

セカンドハンドの安い値札が目に入ったせいで、今までの片づけの努力を水の泡にするような真似はやめましょう。必ずリストに印をつけたものだけを探して買うようにします。

・**長持ちするものを選ぶ**

新品の服は着続けたときにどうなるかが未知数ですが、古着なら既にテスト済みのものを買うことができます。古着として売られる商品の大半は、どのくらい着て、洗濯して、乾燥機にかけたのか、それぞれ使用状況もまちまちで、買う側はそこを利用して賢い買い物をすることができるわけです。縮んだり、よじれたり、毛玉ができたりするような粗悪な作りの服であれば、リサイクルショップの棚に並ぶ頃には、たぶんもうそういった欠陥が現れ始めているはずです。そして、その状態を見れば、その服がその後の時の経過にどう耐えるかも大体読めます（セーターに毛玉があれば、将来もっと毛玉がつくことが予想されます）。とにかく質のいい素材を選びましょう。革製の靴やベルト、そして金属製のアクセサリー。どれも、長持ちするだけでなく、合成素材のものより修理も簡単です。

・**天然素材のものを選ぶ**

台所からプラスチックをなくすのは割に簡単でしたが、寝室やクローゼットから合成素材をなくすのはそれほど容易ではありませんでした。ジーンズはスパンデックス（ライクラ）入りが多く、靴下やセーターにはアクリル入りが、シーツにはポリエステル入りが目立ちます。一方、綿やリネン、シルク、ヘンプ、竹、ウール、ジュートなどの繊維は呼吸します。化繊のようなアレルギーのリスクもゼロ、乾燥機に静電気除去剤を入れる必要もなし、しかも生分解性です（理論的には堆肥化だって可能）。化繊を買う必要があるなら、パタゴニアを探しましょう（P.176参照）。

・**広く探す**

コスチューム、ランジェリー、パーティー衣装、紳士服のコーナーなどもお見逃しなく。日常着にもなるユニークなものやシルエットが見つかることがあります。

・**徹底的にチェックする**

デザイナーズ系、ヴィンテージ系などの高級路線の店は、商品の状態に

しっかりと注意を払っています。逆に、慈善団体のストアなどはそこまでしっかりと見ていません。ボタンやゴムをチェックして、縫い目も確かめましょう。しみや穴もしっかり探すこと。もし自分で欠陥を修復できるなら（つまり、服のごみ処理場行きを遅らせることができるのなら）、値引きを頼みましょう。

・**フィット感は厳しく追求**

サイズの基準は時代によって変わりますし、ブランドによっても異なります。しかも売られている服は洗濯して縮んでいるかもしれないわけです。サイズ表示を信じてはいけません。服は身体に合うかどうかで選ぶべきものであって、サイズ表示やブランドで選ぶものではないのです。時間とお金を無駄にするのはやめましょう。とにかく試着してみて。

・**着る前に洗う**

晴れてクローゼットに招き入れ、自分のものに！

サステイナブルな暮らしには一定の自己管理が求められます。たとえば、ファストファッションに流されないようにする。ファッション誌、大通りの広告、バス停など、至るところで目に入る宣伝広告から身を守る（どの広告も「満足は創り出さず、むしろ持っている物への不満を生み出す」のです）。"セカンドハンドのクローゼット作り"には、根気強さと、強い意志と、ある程度の慣れが欠かせません。嬉々としてショッピングモールに繰り出している人が、一夜にしてセカンドハンドに入れ込むというのは無理な話です。でも、緩やかな変化は確実に実を結びます。ゆっくりスムーズに移行するには、最初は"ハイブリッドのクローゼット"をおすすめします。質のよい新品（時代を超えるような一級品）を買い、そこに遊び心のある古着、たとえばユニークな生地や色の大胆なアイテムなどを混ぜていきます。年2回の買い物の日に、古着はセカンドハンドストアで別のものに交換することもできます。たとえば、着飽きた色のものは寄付して、違う色を買うのもよいでしょう。慈善団体のショップで買えば、買い物で社会貢献までできてしまいます！

②汎用性の高いアイテムを買う

ゼロ・ウェイストの暮らしの秘訣は、賢い消費を学びなおすこと。そして、創造力を使って毎日の暮らしを楽しくすることです。ファッションについて言えば、数は少ない、でも選び抜かれた服が揃ったクローゼットこそが、実はその人の「スタイル」をいちばん際立たせると思います。汎用性という秘密の特効薬があれば、少ない服を最大限に生かすことができます。まずは注意深く、様々な用途に使える服を選んで買うところから始めましょう。ハイキングにパーティー、ビーチにコンサート、晴れた午後に肌寒い夜……。汎用性のあるドレスは、いろいろなアクセサリーや靴と合わせたり、重ねて着ることで、1着で20着分の存在になります。

　場所やシーズンを問わない、汎用性の高いアイテムを買うためのヒントをいくつかご紹介しましょう。

〈色〉

- **ベーシックな無地のものを選ぶ**（黒、茶色、グレー、紺など、肌の色に合わせて）

　カーキは冬物とは相性がよくありません（カーキのズボンと黒のダウンジャケットの組み合わせを想像してみましょう）。ベースとなる色は、あなたのクローゼットの中心アイテム、つまり次の買い物で買い替える可能性がもっとも低いものに合わせて選ぶべきです。

- **色や柄のついたものは少し**

　色や柄つきのものは、無地のベーシックなものに比べ、飽きが来やすいため、こういったものは「ローテーションさせる服」、つまり、クローゼットの中に楽しさやワクワクを加えてくれる、でも次の買い物で買い替える可能性の高い服の位置づけで選びます。

- **貴金属系は一色だけ**

　金属類は肌のトーンによく合う色を決めます。暖かいトーンの肌なら（＝前腕の血管が緑色）ゴールドのジュエリーやアクセサリーを。冷たいトーンなら（＝血管が青い）シルバーを選ぶとよいでしょう。

- **カジュアルすぎる色や柄は避ける**

　アシッドウォッシュや虹の絞り染めは用途が限られます。フォーマルな場へのドレスアップが利きません。

〈素材〉

- **季節を限定しない素材を選ぶ**

    ツイードは夏には向かないし、オーガンザは冬には軽すぎます。パジャマは、夏は軽く、冬はあたたかく着ることができ、誰かの家に泊まっても大丈夫なきちんとしたものを選びたいものです。

- **軽すぎず、重すぎない布地を選ぶ**

    ほかの服の上や下に自由に重ねて着ることができます。

- **フォーマルすぎず、カジュアルすぎない布地を選ぶ**

    たとえばテリー織りはカジュアルすぎて、ドレッシーなものと合わせにくいです。

- **手入れが簡単なものしか買わない**

    手洗いやドライクリーニングが必要な素材は避けましょう。洗濯機で洗えて、乾燥機で乾かせるものを選びましょう。

- **レザーやスエードの靴を選ぶ** (キャンバスやメッシュ生地は選ばない)

    レザーやスエードはより多様な用途や過酷な状態に耐えます。しかも比較的ドレッシーで、一年を通して履けます。起毛のない革なら、防水加工をすることもできます (P.181参照)。

〈カット〉

- **基本のアイテムはぴったり目かミディアムフィット**

    重ねて着ることも、単独で着ることもできます。

- **重ね着が難しいカットは避ける**

    たとえばバットスリーブやモックネックなど。

- **調節可能なベルトを選ぶ**

    たとえば編み込みタイプのものなどは、ウエストに締めることも、ヒップにゆるく巻くこともでき、いろいろな厚みの服に対応できます。

- **かばんにも多目的性を持たせる**

    ストラップが取り外せるタイプなら、たとえば日中はハンドバッグに、夜はクラッチに変身します。

③ リメイク・手を加える

　買い物になかなか行かずにいると、服は最終的にすり切れてきます。クローゼットが小さいと時には飽きが生まれることも。私も年2回の買い物の前はそうなることが多いです。こんな窮地をなんとかするために、できることはたくさんあります。以下にご紹介するのは、手持ちの服を再度見つめ、直し、長持ちさせるためのAからZの24箇条です。

Accessorize it 〈飾る〉：ピンや花で穴を隠す。

Borrow it 〈借りる〉：子どものマフラーや旦那さんの帽子、おばあちゃんの宝石などを使って特別感を。

Color it 〈色づけする〉：草木染め（P.267参照）で白いシャツを新しい姿に変えたり、色落ちした部分をマジックで塗ったり、余ったペンキをうまく散らしてシミをカバーしたり。

Darn it 〈かがる〉：おばあちゃんの技にならって、すり切れた靴下やセーターの穴をかがりましょう。

Edit it 〈取り外す〉：シャツのアップリケや、ズボンのベルト通しや、セーターのポケットが気に入らない？　取り外せば、あっという間に解決です。

Felt it 〈フェルトにする〉：ウールのセーターはフェルト化すればサイズを小さくすることもできるし、ほかの便利なアイテムを作ることもできます。友人のレイチェルは、腕の部分を切り取ればXSサイズの犬用セーターになると教えてくれました（袖がセーターの襟になり、下に2か所穴を開ければ、足も出ます）。わが家のチワワも、これで冬も快適。

Glue it 〈糊づけする〉：ちょっとの糊で靴も長持ち。

Hem it 〈折り返す〉：折り返しの長さを変えれば、服はまったく別の姿になります。ドレスはシャツに、ジーンズはショーツに（デニムのデザインを真似てオレンジ色の糸を使います）。

Improvise it 〈自由に使う〉：チェーンベルトは二重に回せばネックレスに。ゴムスカートはチューブトップに。ロング丈のトップスはミニドレスに。

Juxtapose it〈組み合わせる〉：コントラストは服に遊びを加え、古い服をよみがえらせます。古いものと新しいもの、カジュアルとフォーマル、スポーティとドレッシーなど、組み合わせてみましょう。

Knot it〈結ぶ〉：シャツのウエスト部分や、太めのズボンの裾を結んで、フィット感と見た目を変えます。

Layer it〈重ねる〉：重ねると見え方が変わります。たとえば、ストラップレスドレスはシャツの下に着るとスカートのようになります。重ねることで、見せたくない部分を隠すこともできます。下に重ねれば、しみのついた赤いシャツも、セーターの下に色彩を加えてくれます。

Mend it〈直す〉：縫い目を直したり、ボタンをつけたりするだけで、服を救えます。それに、これは狭い枠にとらわれない思考を促してくれます。すり切れた靴下の足首のゴム部分は、裂けてきたトレーナーの首に使えます（私の経験で言えば、誰も気づきません！）。

Nip it〈はさむ〉：シャツにダーツを加えれば、デザイン性もアップし、穴も隠せます（または大きくなるのを防げます）。

Organize it〈整理する〉：クローゼットを整理しなおしたり、位置を入れ替えたりすると、中身が違って見えます。場所が変わるだけで、服の潜在能力が突如輝き出したりします。

Patch it〈あて布をする〉：ひざの穴は手遅れになる前にふさぎましょう。すり切れ始めたらすぐに内側からアイロンであて布をします。

Question it〈調べる〉：インターネットで調べれば、大体何でも分かります。Youtube にはすばらしい動画がいろいろあります。古いTシャツをドレスに変えたり、男物のシャツをスカートに変えたり。一切縫わなくてよいものも！　私はものすごく印象的なショートビデオに影響されて、男物のドレスシャツを50通りに着てみたりもしました。

Return it〈返す〉：まだ値札も外していないものがあったら、先延ばしにせずに今すぐお店に返しましょう。

Shrink it〈縮ませる〉：乾燥機に入れると服がちょうどよいフィット感に縮みます。「乾燥機不可」と書いてあるアイテムほどうまく行きます！

Trade it〈交換する〉：洋服の交換パーティーを開いたり、オンラインの

交換サイトを使ってみましょう。

Unravel it 〈ほどく〉：古いセーターをほどいて新しいものを作ったり、着つぶした服のボタンをほどいて、まだ着られる服の足りないボタンにつけ変えたり。

Vamp it up 〈飾り立てる〉：ずっと同じサンダルで飽きてしまった？足首のストラップをリボンに変えて、蝶結びにしてみましょう！

Wrap it 〈包む〉：細いベルトは、手首に巻けばどっしりしたブレスレットの1人2役！ スカーフを腰に巻けば、水着の上に羽織るパレオに。

XYZ: eXamine Your Zipper 〈ジッパーを確かめる〉：ジッパーの持ち手が壊れていたら、ペーパークリップやチェーン、またはリボンを代わりに使ってみましょう。

　私は早くから縫い物を覚え、布地から自分の服を縫えるようになりました。でも、そうする代わりに、既にセカンドハンドストアに存在する服を直して、改造して、よみがえらせる方が、ずっと手軽でお金もかからず、環境にもやさしいと思います。たとえば、私のショーツは子どものスーツのズボンを作り変えたものです。ほんの少し縫うだけで、たとえば折り返しを短くしたり、ゴムバンドをつけたり、ボタンを変えたりして、私は数えきれないほどの服を救い出してきました。時間もかからないし、お金だってかかりません。

3. ごみの分別

　ヴィンテージの服のすばらしいクオリティを見ると、もはや洋服というものはおよそ長持ちするようには作られていないのだと実感させられます。セカンドハンドの市場はまだ着られる"ごみ"の販路となるわけですが、それらが実際にすり切れたら、それは古着を買ったその人の責任となります。セカンドハンドに熱を入れていると、どうしても平均的な消費者よりも、修復不能な穴やほつれに遭遇する確率が高くなります。私は半年に一度の買い物ごとに大体3着の服を着つぶします。そこで必要となるのが……

①リサイクル

　家庭でできる努力は、せいぜい着古したTシャツをぞうきんにしたり、伸びた靴下を便利なはたきにしたり、古いナイロンを優秀な靴磨きにするなど、「少し手を加える」程度に限られます。本当に必要な分以上に保管する必要はありません。リサイクルの仕事はプロに任せるのが一番です。

　アメリカの環境省は、衣類ごみの97％は資源化可能と見込んでいます。けれど実際には、たった20％しかリサイクルされていません。理由は簡単、リサイクルできることを消費者が知らないからです。子どもの頃、私は南仏のフォンテーヌ・ド・ヴォクリューズで、木の水車が古いベッドシーツを美しい紙に変えるのを見学しました。でも、今の今まで、そんな遠足のことなんてすっかり忘れていました。

　世界全体で、古布の一部は建設業や塗装や自動車関係に使われるウエスに加工されています。細かく裁断して、断熱材、緩衝材、クッションなどの詰め物、防音用などに使われるものもあります。でも、資源化業者の願いは、私たちがただ捨ててしまっている、あるいは「もしも……」のために溜め込んでしまっている余剰分も含めて、すべての古布を有効活用することです（＊日本では、自治体によっては衣類ごみの資源回収を実施している地域もあります）。

　メーカーの側では、パタゴニアが先駆的に自社製品に責任を持ち、自社製品の修理や資源化のプログラムの立ち上げ、古い服から新しい服を作る試みなど、道を開いています（＊パタゴニアは日本でも自社製品のリサイクルを実施しています）。スポーツウエアが必要なら、ぜひパタゴニアのセカンドハンドを探してみてください。

　靴では、ナイキが「リユース・ア・シュー」というプログラムを実施していて、あらゆるブランドの履きつぶしたスニーカーを集めて粉砕して、競技コートのサーフェスなどにリサイクルしています（＊日本では実施されていません）。ふたりの元気な息子を持つ身として、このリサイクル・プログラムはしっかり利用させてもらっていて、今までに大きなごみ箱いっぱいの靴を寄付しました。容器がいっぱいになったら、最寄りの参加店舗などに持って行けばよいのです。

②コンポスト

寝室やクローゼットからはコンポストに入れるようなごみはほとんど出ないはずです。でも、お使いのコンポストのタイプによっては、次のようなものを入れてみてください。

- 綿、リネン、シルク、ヘンプ、竹、ウール、ジュートなどの、小さすぎてリサイクルできないようなくずやかす
- 枕から出た羽根
- セーターの毛玉（天然素材のみ）
- なめしていない革（小さくちぎる）

③ごみ

ごみ箱があると部屋がすっきりしません。もちろん寝室も例外ではありません。寝室のごみと言えば、レシート、タグ、紙の包装（紙袋、紙箱、ティッシュ……）。セカンドハンドで服を買っていれば、こうした紙の包装はおそらくほとんどなくなります。それ以外のものも買う時に断れますし、最悪の場合でも台所の資源物入れに入れられます。というわけで、寝室にはごみ箱はまったく必要ありませんし、むしろ置かない方がちょっとしたごみを出さないようになります。

旅するクローゼット

わが家は折にふれて家を貸し出します。そして週末や長期休暇の旅行の資金にします。家を空ける時が近づくと、家族みんな、クローゼットにしまってある自分のキャリーバッグを引っ張り出して、しまってある服を全部入れ、チャックを閉めて出発します。正直、私もたまには自分の服を増やしたくなったりもするのですが、そのたびにこのミニマリスト生活がもたらしてくれた創造性と、思いもかけないメリットのことを思い返して踏みとどまるのです。

さて、この「さっと持ち出せるクローゼット」のメリットは……

- **効率性**
  買い物が減り、収納や整理の労力も減り、朝何を着ようか迷うこともなくなるため、時間が節約できます。すべての服がよく見えて、合わせやすく、さっと取り出せます。
- **エネルギーの節約**
  服を上手に管理できるようになり、洗濯の量が減ります。服の数と着る数をやり繰りすることを覚え、何も考えずに洗濯機に投げ込んだりせずにもう一度着れないか考えるようになるのです。
- **お金の節約**
  服が少なければ、買い物のコストも収納のコストも減ります。しかも、旅行時は手荷物にしてしまえるので、預け荷物の料金もかかりません。
- **旅行もラクラク**
  軽くて運びやすく、荷作りもあっという間。旅行に何を持って行くかで言い争う必要もなし。全部持って行けばいいのです。
- **メンテナンスが簡単**
  数が少なければ、手直しやしみ抜きも手に負えます。
- **緊急時も安心**
  不測の事態が起こっても、数分で荷作りできて、すぐに持ち出せます。
- **環境にもやさしい**
  たくさん服を持てば、貴重な資源をたくさん奪うことになります。少ししか持たなければ、そんなことはありません。

　汎用性の高いパーフェクトな服のラインナップを確立するには、時間と実践が必要でした。正しい量（多すぎてもだめ、少なすぎてもだめ）、そして、土地の気候やよく行く場所、好きな活動にフィットするタイプの服を見極めるには、２年ほどかかりました。今、私のクローゼットに入っている服は、トークイベントやコンサルティングの仕事、アート制作や趣味のアウトドア（ハイキング、自然採集、キャンプ、旅行）、家事（毎週の掃除洗濯）、交友関係、

好きな移動手段（徒歩と自転車）のすべてに対応しています。選んだ服は自由に組み合わせることができ、あらゆる用途に向けて自在にドレスアップもしくはドレスダウンできます。ほとんど使われずに暗い片隅に眠っているものはひとつもありません。私の理想のクローゼットは、季節を超えて多様に機能する服（たとえば万能のカバーアップは、水着の上だけでなく、寒い季節にひざ掛けやスカーフとしても使えます）、そして、変わり続ける私の活動にフィットする服ばかりが入っているクローゼットです。「ハンドバッグの中身を見れば、その女性のことが大体わかる」と言いますが、私のハンドバッグはたしかに私のライフスタイルの本質を表しています。コンピュータが入る程度に大きく、でもドレッシーな場面で目立ちすぎないサイズ。取り外し式のストラップで、昼間はメッセンジャーバッグに、夜はクラッチに変身。革は黒で、耐久性にすぐれ、手入れも簡単。大好きな自然採集や旅行にもばっちりです。ジッパー式のポケットがいくつかついていて、財布を分けて持つ必要もありません。1日を通して、クライアントのお宅から、山登り、カクテルパーティーに至るまで持ち物を運んでくれます。この間、中身を別のかばんに入れ替える必要もなし。中に入れるのは、主に携帯電話、サングラス、現金、保険証、クレジットカード、万能バーム、ハンカチ。

　言うまでもなく、ニーズは人それぞれです。もしあなたがアラスカのカニ漁師さんやハワイのサーフィン・インストラクターなら、財布の種類も、クローゼットの服の量も、タイプも、私とはまったく違うものになるはずです。あくまで参考として、私のクローゼットの現在の中身をご紹介します。

〈トップス〉
　　ブラウス／ストライプの長袖／ベーシックな長袖／装飾付きのトップス／タンクトップ／ルースタンクトップ／厚めの上着／軽い上着／カーディガン

〈ドレス〉
　　LBD（リトルブラックドレス）／カラフルなドレス

〈ボトムス〉

ジーンズ／パンツ／黒いスカート／カラフルなスカート／ショートパンツ

〈ランジェリー〉

多機能ブラジャーと、それに合う下着を7着（下着をつけないと結局洗濯が
増えて無駄です）／靴下を薄手、中厚手、厚手それぞれ1足／タイツ1着
／パジャマ／水着／自分専用のハンカチ2枚

〈装身具〉

多機能の財布／ウールの中折れ帽／麦わら帽／ベルト／ジュエリー（大ぶ
りの指輪、ブレスレット、ネックレス、イヤリング1組）／スカーフやショー
ルにもなる万能パレオ／サングラス／革手袋／機内持ち込みできるキャ
リーバッグ

〈上着〉

ブレザー／革ジャケット／コート

〈靴〉

つま先の開いたハイヒール／フラットなサンダル／フラットなブーツ／
カラフルなパンプス／ヒール付きの短いブーツ／スリッパ

★万能バームを少し別の容器に入れ替えて、靴棚にしまっています。サンダルを履くときは、
靴磨きの代わりに、これでつま先につやを出します。

靴の手入れ

- ・汚れを落とす→履きつぶした靴下
- ・白い塩分の跡を消す→基本のミックス（P.185参照）
- ・磨く→ナイロンの靴下
- ・長持ちさせる→万能バーム（P.144）

作り方：

1. みつろう大さじ 2 とオイル小さじ1.5を湯せんで溶かす。私は 3 cmほど水を溜めた中に小さめの保存瓶を入れます。
2. ブラシで革製品に塗る。塗っているうちにどんどん冷えて、靴に縞模様の跡がつきます。びっくりするかもしれませんが、どうか恐がらないでください。乾くと縞は消えます。
3. ヘアドライヤーと古い靴下を使って、ワックスを靴やブーツになじませます。

ブロンザー

私みたいに、冬のように白い足に黄金色の輝きを加えたいという人にとっては、ブロンザーは強い味方。ドレスやスカートやショーツを着たまま、塗りたい場所に塗るだけ。服にしみをつけないように気をつけて！

ココア・ブロンザー

作り方：

1. 色づけしたい部分を湿らす。
2. 大きめの化粧ブラシを使って、ココアパウダーをはたく（首から胸がおすすめ）。または、手のひらでココアパウダーと好みの量り売りオイルを混ぜてから塗ります（足におすすめ）。

紅茶ブロンザー

作り方：

1. 紅茶大さじ 5 を熱湯120mℓに入れて、15分間蒸らす。
2. 茶こしで漉す。
3. スプレーボトルか、布を液に浸して、塗る。
4. そのまま乾かし、好みの濃さになるまで繰り返し塗る。

★少し手間がかかり、ココアよりも時間がかかりますが、身体のどの部分にも使えます。

さらにもう一歩

　この章で取り上げたアイディアのほとんどは、物理的なごみに関するものです。以下の通り、エネルギー、水、そして時間の節約の工夫も取り入れることで、より完全な（そして実りの多い）取り組みとなります。

〈**エネルギー**〉

・読書用のライトを白熱灯から LED 電球に替える。

・本は図書館で借りる。または電子書籍の形でダウンロードする。

・軽石、カミソリ、スチールウールなどを使って、セーターの毛玉を手作業で取る。

〈**水**〉

・寝室で飲んだ水の残りで、寝室の植物に水をやる。

〈**時間**〉

・ベッドメーキングは簡単に。たとえば私は、かけ布団を足元に折りたたんで、しわを伸ばします。こうすればベッドに風も通るし、そのままもぐり込めます。

・クローゼットに洗濯かごを入れておき、そのすぐ横で服を脱ぎます。

・「色もの」、「白いもの」、「ドライクリーニング」で洗濯かごを分けましょう。

・寝る前に飲む薬は、洗面所に置くのがベスト。きちんと水が使えて、寝る前に顔を洗う場所に置くのがいちばんです。

・ジュエリーはクローゼットの中。着替える場所のすぐ近くが便利です。

CHAPTER

5

掃除・洗濯・庭の手入れ

HOUSEKEEPING
AND
MAINTENANCE

生活を縮小したことで日々の掃除がとてもラクになっ
たわけですが、いちばんよかったのは、掃除用品の多
くに含まれる有毒な化学物質から足を洗えたことです。

私は片手でスカートの裾をたくし上げ、もう片方の手をピカピカに磨き上げられた階段の手すりに添わせながら、しずしずと階下に向かっていました。母から借りたヒールの音がコツコツと響きます。場所はベルギーの友人家族の邸宅。泊まりがけで招かれていた私は、その豪奢さに、自分が女優になってTVシリーズ『ダラス』の舞台に入り込んでいるさまを思い浮かべました。そして、10歳にして、いつかこんな家に住みたいと思い描いていました。大きな家、大きな階段、大きな芝生の庭……。

　20年後、スコットの働きのおかげで、私の幻想は現実のものとなりましたが、現実は私の想像とはかけ離れていました。スコットは、かっこいいカウボーイ・ブーツを履く代わりに、半ズボンとダイビング・ブーツ姿で、池に膝まで浸かって雑草を引っこ抜いていました。庭の手入れだけで週末がほとんどなくなり、家をただ掃除するだけでまる1日が過ぎ去りました。隔週で家政婦さんを雇いましたが、それで子どもたちが家中にまき散らすおもちゃが片づくわけでも、大きな出窓に指紋が増殖するのを防げるわけでも、はたまた埃のかたまりが部屋の隅に巣くうのを止められるわけでもありません。でも私たち夫婦は、家の手入れにかかる時間と費用を人生の現実として、夢の暮らしの避けがたい代償として受け入れていました。

　そんな中、ミルバレーへの引っ越しが暮らしを再考するきっかけとなりました。シンプルな暮らしを心がけるにあたって、私たちは自問しました。暮らしに何を求めるのか？　思う存分生きられているのか？　人生は一度だけ、毎日限られた時間しかないのです。答えは「生活の縮小」でした。それによって、私たちは所有物の手入れに自由時間を使うのではなく、本当に楽しいことをする暮らしにシフトすることができました。大切な人と過ごしたり、趣味を楽しんだり、ものを創ったり、学んだり。だって、死ぬまでに思う存分やりたいのは、結局こういうことなのですから。多すぎる部屋の掃除や伸

び続ける芝生の手入れに人生を捧げたくないし、かと言って、自分が一生懸命稼いだお金を使って人にやってもらいたいわけでもありません。

　この章では、掃除、洗濯、様々なメンテナンスや庭の手入れをシンプルにする方法について書いてみたいと思います。

　長きにわたる強力な企業戦略のせいで、私たちの日常はどんどん複雑になり、家事のひとつひとつにすべて専用の製品が必要になると思い込まされてしまっています。以来、私たちは、庭の物置、台所のシンク下、洗濯機の横など家中のあらゆる場所に高価で有毒な製品を備えつけてきました。そして、祖母の世代がつかっていた、あのもっとも強力な掃除の武器のことをすっかり忘れてしまったのです。それは安くて安全で、しかも家中のあらゆる場所の掃除や殺菌に使えて、臭いや油も撃退。浴室の水垢や石鹸かすやカビも落とせるだけでなく、しみや頑固な汚れにも立ち向かい、洗濯物の仕上がりもふっくら。庭では虫や雑草まで退治してくれます。さて、その正体は……？

お酢のマジック

　実はまだ量り売りのお酢にはめぐり合えておらず、ガラス瓶入りのものを買っているのですが、お酢は家と庭の手入れの必需品だと考えています。次のような基本のミックスをほとんどすべての用途に使っています。

基本のミックス

作り方：

　スプレーボトルに、水1カップとホワイトビネガー1/4カップを入れる。

★香りづけとしてホワイトビネガーに柑橘の皮を入れ、保存瓶で数週間浸してから水で薄めてもよい。

以下に列挙する掃除・洗濯・防虫・ガーデニング用の製品は、このホワイトビネガー（またはただのお酢）を代わりに使えばすべて不要になります。

- **シールはがし**
  →シールはあたためたお酢に浸すとはがれます。チューインガムはまずアイスキューブ（氷）で大まかに取り除いてから、残りはあたためたお酢できれいに落とします。

- **バスルーム・クリーナー**
  →基本のミックスを使えば、石鹸カスや硬水の垢も落とせるし、洗面台、床、シンク、シャワー、鏡、備品もピカピカになります。基本のミックスに浸した歯ブラシでタイル目地をこすったり、シャワーヘッドをボウル1杯のお酢に一晩漬けて水垢を落とすこともできます。

- **色落ち防止**
  →洗濯中に服が色落ちするようなら、洗う前にお酢に浸します。

- **パイプクリーナー**
  →排水管の汚れをワイヤーとラバーカップで落としてから、重曹1/4カップ、さらにお酢1/2カップを注ぎます。泡立ちが収まるまでふたをして、熱湯で流します。

- **メラミンスポンジ**
  →壁についたペンや鉛筆、クレヨンの跡は、ストレートのお酢に浸した布か歯ブラシで落とします。

- **切り花栄養剤**
  →切り花を長持ちさせるには、水にお酢と砂糖それぞれ大さじ1を加えます。花瓶についた水垢も、ストレートのお酢に浸せば落とせます。

- **ガラスクリーナー**
  →もしマイクロファイバーがあれば、必要なのは水だけ。あとは何も要りません。または基本のミックスを窓や鏡やガラス面にスプレーして、ぞうきんで磨きます。

- **除草剤**
  →ストレートのお酢を草に直接スプレーすれば枯れます。

- **虫よけ**

  →蟻に入ってきてほしくない場所にスプレーします（窓枠やドアの隙間など）。お酢メーカーの事業者団体のサイトでは、ペットの飲み水 1ℓ につきお酢小さじ 1 を加えて、ノミやダニを防ぐ方法もすすめています。これは体重 18 キロほどの動物の場合の濃度です。

- **ジュエリー・クリーナー／貴金属クリーナー**

  →ブロンズや真鍮、銅の変色をきれいにするには、塩大さじ 1 とお酢 60ml ほどを混ぜたものを塗り、お湯で洗って、やわらかい布で磨きます。銀の場合は、お酢 60ml と重曹大さじ 1 の中に漬け、すすいでやわらかい布で磨きます。金は、お酢に 1 時間漬けてすすぐだけ。真珠にはつけないこと。

- **キッチン・クリーナー**

  →まな板の殺菌にはストレートのお酢を使います。ステンレス・クリーナーや食洗機のフィニッシュリンスの代わりとしても使えます（食洗機のリンス投入口に代わりに入れるだけ）。シンクやキッチンカウンター、冷蔵庫の掃除には基本のミックスを（目地のカビは歯ブラシでこすります）。電子レンジの掃除には、コップに基本のミックスを少し入れて沸騰させると、臭いが消え、食べ物のカスも取れやすくなります。オーブンの掃除には、お酢をたっぷりスプレーしてから、重曹を振りかけてそのまま一晩置き、ゴムべらでこそげてきれいに拭き取ります。コーヒーメーカーの水垢を落とすには、給水タンクに水とお酢 60ml を入れ、全部流れ落ちるのを待って、すすぎます。ごみ箱、手、保存容器などの不快な臭いを消すには、ストレートのお酢を使います。陶器のカップから茶渋やコーヒー渋を落とすには、お酢に数時間浸してから、重曹で頑固なシミをこすります。

- **洗浄助剤**

  →すすぎのタイミングにストレートのお酢 120ml を加えると、石鹸によるカスや黄ばみを防ぎ、柔軟剤や蛍光増白剤の役割も果たす上、静電気も抑えます。

- **カビ取り・防カビ剤**

→ストレートのお酢でほとんどのカビは取れます。シャワーカーテンの
　　防カビには、気になる箇所にお酢をスプレーするか、洗濯のすすぎ時
　　にお酢を加えます。

- **タバコのヤニ取り**
　　→ストレートのお酢で壁についたニコチンのしみを落とします。

- **消臭剤**
　　→不快な臭いは、有毒な化学物質の香りで打ち消すのではなく、臭いの
　　素に対処して、通気します。次いで、ボウル1杯のお酢を部屋に入れて、
　　しつこい臭いを吸い込ませます。たとえば、ペンキ塗り立ての部屋か
　　らペンキの臭いを消す、車の中の嘔吐物の悪臭を消す、台所から煙の
　　臭いを消すなど。

- **ペットよけ**
　　→飼っている犬や猫に噛んでほしくない場所、ひっかいてほしくない場
　　所、排尿しないでほしい場所にお酢をスプレーします。

- **フローリングモップ**
　　→使い捨てのペーパーモップなんて必要ありません。基本のミックスを
　　マイクロファイバーにスプレーして、モップにつけて使います。

- **サビ取り**
　　→小物のサビを取るには、ストレートのお酢に数時間漬けてから、歯ブ
　　ラシでこすり、しっかりとすすぎます。頑固なサビの跡はスチールた
　　わしでこすります。

- **シミ抜き**
　　→マスタードやペン、鉛筆、クレヨンなどの跡は、お酢を注いでから歯
　　ブラシでこすり、シミを落としてからいつも通りに洗います。

- **トイレ・クリーナー**
　　→お酢をスプレーして、こすります。落ちにくい場合は、お酢をスプレ
　　ーしたあと、重曹を振りかけて、しばらく置いてからこすります。

- **ファブリック・フレッシュナー**
　　→布製のソファは、基本のミックスを布地に軽くスプレーして、拭いて
　　臭いを消し、表面の汚れを取り除いて、色をよみがえらせます（最初は

目立たない部分で試してください）。お酢の匂いはなくなって、さわやか
な香りが残ります。マイクロファイバーで拭くと、ペットの毛も取り
やすくなります。

- **ビニールクリーナー**
  →ワックスがけしていないビニールリノリウムの床は、3.5ℓほどの水に
  お酢1カップを足したもので拭いてピカピカにします。
- **木部洗浄剤**
  →お酢と油半々を混ぜ、木目に沿ってこすり、表面についた輪ジミや傷
  を消します。万能バーム（P.144参照）も木のつや出しとして使えます！
- **ファスナースプレー**
  →ジッパーがスムーズに動かないようなら、お酢をスプレーして何回か
  動かし、挟まった汚れをきれいにします。

それでは、どうやってごみと無駄を減らし、どうやって家事や庭の手入れ
をやりやすくしていけばよいのか、さらに細かく見ていきましょう。

家事

「人類は進化の餌食になるんだ！」。祖父がこう言うたびに、私たち兄妹は
目くばせし合ったものです。大人になった今、やっと祖父の言葉の本当の意
味がわかります。使い捨て用品が出現し、家庭に入り込んでからというもの、
私たちの"清潔"の概念は途方もないところまで突き進んでしまいました。

使い捨て用品の方が、より清潔で、より健康的な生活を約束してくれると
いう企業広告に打たれ続けて、社会全体にいよいよ病的な細菌恐怖が蔓延し
ています。私たちは、ペーパータオル、ゴム手袋、ティッシュペーパー、抗
菌ウェットティッシュなどの製品を念入りに使っては捨てることで安心感を
得ています。消費者を呼び込もうとする変な謳い文句のせいで、みんな自分
たちが不潔だと思い込まされています。危険な細菌の攻撃にさらされている
のだ、絶対に殺さなければ、せめて排除しなければ……（そんなの無理な話

ですよね)。そして、リユースなんてありえない、となるわけです。「普通に洗ったハンドタオルでは手の清潔さは守られません」と、メーカーは使い捨てペーパータオルを売りつけようとします。業界のプロたちはありとあらゆる細菌の居場所を突き止めてマーケットを作り出し(なんと洗いあがった洗濯物の中にまで!)、使い捨てや有毒な製品への依存感を強めようとします。でも、こうして作られた基準に合わせて生きることで、私たちは大量の資源を無駄づかいし、使い捨て用品を廃棄して、結局は自分たちが住む地球の環境を、さらには自分たちの健康さえもを脅かしているのです。

環境分野の情報サイト Mother Nature Network によれば、「アメリカ人は毎年 1000 億円以上を、必要のない抗菌グッズに費やしている」そうです。抗菌ジェルをキーホルダーにつけて持ち歩いたり、あるいは公共の場に置かれたサニタイザーを使ったり。でも、メイヨー・クリニック(*アメリカの高名な非営利の総合病院)が警告するとおり、「抗菌石鹸はただの石鹸に比べて殺菌効果が高いわけではない。むしろ、使いつづけることで抗菌剤に耐性を持つバクテリアの発達を促す恐れすらあり、そうなれば将来的にこれらの細菌に対処するのが難しくなる」。私たちは、全容のわからない「見えない戦い」に足を踏み入れているのです。そして、全力で攻撃を仕掛けることで、むしろ無敵のバクテリアを作り出しているのです。

「非の打ちどころのない清潔さ」と「衛生的」のちょうどよいバランスを見つけることが、今新たに求められます。細菌の中には、私たちの免疫によい作用をもたらすものもあるということ、抗菌ウェットティッシュやジェルなんて必要ないのだということを、私たちは理解すべきです。もっと家事をシンプル化しましょう。必要なのは、①家事を手間いらずにすること、②掃除用品や洗濯用品を合理化すること、③残りはコンポストに入れること、です。

手間をかけない

シンプルな暮らしはやみつきになります。コンパクトな家に住むメリットを実感し、さらなる時間の節約も見込めると感じた私は、日々の作業を細かく見直して、より一層のシンプル化を目指しました。できるだけ暮らしをオートメーション化して、雑務を抑えられる方法を探してみたのです。

掃除の方法

　今では、毎朝の整頓は5分。念入りに掃除する場合でも2時間。お気に入りのユーロダンスの音楽をバックに、いちばん嫌いだった雑事が週に一度のエクササイズに変身！　もう掃除屋さんもジム通いも必要ありません。効率化のおかげで時間が増え、仕事の収入もアップ、子どもと過ごす時間も増えました。さて、掃除を簡単にする秘訣は以下の通りです。

- ・ミニマルな暮らしをしましょう。モノが少なければ、モノを床から拾い上げて整理する手間も減ります。
- ・寄付するものを入れる場所を設けます。片づけは常に現在進行形で続けるべき作業です。モノはいつも手放しやすくしておきましょう。
- ・手入れの簡単な素材や材質を選びましょう。たとえば革張りのソファは、ファブリックのソファよりも長持ちし、手入れも簡単です。さっと拭くだけでOK。
- ・机や台などの"平らな面"は埃が溜まるので、なるべくなくすか、1か所にまとめると、掃除の手間が減ります。
- ・床には家具をできるだけ置かないようにします。家具は自立式のものよりも、壁に固定するタイプのものを選びましょう。たとえば、壁に埋め込み式のテレビ、ライト、コート掛けにすれば、床を掃除しやすくなります。
- ・シャワーを浴びたら、最低20分は浴室の窓を開けるか、換気扇を回してカビを防ぎましょう。タイル目地の掃除が減ります。
- ・料理中は換気扇を回して、油汚れを抑えます。こびりついてしまうと、きれいにしにくく、埃もつきます。
- ・玄関に靴棚を置き、家の中で靴を脱ぐように徹底すると泥の侵入が抑えられます（＊アメリカでは靴のまま室内に入るのが一般的）。
- ・ペットに家中を歩き回らせないようにします。
- ・埋め込み式のソープディスペンサーを台所のシンクに取りつけて、液体石鹸を入れると、食器を洗うにも手を洗うにも便利です。
- ・暖炉の代わりに、インサートタイプのガスストーブを入れます（＊アメリ

カでは古い暖炉の中にはめ込むインサートタイプの暖房が普及しています）。サーモスタットがついているため、薪を燃やすタイプよりも燃焼がクリーンで効率がよい上、灰の掃き掃除も不要です。

・植物に空気を浄化してもらいましょう。NASA の調べによると、もっとも効果的な植物は、チャメドレア・セフリジー（ヤシの仲間）、アグラオネマ・モデスタム、セイヨウキヅタ、ガーベラ・ヤメソニー（ガーベラの一種）、ドラセナ・デレメンシス・ジャネット・クレイグ、ドラセナ・マジナータ（真実の木）、ドラセナ・マッサンゲアナ（幸福の木）、フクリンチトセラン、鉢植えの菊（イエギク）、スパティフィラム、ドラセナ・デレメンシス・ワーネッキーです。

・食べ物は保存瓶などの密閉容器に保管し、害虫を防ぎます。

・掃除は上から下へ。まず、埃をはらい、最後に床を掃除します。

・食洗機で洗える食器だけを買うようにして、お皿洗いをラクにします。

・食器は手で洗わずに、食洗機いっぱいに溜めて洗うと、時間も水も節約できます。食洗機を新しくするときは、二段が別々に引き出せるタイプの中古を探しましょう。一段が作動しているとき、もう一段に食器を入れられるので、シンクに物が積み重なりません。

洗濯の方法

服の数が少ないと「しょっちゅう洗濯しなくてはならないのでは？」とみんな思い込んでいるようです。そんなことはありません！　きちんとオーガナイズできていれば、週に一度しか洗濯しないことも十分に可能。コツは洗う回数を減らす技を駆使すること、そして、自分のニーズに合う洗剤を見つけることです。洗濯が少なくて済めば、時間も節約できるし、服の寿命も延びて、色あせも遅らせることができます。さて、洗濯を減らすための秘訣は……？

・クローゼットの中身を最低限にとどめます。その方が服を上手にやり繰りでき、1日に何度も着替えなくなるので、洗濯物が山のように出なくなります。

・普通に洗濯できる布地を選ぶようにします。

・ドライクリーニングが必要な場合は、デリバリーサービスを使うと、クリーニング屋に持ち込んで受け取りに行って、という手間がかかりません。クリーニング袋をリユースしてくれる店を選べば、ビニール袋の処分も不要です。針金ハンガーは次の受け取り時に返却しましょう。

・嗅覚を働かせて、必要に応じて部分洗いすることで、洗濯の前にもう一度着られます。

・洗濯物入れはすべての寝室に置きます。お客さん用にもひとつ準備しておくとよろこばれます。（＊気候や慣習が違うため、日本のようにほぼ毎日入浴して着替える前提ではありません）

・家族には、服にシミをつけたら、つけた本人ができるだけその場で対処するようにしてもらいましょう。たとえばワインのシミは、すぐに塩で応急処置をすれば、普通に洗濯するだけで簡単に落ちます。シミ抜きの手順表を洗面所に貼りつけておきましょう。

・靴下はすべて同じブランドの同じ色にして、ペアリングの手間をなくします。スコットは、出勤前の朝6時に手探りで靴下のペアリングをしなくてよくなり大満足。

・天然繊維の服を選べば、静電気に突然ビリッとやられることもなくなり、乾燥機に静電気防止シートを入れる必要もなし。

・ディナー用のナプキンは、家族が各自のナプキンを区別できるように、ナプキンリングをつけたり、色を分けたり、折りたたみ方を変えたりして繰り返し使い、洗濯を減らします。

・バスタオルも、各自のタオル掛けを決めたり、色を分けたり、イニシャルをつけたりして繰り返し使い、洗濯を減らします。

・シーツもなるべく長持ちさせます。ヨーロッパでは、シーツを風に当てて繰り返し使ってから洗濯します。「浄化」と「風に当てる」はフランス語では同義語です。

・洗濯機は必ずいっぱいになってから回します。まとめて1日で終わらせるといちばん効率的です。

・乾燥機のブザーが鳴ったら、すぐに洗濯物をたたんで、アイロンがけの

必要を減らします。

掃除用品・洗濯用品を合理化する

　使う製品を合理化すると、いろいろなメリットがあります。これまで使っていた有毒な製品に向き合って、ひとつひとつ本当に必要なのかどうかを判断し、もっとシンプルな方法に乗り換える契機となります。しかも、そうこうするうちにいつの間にか信じられないくらいたくさんの収納スペースを取り戻せるのです！　でも、きっとその過程では、大規模な片づけの宿命たる難問があなたを待ち受けています。「もう使いたくない有毒な製品は一体どうすればいいのか？」、これについては、たとえば近くにある有害廃棄物の処理施設に持ち込んだり（持ち込めないものもあります）、あるいはそういった製品をわざわざ買って使っている人に譲ったり（シェアリングサイトが便利です）、はたまたがんばって全部使い切ってしまうのも一案です。でも、せっかく時間を割いて片づけるわけですから、その場でどうするか決めて、すぐに習慣を変えてしまうのがいちばんいいと思います。

　掃除用品や洗濯用品を減らすにあたっても、以下の質問項目について考えるのが有効です。

□ **ちゃんと使えるか？　修理できるか？**
　もしちりとりにひびが入って、床を掃いてもうまくごみを集められないのなら、それは処分して長持ちする金属製のものを買いましょう。だめになったスポンジや摩耗したたわしをわざわざ使って掃除するなんて、時間の無駄ですよね？

□ **よく使うか？**
　たとえば金属研磨剤。めったに使わないのに、年がら年中貴重なシンク下のスペースを占拠します。恐れずに手放してください。たまにしか使わないものが必要になったら、先ほど紹介したお酢の活用法や、何か代わりの方法をインターネットで調べてみましょう。

□ **同じものが２つ以上ないか？**
　大抵の台所には実にいろいろな種類の石鹸が置いてあります。食器洗い

用の石鹸、手洗い用の石鹸、床掃除用の石鹸、ペット用のシャンプーなどなど。でも基本的に石鹸は石鹸です。マルセイユ石鹸やカスティール石鹸のようなナチュラルなオリーブ石鹸がひとつあれば、すべて事足ります。特定の用途にしか使えないものをいくつも持つ必要はなし。

□ 家族の健康を危険に陥れないか？

有名な環境団体The Environmental Working Groupは、ノニルフェノールエトキシレート、2-ブトキシエタノール、ブトキシジグリコール、エチレンやジエチレングリコールモノブチルエーテル、ジエチレングリコールモノメチルエーテル、メトキシジグリコールなどを含む製品の使用を避けるようすすめています。さらに、エタノラミン（MEA、DEA、TEA）や第四級アンモニウムカチオンを含むスプレー製品を避けること。そして、塩化ベンザルコニウムなど「塩化○○ニウム」という名前の原材料に注意すること。でもこんな口に出して言うのも難しいような名前、一体誰が覚えられるというのでしょう!?　もっとシンプルに、ラベルに「有害」とか「危険」とか「警告」とか書いてあるような製品は使わないことにして、まとめて有害廃棄物の処理施設に持って行く方が簡単です。さらに、すべてまとめて手放してしまって（ついでに心配の種も一緒に！）、信頼できるお酢のメソッドや、以下にご紹介する安全な代用品だけを使えば、なおよし。

□ 義理の意識から持ちつづけていないか？

ある製品を、その値段や毒性を理由に（「とっても高かったのに」「こんなもの捨てたら申し訳ないわ」など）捨てずにいるのは正しくありません。合理化にあたっては、製品の本当の有用性と、効果と、あなたの健康への影響だけを、寸分の妥協もなく考えるべきです。

□「みんなが持っている」から持っているのでは？

たぶんお宅には、立派なバスケットタイプの洗濯かごがあるのでは？ほかのもので代用できませんか？　もっと軽い布袋やメッシュ袋などを「洗濯物入れ」として使うだけで用は足りるかもしれません。持ち運びやすい洗濯物入れを各部屋に置いておけば、汚れた服を入れてそのまま洗濯機に持って行けるだけでなく、洗濯が終わってきれいにたたんだ服を

より分けて各部屋のクローゼットに戻すこともできて便利です。

□ **私の大切な時間を割いて手入れをする価値があるか？　本当に時間が節約できているか？**

たとえば、個人的に掃除機は逆効果だと思っています。クローゼットから引っ張り出してきて、からまったコードをほどいて、コンセントを差し込んで、ごみを吸い取って、コンセントを抜いて、階段の上まで運んで、からまったコードをもう一度ほどいて、その上、時々フィルターを取り換えたり、ヘッド部分のベルトを修理したり。そんなことをしている間にほうきで家中を2回は掃けるはずです。掃除機も床掃除ロボットも、時間を節約してくれるというよりはむしろお世話が必要だったので、どちらも手放すことにしました。以来、とてもいい気分です。時間もエネルギーもお金も節約できて、その上クローゼットのスペースまで空いたわけですから！

□ **このスペースを何かほかのものに使えるのでは？**

もし時々しかアイロンがけをしないなら、平らな面に何か敷いて、たとえば乾燥機の上にタオルやアイロンパッドを敷いて、かさばるアイロン台の代わりに使ってみてはいかがでしょう？　アイロン台がなくなれば、壁のスペースが空いて、ほうきやモップをきちんと固定できますよ。

□ **リユース可能か？**

ペーパータオルや使い捨てのウェットティッシュ、スポンジなどのことはきれいさっぱり忘れましょう。使い捨てずに済む方法を探します。

捨てずに使える掃除用具

リユースできる道具に切り替えると、環境によいばかりではありません。積もり積もるとすごいお金の節約になるのです！　私も、なんでもっと早く始めなかったんだろうと自分を責めました！

・ぞうきん

家のエコ化を始めたとき、私はまずマイクロファイバーの布を大量に買いました。マイクロファイバーの威力で、すぐに有毒なクリーナーやウ

ェットティッシュ、スポンジ、ペーパータオルがまったく不要に！　おかげで掃除を環境にやさしい形にラクラク変えていくことができました。ただし、マイクロファイバーは化繊です。切り分けたTシャツなら、さらに環境にやさしい代用品に！　最終的な廃棄を考えれば、綿は生分解性でかつリサイクルできるからです。

・**モップのパッド**

モップは、シートをつけるタイプの方が、おなじみの「モップ＆バケツ」のスタイルよりも使いやすいし、水もかなり節約できると思います。モップのヘッド部分にぞうきんをつけるか、マイクロファイバーのパッドを買うとよいでしょう。その他、化繊にたよらないものとしては、角切りのフェルトやかぎ針編みのコットンパッドなど。手作りグッズを取り扱うEtsy.comがすばらしいラインナップを揃えています（＊日本語にも対応しています）。

・**ほうき**

掃除機をやめて以来、ほうきひとつでほとんどすべての床掃除や埃はたきをカバーできています。天然素材のほうきとしては、シルク、たかきび、ココナッツの葉、イノシシや馬の毛などがあります。わが家のはシルク製ですが、そのデザインのどこがいちばん気に入っているかと言うと、先が丸くなっているところ。おかげでコーナーを掃くのもラクラク。

・**丈夫なスチールたわし**

ステンレスのメッシュタイプのものは、たぶん一生使えるくらい長持ちしますし、わが家では抜群のはたらきぶりです。たとえば、ガラスに貼りついたシールのカスや、ステンレス面にこびりついた頑固な汚れを落とすのに重宝しています。こする場所の目に添うように使います。

・**ブラシ**

食器洗いや、キッチンカウンターにこびりついた汚れをこすり取るには、天然繊維で作られた木製ブラシが、スポンジや研磨パッドの代わりに使いやすく、より長持ちします。ハンドルを取りつけられるタイプもあって、これなら汚れにさわる必要もありません。ほかにも、ヘチマを育てたり（P.207参照）、使い古しの麻ひもで手作りたわしを編んでみてもよいでし

ょう。化繊のたわしと違い、どれも100％天然素材、コンポストにも入れられます。

・**歯ブラシ**

タイル目地や冷蔵庫のジョイントなど、届きにくい場所をこするのに歯ブラシは最適です。わが家の歯ブラシはコンポスト可能なので、毛の部分が摩耗してきたらコンポストに入れます。

ごみの出ない安全な代用品

生活を縮小したことで日々の掃除がとてもラクになったわけですが、いちばんよかったのは何かと言うと、ほとんどの掃除用品に含まれる有毒な化学物質から足を洗えたことです。もうクレンザーの原材料を見て、自分たちの健康にどんな影響が考えられるのか頭を悩ます必要もありません。でも、わが家に合う洗濯石鹸を見つけるのは正直簡単ではなく、むしろかなりストレスの多い道のりでした。何週間もの間、洗濯機を回すたびに6種類ものエコ洗剤を試して、その中にはセラミック・ビーズやソープナッツまであったのですが（ソープナッツは庭で栽培することまで考えました）、私の期待はいつも見事に裏切られました。洗濯機から出てくるのはいつも、薄汚れた白い服や、油じみのとれない黒い服ばかり。洗剤なしで洗う実験もしてみたのですが、結果は大差ないほどでした。シミがよく落ちるものもひとつ見つけましたが、あろうことか、それはリサイクルできない紙箱入り！　気持ちはさらにくじかれました。やっとのことでわが家に合う方法を見つけるまでの間、もしや「エコな暮らし」とは、服についたシミを黙って受け入れることなのかもしれないと考えていたほどでした。

自分の家の洗濯物のシミがちゃんと落ちて、しかもパッケージの制約も満たす洗剤を見つけるというのは、多分に個人的というか、それぞれの家庭が個々に見極める必要のある話です。わが家にフィットした洗剤が、ほかの家庭にもフィットするとは限りません。思うに、エコ洗剤でシミが落ちるかどうかはいくつかの要因に左右されます。まず、使っている洗濯機のタイプ（前開きか上開きか）、水質（硬水か軟水か）、洗濯に使う水の温度（お湯か冷水か）、シミの傾向（たとえば、油じみなのかトマトのしみなのか）、服の素材（化繊か天

然繊維か）、そして色（ダーク系か白か）。食洗機用の洗剤についても、これと
まったく同じことが言えます。水が軟水か硬水か、それから食洗機の機種な
どによって、結果はかなり違ってくるのです。

　いろいろな種類の洗剤と量り売りで買えるものを比べて実験した結果、私
たちが行き着いた掃除と洗濯用の洗剤は、ズバリ……

〔液体石鹸〕

　マルセイユ石鹸やカスティール石鹸はすぐれものです。食洗機と洗濯機
以外の、家中の石鹸のニーズに応えてくれます！　私はこれで、ダイニ
ングチェアも、床も、手も、お皿も、そして犬さえも洗っています。固
形タイプも十分便利ですが、液体タイプをキッチンシンクのディスペン
サーから直接汚いお皿や手に垂らすことができるようにすると、暮らし
はよりスムーズになります。液体タイプのカスティール石鹸やマルセイ
ユ石鹸は高価なので、私は自分で作っています。正直、ドクター・ブロ
ナーのブランドのものほど油切れはよくないのですが、私が求める水準
には達しています。ただスコットは、手についた自転車の油を洗い流し
たいときは固形の方に手を伸ばしています。

液 体 石 鹸

作り方：

　パスタ鍋やバケツに、すりおろした石鹸350㎖ほどと、あたたかいお湯
　4ℓ弱を入れて混ぜ、一晩置く。ハンドミキサーで攪拌し、大型の保存
　瓶に移す。シンクの埋め込み式のディスペンサーに入れると使いやすい。

〔食洗機用洗剤／洗濯機用洗剤〕

　エコ洗剤の大半は、プラスチック容器入りの液体タイプか、プラスチック・
コーティングされた紙箱入りの粉末タイプです。買う前に容器を注意深
く点検してください。量り売りのものはめったにないので、見つけたと
きはそれを応援したいと思っています。さもなければ、家に既にある量
り売りの材料を使って自分で手作りします。

食 洗 機 用 洗 剤

作り方：

密閉容器の中で、洗濯用の炭酸ソーダ4カップ（重曹を使ってもよいです
が、効果は劣ります）、クエン酸1カップ、海塩1カップを混ぜます。さ
らにいい仕上がりのためには、仕上剤の投入口にお酢を入れます。

洗 濯 機 用 洗 剤

作り方：

たらいの中で、洗濯用の炭酸ソーダ1/2カップ、パッケージフリーの青
い固形石鹸のすりおろし1/2カップ（青色染料が一般的な洗剤に含まれる
蛍光増白剤の代わりになるため）、あたたかいお湯3.3ℓほどを混ぜます。
さらにいい仕上がりのためには、柔軟剤投入口にお酢を入れます。

〔こすり洗い用のパウダー〕

わが家は、量り売りで買った重曹を標準的なこすり洗いに使っています。
スチールたわしでは強すぎるし、木製ブラシの毛では弱すぎるというよ
うな場合に最適です（ちょっとした傷など）。

こ す り 洗 い 用 の パ ウ ダ ー

作り方：

重曹をスパイス・シェーカーに移す。きれいにしたい場所に水をスプレ
ーする。重曹を振りかけ、布でこする。

★または、重曹を少しの水で薄めてペースト状にし、布でこする。

〔アイロン用の糊〕

私はめったにアイロンをかけません。かかる時間と電気を考えると、私
にとってはほとんどする価値がないからです。既に書いたように、洗濯
物はできるだけしわが残らないようにして、アイロンの必要性を減らし
ています。ただ、スコットが重要な会議に着るドレス・シャツをパリッ
と仕上げたいときには、ドライ・クリーニングを利用することもありま

す。その店は有毒な化学物質を使わずにクリーニングし、仕上がった服をリユース可能な衣装カバーに入れてくれます（そのまま洗濯物入れのように持帰れるのでとても便利）。でも、何らかの理由でどうしてもアイロンをかける必要があるときは、自作の糊を使います。

アイロン用の糊

作り方：

スプレーボトルに、水500㎖弱とコーンスターチ大さじ1を入れて混ぜる。振ってから使う。

家事のシンプル化

わが家が掃除と洗濯に使うために使っているものは以上です！ 頑固なシミに出くわしたら、レモンを使ったり、塩を使ったり、はたまた正体不明のシミは太陽に当てることも。油じみにはコーンスターチや食洗機用洗剤のペーストを、マスタードやペンや鉛筆やクレヨンのシミにはお酢を。たばこのヤニには食用油を、それからベリー類のシミには、30㎝くらいの高さから熱湯を注ぎます（魔法のように消えてなくなります）。

いろいろな製品が不要になったので、台所のシンク下にスペースができて、ざるなどを必要なときにすぐに取り出せるように収納でき、とても便利です。

残りはコンポストへ

掃除や洗濯をすると、ちりとりのカス、乾燥機に溜まる埃くずなど、いろいろなごみが出ます。コンポストを使えば、これらのちょっとしたものも資源として地球に戻してあげられます。お使いのコンポストのタイプによりますが、以下のようなごみをコンポストに入れてみてください。

※ただし大半は、工夫次第でコンポストに入れる必要がなくなります。該当するものにはページ番号を付していますので、参考にしてください。

- ・暖炉の灰（木の灰に限る）（P.313）
- ・シャワーの排水口のかす
- ・ハエの死骸

- 枯れた花（P.185「お酢のマジック」で切り花を長持ちさせましょう）
- 枯れた鉢植えの本体・土・剪定枝
- 衣類乾燥機に溜まる埃くず（P.232・268・314 捨てずに楽しくリユースできます！）
- 枕の羽根
- 床の埃くず
- 犬や猫のブラシにつく毛
- 犬のおやつの残り（牛革のローハイドやほぐした綿ロープなど）
- ヘチマ
- 天然素材の掃除用ブラシ（シルクやイノシシの毛の木製ブラシ）
- 天然素材のポプリ
- 柑橘ピール（P.185 基本のミックスのクリーナーの香りづけに使った残り）
- ペットの糞と、それを拾うときに使う紙の束（専用のコンポストを買うか、P.212 の手順で手作りしてみましょう）
- 海綿（P.232）
- 掃除機のフィルター（フィルターレスの場合は中に溜まったごみの部分）（P.197）

家の手入れ

　きちんと家のメンテナンスを続けていくことはものすごく重要だと実感しています。それによって財産の寿命も延びますし、結果的に補修や害虫駆除などの無駄も防ぐことができるわけです。でも、どれだけ環境に配慮してごみを減らそうとがんばったとしても、いくらかのごみが出てしまうことは避けられません。わが家が1年間に出す1ℓほどのごみの大半は、古い電気コードの類、ダメになったコーキング（目地材）、コーキングをやり直すときに汚れを拭き取ったぼろ布、ペンキのはがれてきてしまった部分、そのはがれた部分をふさぐのに使ったペンキのローラーなど。これらは家を火事や風雨から守ったり、経年劣化を遅らせるために必要なものばかりです。これら

がなければもっと大きな問題やもっとたくさんの無駄やごみが出てきてしまうはず。ゼロ・ウェイストの暮らしでは、とにかく先手を打って、補修が必要になるような事態を避け、いざ補修が必要になったときはごみの出ない方法に頼ることが大切です。以下にご紹介する"手間をかけない秘訣"を活用してください。

手間をかけない

家を時々人に貸し出すようになったことで、家と庭をよりきちんと保とうとするようになりました。以下の秘訣を先手先手で実行すると、メンテナンスはとてもラクになります。

- **ミニマルな暮らしをする**
  モノが少なければ、補修の手間も減り、ケアもしやすくなります。
- **質のよい買い物をする**
  私たちが買う製品の大半は、もはや長持ちするようには作られていません。もろいガラクタを買うのはやめましょう。質のよい買い物をすれば、補修も買い替えも少なくて済むので、長い目で見れば必ず報われます。たとえば、金属製や木製の道具は、最初は値段が高いですが、より長持ちし、見た目もよく、補修も簡単です。
- **故障はできるだけ早く突き止める**
  そして手遅れにならないうちに修理します。
- **ひとりで考えあぐねるのはやめる**
  何かが壊れたら、必ずメーカーに問い合わせること。どうやって補修すべきかアドバイスしてくれますし、補修に必要な部品を無料で送ってくれることもしばしば。
- **家の周囲をきちんと手入れして、害虫・害獣を防ぐ**
  材木は撤去してシロアリを防ぎます。木やツタも壁にかからないようにし、ネズミなどの害獣を防ぎます。

ごみを出さない

　家の補修用品やそのパッケージをゼロにすることは難しいですが、そんな中でも、ごみを出さずにやりくりできる選択肢はいくつか存在します。

　アメリカでは、解体関係の店やクレイグスリストなどを通じて、小さな補修や庭関係に必要な中古品や廃品アイテム、たとえば材木やタイル、ペンキ、パイプ、フェンスなどを容易に入手することができます。地元の建設業者でも、古い窓枠や壁板、れんがなどをただでくれるようなところもあります。

　地元の金物屋さんでも、くぎやネジ、廃材、フェルトのパッド、金具、フックなどの部品をバラ売りや量り売りで売っている店があります。量り売りがあるかどうかは完全にお店によりますが、とにかく探し続けてみると、意外な場所で見つかるものです。目にしたら、次に買い物が必要になったときのためにきちんと頭の隅に記憶しておきましょう。そして、ばら売りの部品などを買う場合は、布袋の持参を忘れずに！

　地域のメンバーに工具を貸し出す「工具バンク」も、全米に次々と出現しています。工具バンクは、「あなた自身の工具」の保管場所として、いつでも必要なときに有効活用できるすばらしいシステム。地域の人々が多様な工具を使うことが可能になります。手動・電動問わず、家の補修や庭の手入れ、自動車の作業などに無料で貸し出してもらえるのです。図書館の本と同じように、返却期限、延長、取り寄せ、順番待ち、延滞の罰金など、似たようなシステムで運営されていることが多いです。お住まいの町にないか調べてみてください。もしなかったら、単にお隣さんの玄関をノックして、道具を貸してもらいましょう！（＊日本には工具バンクはほとんどないようですが、ホームセンターによる工具の有料レンタルは広がっています）

庭の手入れ

　ある日、ハイキングをしながら、自分が目にしている植物の名前をどれひとつとして知らないという事実にハタと気づきました。せっかくのハイキングをもっと楽しみたい、家の周りの植生のすべてを知りたいと思いました。

そこで、植物の夜間講座に登録して、6か月間地元の植生について、食用のものを中心に勉強しました。講座が終了すると、徹底的に情報収集をして、食用に適した在来種の植物のリストを作り上げ、それらを庭に植えていく計画を立てました。在来種の植物は水やりがあまり必要なく、一度根づけば、まったく水やりがいらなくなります。わが家の庭の条件にも見事に合致しているように思えました。スコットと私は近所にある在来種専門の園芸屋に出かけ、そこにあった植物をすべて買い（7種類を30鉢）、教えてもらったとおりに植えてみました。それなのに！　2か月も経たないうちに、すべて枯れたり、鹿に食べられてしまったのです。なんという無駄！　お金も、努力も、プラスチックの鉢も……!!

　結局、プロに頼んで、鹿に強く、失敗しにくい庭作りのプランを作ってもらいました。乾燥にも強く、手間もかからず、腰にも時間にも負担なし。プロの知識と技は決して安くはありませんでしたが、長い目では、私たちの時間とお金を確実に節約してくれました。指導を受けて植えた植物は、鹿に食べられることもなく、わが家の敷地の条件や、なるべく手間を減らしたいわが家のニーズを満たすものばかりでした。今は食用の植物はバルコニーで育てるにとどめ、植生について学んだ知識はハイキングの時にだけ活用しています。

手間をかけない

　スコットはもうダイビングブーツを履いて庭の手入れをしていません。みなさんだって、しなくてよいのです。もしガーデニングがあなたにとって本当に楽しめるものでないのならば。それでは、庭の手入れをラクにする秘訣をいくつかご紹介しましょう。

- ひんぱんに剪定しなくてよい植物を選ぶ
- 地域に適した植物を選ぶ
  地元の気候に合ったものなら、ひんぱんな水やりは不要です。たとえば芝生は、ほかの在来種の草に変えるとよいでしょう。見た目も申し分ないですし、面倒な芝刈りも必要なくなります！

- **もし芝生のままにするなら、刈った芝をどけない**

  「草のリサイクル」で、栄養分を土に還します。
- **1年に一度、敷きわらや落ち葉で覆う**

  雑草が伸びないようにします。
- **雑草が伸びたらストレートのお酢をスプレーする**

  手に負えなくなるまで放置しないように！　スプレーはいつも使える状態にしておきましょう。
- **3ℓ強の水に50㎖の液体石鹸を溶かしてスプレーする**

  キノコや、ハダニなどの害虫が少しでも見られたら、問題が大きくならないうちにすぐスプレーしましょう。アブラムシなら、テントウムシを入手して駆除することもできます。

ごみを出さない

　私たちは、庭をしっかり手入れしようと思うあまり、しばしば有害な影響を及ぼすような行動をとってしまいがちです。あなたの庭はそれですてきな花の匂いに満たされるかもしれない。でも、近くのごみ処理場から出るメタンは違います。一体全体私たちは、いつから草や剪定枝や土までビニール袋に詰めて捨てるようになったのでしょう？　自然保護のシンプルなルールに逆行しています。ごみと無駄の多いガーデニングなんて、馬鹿げているし、無益です。以下のような可能性を考えてみてください。

- 量り売りの種を探しましょう。園芸屋さんにはほとんどありません。アメリカなら、自然食品店の量り売りコーナーがいちばん可能性が高いです。袋の持参もお忘れなく！
- 種を買って、卵の紙パックで育てれば、苗用のプラスチックの鉢も要らないし、それをお店に返しに行く手間もかかりません。
- どうしても園芸屋さんでプラスチックの鉢入りの買い物をするというなら、園芸屋さんに鉢を引き取ってリユースしてくれるよう頼みましょう。大抵はしてくれます。
- 要らなくなった植物や、余分にある石、フェンス、水道管などの備品は

人に譲りましょう。シェアリングサイトに無料で載せれば、きっと引き取り手が現れますし、プラスチックの鉢を再利用してくれる人も見つかるはずです。

・土や石、肥料などは、直接自宅に届けてもらうか、リユース可能な砂袋で買いましょう。私たちの行く園芸センターでは、敷きわらや土や石がそのまま積み上げられていて、それを袋に詰めて重量買いすることができます。

・庭の仕切りは資材売り場の廃材から、素焼きの鉢は解体関係の店から、水道用品は量り売りに対応している園芸や配管用品店から入手しましょう。

・もしコンポストをしているなら、もちろんそれが土壌改良材として使えます。中にはそのまま植物の根本にまいてしまえるものもあります。尿はわが家の柑橘の木にとっていちばんいい土壌剤であることがわかりましたし、コーヒーかすはトマトなどの酸性を好む植物に最適。水にゆで卵の殻を砕いて混ぜればすばらしい石灰分になります。わが家のみみずコンポストは、コックの部分から液肥も取り出せるように作られています。4倍量の水で薄めて、垣根の植物に肥料として与えています。

・野菜や果物がたくさん穫れすぎたら……炊き出しなどの慈善活動に寄付したり、ご近所におすそ分けしたり、シェアリングサイトに載せたり、ジャムにしたり、冷凍したりしましょう。

・収穫した種は来年蒔くために大切に保管しましょう。

・道具は最低限にとどめます。いちばんいいものを残して、あとは園芸クラブや老人ホームに寄付しましょう。工具バンクに寄付できればさらにいいですね。

庭で育てるたわし

粗い繊維状のヘチマのたわし。浴室やスパでおなじみですが、庭で育てることもできます！ ヘチマは一年草の野菜で、南米にも自生するウリ科のツル植物。ちょうどズッキーニのお化けのような見かけです。もともと熱帯植物なので、あたたかい気候に向いていますが、寒冷地でも、室内で育て始めて、

霜をよけてやれば大丈夫です。霜の季節が終わったら、できれば南向きの日当たりのよい場所に地植えします。典型的なつる植物で、つる棚やフェンス、あるいは地面の上で9m近くまで生長します。

　未熟な実は食べることもできますが、やはりスポンジになるまで待つのがおすすめです。

ヘチマたわし

作り方：

　1. 完熟を過ぎて茶色から黄色に変色してきた実を摘む（軽くて表面は乾いているはず）。
　2. つぶしながら皮を取り除く。
　3. 種を取り除く。
　4. 取り除いた種は来年育てるために取っておく。
　5. 水に漬けるか、水圧の強いホースできれいに洗い流す。
　6. 網などに載せて、天日干しで乾かす。
　7. 好みの形に切り分ける（研磨パッドのようにするのもおすすめ）。

さらにもう一歩

　この章で取り上げたアイディアのほとんどは、物理的なごみに関するものです。以下の通り、エネルギー、水、そして時間の節約の工夫も取り入れることで、より完全な、そして実りの多い取り組みとなります。

〈エネルギー〉
　・できる時は、衣類乾燥機を使わずに洗濯物干しで天日干しにする。
　・すべての洗濯と乾燥を1日のうちに終わらせる。乾燥機の余熱を次の洗濯物にも生かせます。
　・冷蔵庫のフィルターは年2回掃除して、効率のよい状態を保つ。
　・できるだけ冷水で洗濯する。

- 電動のリーフブロワーで落ち葉を吹き飛ばさず、熊手を使う。
- 電球が切れたら LED 電球に変える。
- 新しい電池を買うときは、充電式電池を選ぶ。

〈水〉

- 点滴灌漑は通常のスプリンクラーより 50％ も水の使用量が少なくて済みます。敷きわらも湿気を保ちます。
- 雨水計量装置がついて自動的に散水量を調節できるタイプなど、賢い散水装置を導入しましょう。
- 自治体に確認し、可能なら中水利用システムを導入して、洗濯機の排水を庭の散水に再利用しましょう（園芸用途に限ります）。
- シャワーの横にバケツを置いて、シャワーがお湯になるまでの水を溜める。庭の水やりに使い、毎日違う場所にまきましょう。

番外編：犬もゼロ・ウェイスト！

　ゼロ・ウェイストは家族ぐるみの挑戦です。わが家は全員が同じ船に乗っていて、もちろん愛犬ジズーも一緒。わが家にはネコはいないので、ネコについては具体的に書けないのですが、きっと以下の秘訣のいくつかは、あなたの大切なネコやその他のペットたちにも当てはまることがお分かりいただけると思います。

　ジズーがわが家の一員となったのは 5 年ほど前。小さめの犬が希望でした。小さなわが家にフィットするというだけでなく、私たちが行くところ、飛行機でも車でも自転車でも徒歩でも、どこにでも連れていける犬がよかったのです。それから、抜け落ちた毛が目立たないよう、わが家の床の色に合う犬を選びました。

　チワワならきっと大型犬と同じくらい私たちになついてくれそうな気がしました。そしてやって来たジズーは、わが家がペットに求めるすべてを満たしてくれました。ネズミみたいに道端のごみを漁ってしまうのはともかく（ニ

ックネームは「ラット・ボーイ」）、私たちの期待を大幅に上回る犬でした。

レオに尋ねました。「いま、犬のゼロ・ウェイストについて書いているの。ジズーのどんなところがゼロ・ウェイストだと思う？」。彼の答えは「簡単さ。家に何も持ち込まないところだよ」。

たしかにジズーは家に一切ごみを持ち込みませんが、愛情は山ほど持ち込んでくれます。私たちも愛情を返します。結局、犬にいちばん必要なのは愛。そして、愛ほどゼロ・ウェイストなものなんてほかにあるでしょうか？

ジズーは多くを求めません。そして私たちも、ペット関係の製品やサービスの売り上げが 2009 年に 5 ％も伸び、景気後退の中で 530 億ドルに達しているような社会の中にあって（2014 年には 720 億ドルに達すると見込まれています）、ジズーのすべてをシンプルに、ミニマルに、そしてゼロ・ウェイストに整えたいと思っています。

〈ベッド〉

ジズーは甘やかされていて、家具に乗ることを許されています。なので、通常の犬用ベッドは必要ありません。冬は暖炉の横の居心地のよい椅子で、夏は快適なウッドデッキで、そして夜は子どもたちのベッドの中で眠ります。

〈おもちゃ〉

拾ってきたテニスボールやロープチュー（噛めるロープ）で遊びます。ボールはいい運動になりますし、ロープは歯がきれいになります。犬にも好みがあります。2 つほど選び、残りはペットのシェルターに寄付してしまいましょう。シェルターでは古いタオルやシーツなども受け入れています。

〈グルーミング〉

1 か月に一度液体石鹸で洗って（P.199 参照）、つめを切ります。つめはコンポストへ。

〈お皿〉

ご飯も水も、家のほかの場所で使っているのと同じ保存瓶であげています。荷物をスーツケースに詰めて旅行に出るときも、瓶にエサを詰めて荷物に入れるだけ。長い間、犬用のフードボウルと給水器を使っていたのですが、いつも水が周りにこぼれて、床を拭くのが大変でした。でも、解決策は初めか

らすぐそばに転がっていたのです！　保存瓶で水を飲むと、なぜかまったくこぼさなくなりました。

〈食べ物〉

　毎晩、食洗機に入れる前に全員の食器をきれいに舐めとってもらいます。調理くずをあげることもあります。補完用として、乾燥ドッグフードも量り売りで買っていますが、品切れで何度か買えないことがあって、その時は袋入りのものを買いました。使い終わった袋はきれいに洗って、慈善団体のショップに寄付するものを持って行くのに使いました。わが家はレジ袋も紙袋も断っているので、寄付するものを入れる容れ物を常に探しているのです。

〈おやつ〉

　地元のペットショップの量り売りコーナーで買っています。

〈薬〉

　必要に応じて、ノミの防除のために食べ物にガーリックパウダーを加えます（にんにくくさい息は数分で消えます）。流涙症は飲み水にリンゴ酢をキャップ1杯入れて治します。

〈散歩〉

　散歩中の糞は、資源物入れの中の紙を使って拾います。大型犬なら何枚か重ねて使うと思いますが、ジズーならレシート1枚で大丈夫。

　地元の下水処理場によれば、犬の糞はトイレに流しても大丈夫だそうです（＊日本ではお住まいの自治体のルールに従ってください）。でも、トイレに流すと多量の水を使うことになるので、コンポストで処理した方がずっと環境にやさしいです。

ネコの糞について一言

　ネコの糞には、トキソプラズマという寄生虫が含まれることがあり、これがラッコの絶滅危惧に関係していると言われています。トイレに流してしまうと、下水処理のプロセスを生き延びて、海まで行き着いてラッコの口に入ってしまうらしいのです。ですから、ネコの糞をトイレに流すのはおすすめできません！

作り方：

1. ふた付きの古いごみ箱（大型のもの）を見つける。なければ18ℓのペール缶を2つ重ねて使う。
2. 容器の側面の下3分の2ほどに、ドリルを使って1㎝ほどの穴を全面にたくさん開ける。
3. カッターナイフやジグソーで、容器の底面を切り取る。
4. 日当たりのよい場所を選ぶ。家や畑やコンポストに近すぎない場所にしましょう。
5. 容器が収まるような深い穴を掘る。容器の縁の部分が周りの地面と同じ高さに来るような穴にする（冬に雪の降る地域はもう少し浅く埋める）。
6. 容器を穴に入れる。
7. 容器の底に石や砂利を敷き、剪定した草木を重ねる。
8. ふたを閉める。

使い方：

犬の糞を入れ、落ち葉、草木ごみ、木くず、シュレッドペーパーなどを上に乗せ、ふたをする。時間とともに分解します。容器がいっぱいになったら、以下のどちらかを行います。

・容器を引き出して、中身に土をかけ、別の場所に新しい穴を掘る。

・そのまま完全に分解させて、観賞用植物の土壌改良材として使えるようにする（食用の苗や野菜には使いません）。

★この場合は2つ目のコンポストを用意して、新しい糞を入れます。

6

仕事部屋・ダイレクトメール

WORKSPACE AND JUNK MAIL

きれいな机は、シャープに整った頭脳のサインです。
作業スペースがほとんどないというのは、つまりはど
うでもいい雑多な作業にばかりとらわれていることを
意味します。

時々、大学に呼ばれて、わが家のライフスタイルについてレクチャーをする機会があります。大抵はプレゼンテーションのあと、質問タイムが続きます。ある時、こんな衝撃的な質問が投げかけられました。

「僕たち学生にも同じことをしてほしいと思っていますか？　あなたと違って、みんな忙しいんですけど」。その学生は怪訝そうに言いました。

　なるほど、みんなゼロ・ウェイストの暮らしを自給自足や主婦と結びつけて考えたがります。そして、私のレクチャーの目的はまさにそうした思い込みを崩すことだったわけですが、その学生はなんと講義に遅刻してきたのです。そして、保存瓶や様々な手作りの品が並ぶわが家のスライドを見て、きっと確信したのでしょう——この人は主婦で、時間がありあまっているんだ、と。「私だって忙しいのよ！」。すっかり面食らって、私はそう答えました。

　家に戻る道すがら、私は「忙しさ」の本当の意味について考えをめぐらせ

ました。TVドラマ『となりのサインフェルド』にこんな場面がありました。ジョージが一生懸命働いているふりをするのです。うまくごまかして、イライラしてみせたり、ため息をついたり、散らかった机を見せつけたりして、仕事に没頭しているように上司に思い込ませます。

　そのとおり、忙しさなんて、結局どうとでも見せられるわけです。でも、仕事の貢献度は、どれくらい机が散らかっているかとか、どれくらい時間がないかで判断するのではな

く、能率の度合いで評価するのが本当ではないでしょうか。昨今は誰もが自分の過密スケジュールを人々に知ってほしい、そして時には憐れんでほしいとさえ願っています。そうすれば、自分が重要な人間なのだ、毎日やることがいっぱいなのだと思ってもらえるから。アメリカの文化は、「忙しさ」を幸せや充実、人気、勤勉さと結びつけて考えます。でも、忙しさは能率のよさと同義ではありません。

少し前まで、「先延ばし癖」が私の最大の弱点でした。でも、暮らしのシンプル化に努力を注いでみたことで、「先延ばし」はすっかり過去のものとなり、すべての能率があがりました。もちろん、自分自身の生産性を理解し、その限界をうまくコントロールするには、しっかりとした取り組みが必要でした。最初のステップは、仕事部屋を合理化すること。次はコンピュータの中身を整理することでした。

仕事部屋

前の家では、スコットと私は別々の部屋で仕事をしていました。私はゲストルーム的な一角（寝室＋バスルーム＋台所）を工房に作り替え、夫は寝室をばかでかい書斎として使い、ラウンジチェアなど何の役にもたたない家具を入れて隙間を埋めていました。2部屋は家の両端に分かれていたので、双方にテレビ、電話、プリンター、事務用品、ごみ箱、デスクライトを備えつけていました。モノがぐちゃぐちゃにばら撒かれたスコットの床を見るのが耐えられなくなったら、私はドアを閉めればいいので便利でした。スコットも、私の部屋のドアを閉めれば、私が何年もかけて集めてきた大きな額縁の数々を見ずに済みました。

でも、小さな家に引っ越したことで、私たちは仕事部屋をひとつにすることを余儀なくされました。何年もかけて合理化を進め、やっとのことで、ひとつの書斎の方が便利だし、環境への負担も減るし、経済的にも理に適っている、と思えるまでになりました。重複していた物を減らし、道具や事務用品を合体させていったことで、全体の暖房費や照明費用は下がり、しかもイ

ンターホンなしで連絡を取り合えるようになったのです！

　外に目を向けると、近年欧米で増加しつつあるシェアオフィスはすばらしい仕組みだと思います。夫婦間での書斎のシェアと同じように環境にやさしく、特にフリーランスや小規模ビジネスにとっては、対外的なコミュニケーションやコラボレーションの場が得られるというメリットもあります。さらに、仕事と家がよりはっきり区別できます。着替える、パジャマを脱ぐ、というシンプルな行為で、生産性は確実にプラスに向くのです。アメリカではDesksNear.Me や WorkSnug などのサイトを使って、近隣のシェアオフィスの情報を簡単に調べることができます（＊日本でも、「スペースマーケット」のようなシェアスペースの仲介サイトで、シェアオフィスの情報登録が始まっています）。

　書斎のシェアと一般的なシェアオフィス、どちらのケースにおいても、フレキシブルな勤務スタイルが可能となりますし、もちろん不要なモノの処分も大切になります。私もいろいろなものにさよならを言いましたよ。もちろん、大切にしていた額縁たちにも！

1. シンプル化

　かつてアインシュタインは言いました。「乱れた机が乱れた頭のサインなら、空っぽの机は一体どんな頭のサインだろう？」。私にとっては、空っぽの机は空っぽの頭のサインではありません。きれいな机は、シャープに整った頭脳のサインです。作業スペースがほとんどないというのは（私の言う作業スペースは電子メールの受信トレイやコンピュータのデスクトップ上も含みます）、つまりはどうでもいい雑多な作業にばかりとらわれていることを意味します。

　仕事は生産性で評価されるべきもの。仕事部屋はそれを最大限に引き上げるべき存在です。

　仕事部屋にあるものを抜本的に見直して、能率を最大限に引き上げましょう。大整理にあたっては、以下の質問項目について考えるのが有効です。

□ ちゃんと使えるか？

　　壊れた家電製品は、家電のリサイクルに出しましょう。ペン類も書ける

かテストして、もう書けないものは捨てましょう。もしその中に気に入っているペンがあるなら、製造元に替え芯や修理について問い合わせましょう。

☐ よく使うか？

たまにしか見ない専門書を捨てずに持ち続けている人、わりに多いのでは？ でもこれらは貴重なスペースを占拠して、埃が溜まるばかり。近所の図書館に寄付すれば、あなたも必要なときに見られるし、みんなにとっても有益です。アマゾンで売るのも一案。私の経験からすれば、あなたの古い教科書は、ちょっとびっくりの収入を生み出せるはずですよ。

☐ 同じものが２つ以上ないか？

ひとりの人間には、一体何本のペンと鉛筆と蛍光ペンが必要なのでしょう？ たぶん１本ずつで十分でしょうね。いいペンが１本ある方が、３ダースの安物があるよりもずっといいはず。ゼロ・ウェイストのコンサルティングをしていて、無料の広告ペンやホテルのペンを何ダースも溜め込んでいる家をたくさん見てきました。無料のペンの洪水を世界から撲滅するためにも、断って、受け取らないようにしてください！ ファイルや鉛筆が余っているなら、近所の学校やリサイクルショップに寄付しましょう。新学期になるとみんなが欲しがります。

☐ 家族の健康を危険に陥れないか？

家庭用のレーザープリンターが放出する微粒子は、呼吸器疾患やぜんそく、がんなどとの因果関係が指摘されており、頭痛や吐き気や皮膚炎を引き起こすオゾンや窒素酸化物を作り出すとも言われています。家の中に置くのはやめましょう。画材や工作用品は、APマークのついているものを選びましょう。APマークはACMI（米国美術材料協会）が毒性がないと認定した印です。毒性のあるものは最寄りの有害ごみ処理場で処分しましょう。たとえば、ゴム糊や瞬間接着剤などは、それぞれヘプタン（またはヘキサン）とシアノアクリレートを含有し、どちらも有毒な気体を放出すると言われます。廃棄を考えましょう。この章の終わりに紹介する手作り糊の作り方を参照してください。

☐ 義理の意識から持ちつづけていないか？

粗品や企業ロゴTシャツの類は、チームの一員としての義理と遠慮から、しばしば私たちのオフィスの一角を占拠しつづけます。でも、「2010年販売会議」のTシャツなんて、この先本当にもう一度着るつもりありますか？　まさかないですよね。

□ **「みんなが持っている」から持っているのでは？**

ほとんどのオフィスはホワイトボードを備えつけているし、蛍光ペンを使っています。**ほかのもので代用できませんか？**　ホワイトボード用のマーカーは、ホワイトボードだけでなく鏡の上でも使えます。しかも鏡は、光を反射して空間を広く見せるというおまけつき。色鉛筆も、蛍光ペンの代わりになり、しかも専用の消しゴムを使えば消すこともできるというおまけつき！

□ **私の大切な時間を割いて手入れをする価値があるか？**

重要なのは賞状や楯や免状などのモノではありません。成し遂げた成果自体が重要なのです。写真を撮って、物品はリサイクルしましょう。埃をはたく手間が減ります。

□ **このスペースを何かほかのものに使えるのでは？**

私がコンサルティングに携わった家庭の多くには、ある共通の習慣がありました。家電の箱を捨てずに保管しているのです。これらの箱を取っておいても、中身の価値が長期的に高まることはありません。むしろスペースをたくさん取り、どんどん埃が溜まるばかりです。リサイクルしましょう。そしてスペースを取り戻しましょう。「万が一」のために保管する価値などありません。

□ **リユース可能か？**

ホッチキスは今、家庭用事務用品の必須アイテムとされていますが、使い捨てです。手持ちのホッチキスは寄付して、以下に紹介するような、リユース可能でよりサステイナブルな紙の固定方法を選びましょう。ゼムクリップや目玉クリップなど、たぶん既にお持ちではないですか？

2. リユース化

書斎から使い捨て用品を締め出してしまえば、自然に"なしで済ませる"、

またはリユース可能な代用品を見つけるようになります。使い捨ては補充し続けなければなりません。脱・使い捨てによって、事務用品の在庫もシンプルになるうえ、買い物までシンプルになるのです。

筆記用具

ほとんどの人は節約目的で事務用品をまとめ買いするようです。でも、お徳用サイズで買うと、パッケージの無駄はたしかに減りますが、結局無駄が増えて、使い捨てが助長されます。それに、量販店の販売戦略は、本当にどうでもいいような道具までセット売りにして、購買意欲を刺激しようとします。そんな中で鉛筆用の消しゴムキャップをひとつだけ買うなんてできるはずがありません。結局、袋いっぱいに買う羽目になるのです。1個だけ買うには近所の文房具屋がおすすめ。必要なものだけをばら売りで買えるところが多いです。こちらの方が長い目で見て必ずお得です。

・ペン

現在、いちばんリユース度の高いペンは万年筆。ピストン式またはコンバータ式で、ボトルからインクを詰め替えるタイプのものがベストです。そして、いちばんエコなペンは"既にあるペン"。別のオプションとしては、インクを詰め替えられるステンレス製のボールペンを選ぶのもよいでしょう。ただ、カートリッジは包装入りでしか買えないため、ごみになってしまいます。

・鉛筆

いちばん長持ちしてリサイクル度の高い鉛筆は、替え芯式のステンレス製シャープペンシルです。ただ、替え芯はプラスチック容器入りでしか買えません。メーカーがリサイクル可能な紙箱で替え芯を売ってくれるようになるまでは、新聞紙で作るリサイクル鉛筆（ペパ鉛筆）がいちばんゼロ・ウェイスト度の高い選択肢でしょう（＊日本語で簡単に手作りする方法を紹介しているサイトもあります）。必ず消しゴムのついていないタイプを選ぶようにして、天然ゴム製の消しゴムを別買いしましょう。書けないくらい短くなったらコンポストに入れてください。

- **ホワイトボード用のマーカー**

  ホワイトボード（または鏡！）があれば、企画会議などで大きな模造紙を使い捨てる必要がなくなります。マーカーは、替え芯式で毒性のないものを使いましょう。AusPenのマーカーは各色揃っています（＊日本には輸入されていないようですが、Amazon.comでは取り扱っています）。

- **蛍光ペン**

  蛍光ペンは、フェルトのペン先がすぐに劣化して乾いてしまううえ、書けなくなったらごみ処理場しか行き場がありません。色鉛筆なら同じ目的に使えて、より長持ちします。既に書いたように、専用の消しゴムを使えば消せるという利点もありますし、短くなった残りや削りかすはコンポストに入れられます。ここでも、消しゴムのついていないペパ鉛筆の類が、現時点ではいちばんゼロ・ウェイスト度の高い選択肢だと思います。

郵便・小包

　郵便や小包は二酸化炭素の排出が避けられませんし、包装の無駄も出ます。前者を減らすには、航空便を避けて、なるべく陸送を使いましょう。後者を減らすには、リサイクル可能な素材を使ってくれるよう発送元にリクエストしましょう。緩衝材や発泡スチロールやビニール袋は断り、代わりに紙や布を使うことを提案しましょう。

　郵便というのは、頼んでもいない物がいろいろ送りつけられてくることも多く、どれだけ気を配っていても、不要なプラスチックが手元に入ってきてしまいがちです。ある時はクッション封筒、ある時はビニールテープ……。ですから、自分が発送する側に立つときには、以下のような点に気をつけるようにしましょう。

- **梱包材はリユースする**

  専用の場所を設けて、自分宛てに届いたダンボール箱や封筒をいくつか保管しておき、新品を買わずにそれらを再利用できるようにしましょう。もし新品を買う必要があるときは、通常のクッション封筒ではなく、古

紙をクッション材にしたクッション封筒を選びましょう（＊日本でも入手可能です）。シュレッドペーパーも、気泡緩衝材の代わりに最適です。

- **紙製のガムテープまたは紐で梱包する**

  私にとっては、実は少し難しい決断でした。宛先を防水性のあるビニールテープで保護すると、なんだか安心するのです。でももう何年もビニールテープは使っていませんし、それでも小包はすべて送り先に届いています。

- **宛先や差出人住所は小包に直接手書きする**

  それが無理なら、せめてシールではなく、住所スタンプを使いましょう。シールだと、はがしたあとにリサイクルできないシートが残り、ごみ処理場行きになってしまいます。スタンプは長持ちします。

- **カード類はハガキにする**

  もし招待状やグリーティングカードを郵送する必要があるならば、ハガキを選びましょう（P.281参照）。郵送代も節約できるし、サイズも一般的なカードより小さく、封筒も必要ありません。

その他の備品

- **ホッチキス／クリップ**

  ホッチキスは使い捨てなので、資源が無駄になります。クリップ類なら、同じ目的に使えて、リユースできます。ホッチキスの代わりにクリップを使いましょう。または、針なしステープラーで紙をとめましょう。私は、リサイクルしやすく手に入りやすいクリップを使っています。クリップは、子どもの学校などから勝手に家に入り込んでくることもしばしば。ばら売りで買える文房具店もありますが（その場合は布袋をお忘れなく！）、以下にご紹介する方法でなるべくペーパーレス化を進めることで、クリップの必要性も少なくなるはずです。数枚の紙を綴じるだけなら、私はこんなふうに折り返して綴じてしまいます。

①紙を重ねる→②角を裏側に折る→③折り目を2か所ほど破って（あるいは切って）切り込みを入れる→④切り込みにはさまれた部分を手前に折り返す

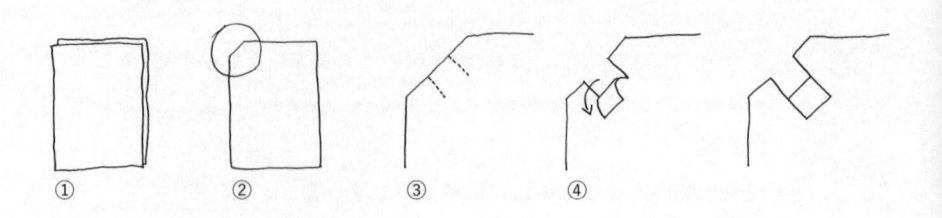

①　　　②　　　③　　　④

- **・インクカートリッジ**

  本気でペーパーレス化を進めていけば、プリンターなんてそもそも必要なくなってしまいます。そこまでいかなくても、絶対に必要なときしか印刷しないようにして、「下書き印刷」のモードを使えば、インクカートリッジの寿命が延びます。アメリカなら、ウォルグリーンやカートリッジ・ワールドなどの店がインクの詰め替えサービスを行っています。

- **・データの保存とシェア**

  CD-Rは使い捨てです。CD-RWは上書きできるのでリユース可能ですが、メモリースティックや外付けドライブの方が効率がよく、長持ちします。でも、クラウドストレージなら追加のハードウェアも要らず、ファイルの同期も自動で行ってくれ、どこからでもアクセスでき（コンピュータはもちろん、携帯電話からも）、情報の共有が非常にしやすいです。Googleドライブや Dropbox などの無料サービスを使ってみましょう。

3. ごみの分別

　書斎を2つに分けていたころ、スコットと私はそれぞれごみ箱を持ち、それなのに資源物入れはひとつもありませんでした。紙も、食べ物も、写真も、レジ袋も、容器包装も、すべて同じバスケットの中でごちゃ混ぜになり、仲良く1台の収集車に乗り合わせてごみ処理場行きとなっていました。あの頃、私たちはリサイクルと言えば食品のパッケージのことしか考えていませんでした。今では、ふたりの共用のごみ箱を資源物入れに変身させたばかりか、

引き出しに耐水性の封筒（ほら、あの紙みたいなのに破れない封筒です）など勝手に郵便受けに入り込んできたアイテムを保管してリユースできるように工夫しています。既に書いたとおり、リサイクルを考える前に、まずはできる限り、こういったものを断ることが大切です。

①リサイクル

・紙、ダンボール

書斎に必要ないちばん大きな資源物入れは、たぶん紙用でしょう。でも、以下にご紹介するダイレクトメール対策やペーパーレス化の秘訣を実行すれば、あなたも「紙ごみゼロ」を達成できますよ！

・プラスチック

ほとんどの地域では、ビニール袋やプラスチックカバー、耐水性の封筒などは資源物として回収してもらえません。これらのアイテムを避けるには、とにかく先手を打って、こういったものを送ってこないよう発送元にリクエストするのがベストです。もしリクエストが無視されたら、まとめて保管してリユースしましょう。そのほかアメリカには、耐水性の封筒のほか、気泡緩衝材やバラ緩衝材、発泡スチロールなどを回収してリサイクルしてくれるプログラムもあります。

・家電製品

新品を買う前に、まずは手持ちのものをアップグレードできるなら、それにお金を使いましょう。アメリカでは、コンピュータ、プリンター、モニター、携帯電話、リモコン、電気コード、ケーブル、インクやトナー・カートリッジ、バッテリー、CDやDVDなど様々な品目を、いろいろな非営利団体や一般企業が買い取ったり、無料回収をしています（＊日本では、エアコン、テレビ、冷凍庫・冷蔵庫、洗濯機・乾燥機の家電4品目やコンピュータの公式なリサイクル方法が存在するほか、いろいろな企業が特定の品目を独自に回収している場合があります。まずはお住まいの自治体に問い合わせてみてください）。

②コンポスト

書斎ではほとんど生ごみは出ないはずです。でも、お使いのコンポスト
のタイプによって、次のようなものをコンポストに入れてみてください。

- 紙製のガムテープ（水活性化テープなど）
- 梱包用のひも（未処理の綿や、麻ひも、ジュートなど）
- 鉛筆の削りかす（誤解を招く名前のせいでみんなが勘違いしていますが、鉛筆
  には鉛は含まれていません。含まれているのは黒鉛で、これはコンポストにも害
  を及ぼしません。）
- シュレッドペーパー（他品目と混合回収された場合は、あとからの分別はほと
  んど悪夢です。でもコンポストに入れれば、炭素分の素になってくれます！
  P.220 のリユース方法も参照）
- 手作り糊の残り（P.234参照）
- 紙作りのパルプの残り（P.232）
- 鉛筆の残り（ペパ鉛筆や未塗装の木の鉛筆に限る）

③ごみ

ごみ箱なんか捨ててしまいましょう！　あるいは慈善団体に寄付するも
のの容れ物にしては？　ゼロ・ウェイスト・オフィスは、とにかく紙を
どう管理するか（できれば使わない）につきるのです。

デジタル世界のデトックス

今の時代、「完全にひとりの時間」はかなり希少になりました。その結果、
しずかに集中して生産性を高める力が阻害されています。

私たちは 24 時間 365 日、携帯電話やボイスメール、電子メール、ショー
トメール、各種チャットやソーシャルネットワークにつながれています。見
境なく使っていたら、肉屋のカウンターでも、郵便局の順番待ちの最中でも、
バスの中でも、スマートフォンやタブレットで交流し続ける羽目に。家では、

ディナーの席でも、浴室の中でも、ベッドの中でもつながったまま。みんな、複数のことを同時並行で進めて、時間を有効に使っている気分に浸りたいのです。物理的な世界とデジタルの世界、同時に2つの世界にいようとします。ドライブ中も、映画やツイッターやテレビゲーム。田園風景が過ぎ去るのをぼんやりと眺める、あのシンプルなよろこびはもう過去のものとなりました。「つながりすぎ」という状態は実際にあるのです。電子機器の使いすぎは、資源を湯水のように使うだけでなく（最新のエレクトロニクスと莫大なサーバーがノンストップで動いて、どうでもいいような情報を常に見られる状態にしています）、人間にとっても有害です。その瞬間を生きることから、そして現実の暮らしを楽しむことから、気持ちをそらされてしまうのです。人と人のふれ合いや、顔を合わせてのつながりは減ります。一挙手一投足が公開され、プライバシーが盗まれます。なにより、ノンストップの娯楽によってひとりの時間が奪われ、その中からもたらされていた独立した思考や認識、感謝、ひょっとしたら幸せまでもが、失われてしまうのです。

　ソーシャルメディアは、ビジネスにとっては有用なマーケティングツールともなりますが、個人レベルでは、まるで自分が自己実現できていないかのごとく、自分の暮らしに失望させられる瞬間の方が多い気がします。私は時々、自分が必ず負ける運命の、暗黙の競争に駆り出されているような気持ちにさせられました。"友達"の方がずっと人気があって、私なんか絶対にかなわない。ツイートの数もかなわないし、実績もかなわないし、専門技能もかなわないし……。ソーシャルメディアのせいで、私はもう20年も前に葬り去ったと思っていた、高校時代のあの人生最悪の不安を追体験させられてしまったのです。

　暮らしのシンプル化に踏み出すにあたって、私たちは単に手持ちの電子機器や視聴時間を見直すだけでなく、友人関係も見直しました。私たちの暮らしに、前向きさと、幸せと、力を与えてくれる人たちを見極め、その人たちだけを大切にして、残りの人たちにはそっと遠のいてもらうことにしました。こうして一旦整理してみたことで、私たちは本当の友人たちの価値を改めて痛感しました。貴重な時間を使ってネット上の知り合いとあれこれやり取りして、そのせいで現実世界の本当の友人に向き合う時間がなくなるなんて、

一体どんな意義があったというのでしょう？　人生は短いのです。満足感を与えない、無意味なネット上の関係に頭を悩ませている暇はありません。以来、本当に大切にしたいつながりをさらに深め、好きな人たちと一緒に時間を過ごすことが、わが家の優先事項となりました。もうソーシャルネットワークに参加しなければなんて思いません。私が大切に思う人たちは、どうやって私と連絡を取ればよいのか、ちゃんと知っているからです。

　ソーシャルメディア、もっと言えばインターネット全般は、「先延ばし癖」のある人にとっては破滅のもとです。でも、何が時間の無駄につながっているかを見極めて、そこから脱却するのはそんなに難しいことではありません。私にとっては、個人の Facebook アカウントを削除することが、自分のデジタル世界をシンプル化して生産性を高めるための第一歩でした。以下、私がしたことをすべてご紹介します。参考にしてください。

- **・各種ソーシャルメディアの個人アカウントを削除**
  具体的なメリットのある仕事上のアカウントはキープしました。また、投稿はどうしても必要な時だけにとどめ、アカウントは同期させて、できる限りオートメーション化しています。
- **・インターネットを伴う作業をリスト化する**
  インターネットの時間はそれらの作業に充てるようにし、横道にそれたり、無目的なネットサーフィンはしないようにします。
- **・仕事中は携帯電話の電源を切る**
  Google ボイスを使い、テキストに転写したメッセージをメールで受信します。
- **・メールのチェックは時間を決めて1日3回**
  1日中とか、受信するたびにチェックしたりしないようにします。返信が必要なものにだけ、簡潔に返信します。受信トレイは常に空っぽの状態を保つようにし、作業リストとして使います。処理を終えたら、すべて移動するか削除します。
- **・パソコンのデスクトップ上もきれいにしておく**
  個人フォルダやお気に入りは定期的に整理します。

時にはインターネットを遮断します。私のお気に入りの仕事場は、デッキの上。先延ばし癖も、ここならせいぜい自然を眺めるくらい。樫の木の間をリスが飛び跳ね、マイヤーレモンのつぼみの回りをハチドリが忙しく飛び回っています。でも、原稿の締め切りが近づいて、生産性を最大に引き上げたい時は、カフェや公園で作業するのがベストだと気づきました。そこなら固定電話が鳴ることもないし、Wi-Fiもありませんから。

節度をもって使えば、電子機器はたしかに時間を節約してくれるし、知識や効率を引き上げてくれます。モバイル機器があれば、思い通りの場所で作業することも可能になります。でも、余計な混沌を整理することは環境的にも健全なステップです。なぜなら、それによってストレージやメモリの空き、さらにスピードも最大化することができ、つまりはアップグレードの必要も、最新機器を買う必要も、サーバーを無駄に混雑させる必要も減らせるからです。

覚えていますか？　旅行でインターネットから少し離れてみた、あるいはネット環境がなくて使えなかった時のことを。すっかり休まって帰ってきて、ネットがなくても何も問題なかったことに驚きませんでしたか？　ネットの使用を控えれば、その旅行のような気分を1年中持ち続けられるのです！

私にとって、机の上や、受信トレイや、コンピュータのデスクトップ上に何もない状態というのは、自分が作業リストを全部終えることができたことを意味します。いろいろな誘惑や、先延ばしにする要因を排除できた証しなのです。ただし、これらは自分でコントロールできる領域の話。次のダイレクトメールは、実はもっと厄介です。

ダイレクトメール

人生のある一時期、私はよくポッタリー・バーン（＊アメリカの有名な家具ブランド）の最新カタログが届いていないか確かめに郵便受けまで走ったもの

でした。あの頃の私はカタログで紹介される家の整理術に熱中していて、毎シーズン様々なデコレーションを家に施していました。ほかの無料カタログは郵便受けから資源物入れに直行するのに、ポッタリー・バーンのものだけは家に大切に持って入り、ほかの雑誌がいっぱい詰まったバスケットの上にそっと載せるのでした。雑誌もカタログも、パラパラめくる間にもう次の号が届くような状況でしたが、私はいつも最新号だけ取っておいて、それを見て次のシーズンイベントにあれこれ想いを馳せるのでした。カタログからインスピレーションを得て、紹介されているフェルトのハロウィンかぼちゃをマックスとレオのために作ってみたり、クリスマスの飾りをドアノブにつけてみたり。そして、カタログの「熟達の技術」をたっぷり5年間も眺めてから、やっと最初の買い物に飛び込んだのです。しかも、カタログではなく、店舗にわざわざ足を運んで。買ったのは、フェイクの毛皮のブランケットひと揃え。小さな家に引っ越した最初の冬、暖房費を落とす目的でした。

　今となっては思います。一体全体、どの家具ブランドも、商品を売るために私の郵便受けに平均何本くらいの木を詰め込んだのかしら？？？　こんな無駄の多いマーケティング手段が使われたからと言って、私はお店だけを非難するつもりはありません。だって私自身、能動的にカタログの送付を止めようとはせず、ずっと受け取り続けていたわけですから。つまりは私にもダイレクトメールが送付され続けた責任の一端はあったわけです。

　でも、暮らしのシンプル化を始めて、日々の雑事について見直したとき、私は郵便受けの整理に毎日不当に思えるほどの時間を取られていることに気づきました。郵便受けまではるばる歩いて行くと、そのあとの流れはいつもこう。郵便物を分類して、いくつかは資源物入れまで持って行き、残りは家の中に運んで、請求書や銀行の残高通知はスコットの机に置き、レストランや食料品店の広告はキッチンカウンターに置き、さらに子ども関係のものは私の工房に置いて……。そして、行き先や中身は違っても、結局はすべてがごみとなり、スタート地点の郵便受けのすぐ横に逆戻りして、ごみに出されるか、せいぜいリサイクルに出されるか。わが家全体の紙の管理にひとたび注意を払い始めてみると、ダイレクトメールは明らかに問題含みでした。こうして、ごみを減らそうと考える遥か以前から、私たちは要らない郵便物が

わが家の郵便受けに入り込んでくるのを阻止するべく踏み出したのです。

すぐに分かってきたのは、ダイレクトメールの撃退というのはかなりストレスの多い作業だということです。一体どれだけたくさんの自己弁護を聞かされたことでしょう！ 「リサイクルすればいいじゃないですか」「リサイクルは雇用を創出するんですよ」「紙は再生可能な資源なのに」「たかが紙1枚じゃないですか」「再生紙を使っているんですよ」。こんなことを言われたこともあります、「僕だって環境のこと、気にしていますよ。ほら、ベジタリアンだし」。様々な言い訳にもめげず、私はやっとのことでダイレクトメールのメカニズムを少しずつ理解し始めました。行政の広報誌やパンフレットなんて、私の税金を使って送りつけられていたのです！ アメリカ環境省の報告によれば、アメリカ人全体で毎年500万トン近いダイレクトメールを受け取っているとのこと。しかも、そのうち44%が、なんと開けられることも読まれることもないまま、ごみ処理のルートに乗っているというのです。

ダイレクトメールの根絶は時間も労力も要します。私はもう郵便受けに走って行って最新の家具カタログを探したりしません。今の私は、そこに何通のダイレクトメールが迷い込んできて、私との戦いを待っているのかを数えます。数はだんだんに減ってきました。でもいまだに週2通くらいは入ってきます。大抵は送付元もわかりません。でも、ダイレクトメールの根絶は正当な願いです。長期的には、時間も、お金も、資源も節約でき、しかもストレスまで減るのですから。ダイレクトメールに宣戦布告するには、まずとにかく先手を打つことが大切です。そして、今日から入ってくるすべてのダイレクトメールに攻撃を開始します。ダイレクトメールの探偵になってください（＊日本では、開封前なら「受取拒否」で返送できるため、アメリカほど厄介ではないはずです。詳細下記参照）。

・絶対に必要なとき以外は自分の住所を教えない
たとえば、製品の保証登録は義務ではありません。あれはあなたの消費傾向についてデータを集めて、それに合わせてダイレクトメールを送りつけるために使われるのです。個人情報を提供しなければならないときは、名前と住所を外部に出さないことを約束してもらいましょう。

- **無料カタログ**

   受取拒否して返送するか、発送元に電話をして止めてもらいましょう。

   無料カタログをやめてから、私は自分のセンスでシーズンイベントを楽

   しめるようになり、こんなに幸せなことはありません。

* その他、日本向けのアドバイスには以下のようなものがあります。
- 郵便受けに「DM・チラシお断り」の表示をつけるだけで、無差別のポスティングによるチラシ等をかなり減らせます。
- 電話帳の送付は、タウンページセンターに電話をかければ、すぐに止めてもらえます。
- 引っ越しで郵便局に転居届を提出する際、企業からの案内の転送を「希望しない」旨申告する欄があります。忘れずに申告しましょう。
- ダイレクトメールの受取拒否は、①開封前に、②ダイレクトメールの余白部分に「受取拒否」と朱書きして捺印またはサインをし、③投函するだけで、着払い扱いで返送してくれます。郵便受けに赤ペンを入れておくと、すぐに返送できて便利です。宅配便やメール便によるDMも、開封前であれば引き取ってもらえるので、宅配業者に相談しましょう。
- 前の住人宛てのDMも、上記の受取拒否と同様、「転居のため返送願います」と書き込んで片っ端から返送してもらいましょう。

ペーパーレスの世界

　社会がペーパーレスに向かっていることは疑いの余地がありません。電子書籍が本の代わりとして出現し、さらにはタブレットが教科書に、アプリが買い物リストに。私が暮らしのペーパーレス化のためにしたことは以下の通りです。

- 片面印刷の紙は、ファイルや書類入れに保管してリユースする。
- 原生林で作った非再生紙やビールパック入りの紙はボイコットする。
- 雑誌や新聞の定期購読はやめる。オンラインで見る。
- 重要なレシートや文書は電子ファイルにして保存する。電子ファイルは税申告の有効な証明書類となります（＊日本の税申告にもスキャナ保存制度はありますが、システム導入や細かい条件などがあるので注意が必要です）。
- 招待状やグリーティングカードは、紙ではなくメールで送る（P.279参照）。
- 本のしおりや学校の工作などに紙きれが必要になったら、資源物入れの

中の紙をあさる。

・余った紙は近所の小学校などに寄付する。

・文書の余白はカットして、効率よく印刷する。

・紙のない世界を思い描く！

・ファックスは追放し、電子ファックス（インターネット・ファックス）を利用する。

・本当に印刷しないといけないか考えて、絶対に必要なときしか印刷しない。ほとんどの場合はしなくてよいはずです。

・印刷するときは必ず裏紙を使う。新しい紙に印刷するなら両面印刷にする。

・インターネットバンキングや電子請求書をどんどん利用する。

・子どもの担任の先生には重要な紙しか持ち帰らせないよう、しつこく何度も頼む。

・届いてしまった郵便物の封筒はできるだけ再利用する（バーコードは必ず消しましょう）。

・Adobe Acrobat や SignNow などのソフトを使って電子署名をする。

・名刺は受け取らない。必要な情報はスマートフォンに直接打ち込みます。

・シュレッドペーパーは梱包材に。クリップ留めの片面印刷の紙があれば、そのまま裏返してメモ帳代わりに（いつものリスト、特別リスト）。両面印刷済の紙は、プレゼントを包んだり、犬の糞を拾うのに使ったり。

・専門的な雑誌や書籍は図書館に行って読む。

・紙に書くときは、鉛筆で書けば、あとから消してリユースできます。もっといいのは、紙ではなく、コンピュータや携帯電話、黒板などを使うこと。

　さて、もしこれでもダメと言うなら……そう、そんな時は紙を漉いたり、裏紙ノートを作ればよいのです。

事務用品の手作り

紙作り～漉き返し

作ると言っても、パルプを使って一から作るわけではないので、厳密には「紙のリサイクル」と言った方がいいのかもしれません。でも「作る」と言った方が、行政の資源回収の紙リサイクルと区別できて便利です。漉き返しでよみがえらせた紙は、お金を渡すときやインターネットを使わない人に手紙を書くときなど、どうしても紙のカードが必要な場合に便利に使うことができ、また先生へのプレゼントにも最適です。学校から家に持ち込まれた紙の山で作れば、さらに効果的！

必要な道具と材料：

- 網戸の網（ホームセンターでメートル買いします）
- 画鋲
- 枠になるもの
  平らなものを選びます。枠のサイズが紙のサイズになります。私はカードや葉書き用には9cm×13cmくらいの枠を、便せん用には21cm×28cmくらいの枠を使っています（このサイズは2つ折りにすると封筒にちょうどよい大きさになります）。また、たらいなどに平らに入れなくてはいけないので、それに合わせて決めます。
- 角切りのフェルト
  枠のサイズよりも大きなものが必要です。セーターをフェルト化して作ることもできます。
- たらい
  私は厨房機器の店で入手したステンレスのたらいを使っています。
- 紙
  両面印刷済の紙を使うと、さらに環境のためになります。
- 種、埃くず、ドライフラワー（好みで）
- 大きなスポンジ
  天然素材の海綿が気に入っていますが、吸収力のある布などでもまっ

たく問題ありません。

作り方：

1. 網戸の網を枠にきつく鋲止めする。

2. テーブルにフェルトを敷く。

3. 紙を小さくちぎってたらいに入れ、水をひたひたに注ぐ（私はそのまま一晩漬けて、紙がやわらかくなるのを待ちます）。

4. ハンドミキサーを使って、そのままどろどろのパルプ状に攪拌する。この段階ででき上がりの色が大体わかります（パルプより数段階明るい色になります）。お好みで種を入れたり（"花咲く"シードペーパーに！）、衣類乾燥機の埃くずや、ドライフラワーを入れてもよいでしょう。

5. 枠をパルプの中に沈めて、引き上げて水を切る。

6. 枠をフェルトの上に裏返し、すぐに網の上からスポンジでできるだけたくさんの水分を吸い取る。

7. 枠をそっとどける。パルプはフェルトに貼りついているはずです。

8. 植木の上に吊るして乾かす（こうすれば、フェルトから落ちるしずくも一切無駄になりません）。

9. 乾いたら、紙のシートをフェルトからはがし、必要ならアイロンをかける。

★パルプが残り少なくなって、作れなくなったら、残りはすべてコンポストへ！

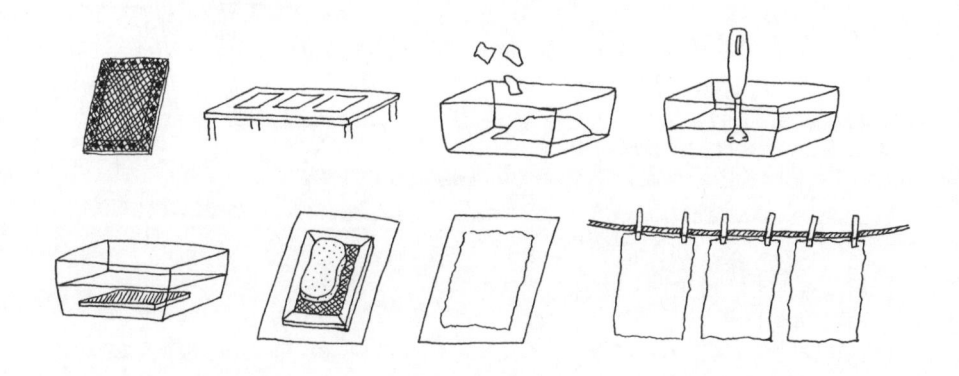

裏紙で作るノート

このノートは、子どもたちが学校から持ち帰る紙を使って時々作り、何かを
メモしたり、絵を描いたりするのに使います。旅行に持って行くのにぴった
りのサイズで、綴じ方も丈夫なので1年は持ちます。

必要な道具と材料:

- 便せんサイズの裏紙(=片面しか印刷されていないもの) 15枚
- 便せんサイズの色つきの裏紙2枚(お好みで)
- くぎと金づち
- 糸と針

作り方:

1. すべての紙を、印刷面を中に隠すように2つ折りにする。
2. 同じ向きに揃えて重ね、色つきのシートがあればいちばん上といち
   ばん下に入れる。
3. くぎと金づちで、紙の開いている側に等間隔で穴を開ける。
4. 端からジグザグに穴に糸を通していく。
5. ノートを裏返し、もう一度同じ穴に糸を通していく。
6. 糸を結べば、でき上がり。

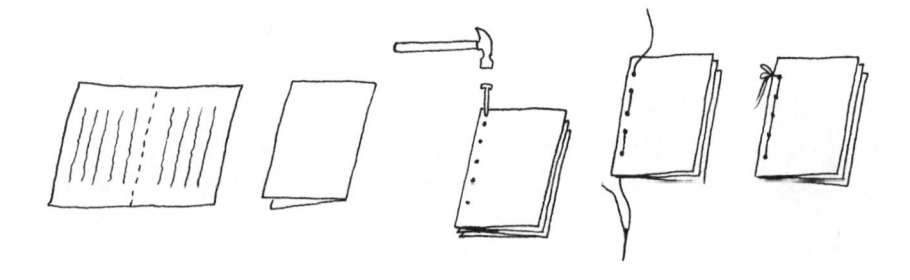

糊

子どもの頃から、父が牛乳を使ってワインボトルにラベルを貼るのを見て
育ちました。今も、紙を別の紙やグラスに貼りたい時にこの方法を使いま

すが、もっと強力に貼りつけたい時や、たくさん貼るのにペースト状のものが欲しいときは、このレシピを使います。

作り方：

1. 小さめのソースパンで、水120㎖を沸騰させる。
2. 小麦粉大さじ1とコーンスターチ大さじ1をゆっくりとふるい入れる。
3. 弱火にかけ、とろみがつくまでかき混ぜる。
4. 火から下ろし、ホワイトビネガー大さじ1を入れる。
5. 小さめの保存瓶に入れて保存し、天然素材の刷毛で塗る。

★乾くと透明になるので、木にも使えます。

さらにもう一歩

この章で取り上げたアイディアのほとんどは、物理的なごみに関するものです。以下の通り、エネルギー、水、そして時間の節約の工夫も取り入れることで、より完全な、そして実りの多い取り組みとなります。

〈エネルギー〉

・スマートコンセントを使って、電化製品の待機電力をなくす。わが家にはうまく機能しなかったので、スイッチ付きのコンセントに差し込んで、夜寝る前にオフにする戦法で対処しています。

・白熱灯は LED 電球に取り換える（電球型蛍光灯は水銀を含むため、割れると健康に害を及ぼす可能性があります）。

・メールの Cc に無意味に他人を入れない。添付ファイルの容量を狭める。メールの署名をシンプルにしてサイズを落とし、サーバーにかかる送信や保管のエネルギーを減らす。

・パソコンは省エネモードに設定する。スクリーンセーバーは使わず、アイドリング時にはスリープするようにします。私のパソコンは、ボタン

ひとつでスクリーンのスイッチを消すこともできます。

・コンピュータを買い替える場合はエネルギー効率のよいラップトップを買う。できれば店頭展示品を買いましょう。安い上に、パッケージもついてきません！

〈**水**〉

・余った水はすべて植物へ。

〈**時間**〉

・地元の文房具屋を利用する。

・遠出や配達をする際は、右折（＊日本の場合は左折）がいちばん多くなるルートを使う。

子育て・学校

KIDS AND SCHOOL

子どもたちのいちばん重要な任務は、モノを持ち込む前によく考えること。すべてのモノが丈夫に作られているわけではなく、壊れたら泣くことになるのだときちんと教えましょう。

子育てのゼロ・ウェイストを語ろうと思ったら、次のような問いを避けて通ることはできません。

　ごみはどこからやって来るの？　モノが作られた瞬間？　それとも私たちが捨てるとき？　あるいは資源に依存する生活を作り出したとき？

　アメリカの国勢調査によれば、私の母が生まれたとき、世界の人口は25億人に届かないくらいでした。それが今や70億人の大台を超えています。この凄まじい人口増加は、今おそらく私たちを取り巻く最大の環境危機ではないかと思います。単純に考えて、地球はこれほどの成長を支えきれません。私たちが出産と消費のパターンを変えていかなければ、私たちの星は絶対に、増え続ける人間を支えるだけの資源を提供することも、固形や気体のごみを吸収することもできないのです。こうした環境の現状を憂いて、今たくさんの若い夫婦が、子どもを産まない、あるいは養子をもらうという選択をしています。そうした自制は実に感心ですが、そうは言っても、すべての愛し合

う夫婦に我慢しろと言うのは無理な話です。しかも、私について言えば、皮肉なことに、私は自分の子どもたちとその将来を思ってこそ、自分の生き方を再考し、環境保全に目覚め、ついにはこんな本を書くことにさえなったわけです。結局、子どもを持つか持たないかは、個人の選択であって、私が敢えて判断を下すようなことではありません。どの道、私にはもうふたりの子どもがいるのですから！　でも、こうした根本的な問いはともかく、私たちの子どもたち、そしてそ

のまた子どもたちが生き延びていけるよう、次のようなシフトが強く求められる時代になっていると思います。

1. 子どもをどんどん産むという考えを問い直す

人口増につながる３人目からは、自分で産まずに養子で家族を増やすことを考えてみては？

2. 予期せぬ妊娠から身を守る

避妊方法も多様化しています。安全性、確実性とともに、ごみと無駄の少ない方法を選ぶようにしましょう。

3. 子どもたち（＝未来の世代）**に環境や資源を守ることを教える**

シンプルに生きること、そして、モノが詰め込まれた暮らしではなく、豊かな経験に満ち満ちた暮らしをすることを教えたいものです。教えるのは早ければ早いほどいいでしょう。若い心はフレッシュで、まっすぐで、柔軟ですから。でも、遅すぎるということはありません！　年齢に関係なく、お子さんが新しい原則を理解して吸収する力を信じてあげてください。

　私はプロの子育てアドバイザーでもないですし、みなさんにどうやって子育てすべきだとかすべきでないとか、言うつもりはありません。ただ、ゼロ・ウェイストの暮らしはどうしたって子育ての問題を避けては通れません。わが家は暮らしをゼロ・ウェイストに変えたことで、家族全体の生活が変わりましたし、それが子育ての指針となっていきました。この章でお伝えする秘訣は、どれもわが家の経験から学んだことです。言うまでもなく、親はひとりひとり、自分の家族にとって何がベストかを決めていかなければなりません。でも、「こうすればうまく行く」という、シンプルで実際的な方法はあるのです。たとえば、子どもがよい食べ物を選べるように手助けしてあげることは大切です。

　よく子どもを持つ人たちから言われます。「ゼロ・ウェイストの暮らしを楽しむなんて、とても思い描けない。子どもたちがどうしても袋菓子を欲しがるから」。私が思うに、親というのは往々にして、自分の習慣を変えない

ための口実に子どもを使うのです。「お宅のお子さんはどうやってオレオを卒業できたんですか？」と、おずおず尋ねてきたお母さんもいました。

　移行期の段階では、袋菓子や加工食品などの「避けるべき食べ物」を気にするより、量り売りコーナーやファーマーズマーケットで、どんな新しいばら売りのフレッシュな食べ物を発見できるかに目を向ける方がスムーズだと思います。子どもなんて本当にちっぽけな欲求が叶うだけで満足なのです。どのブランドかなんて関係ありません。大人の方が勝手にブランドを気にして、子どもをそう仕向けてしまっているだけ。量り売りのシリアルやホームメイドのクッキーだって、袋菓子と同じくらい子どもは満足してくれます。実際に食べる機会を与えて、「食べてごらん」とすすめてあげればよいのです。おもちゃも同じこと。目的は子どもからおもちゃを奪うことではなく、気に入っていないおもちゃを手放して、大好きなおもちゃを見つけやすくしてあげることです。「シンプル化は単にモノをなくすということではありません。大事なのは余白を作ること。暮らしの中、考えの中、そして心の中に、空白の場所を創り出すことです」と、『ミニマル子育て』の著者キム・ジョン・ペインも書いています。

　共働きの夫婦からもよく「仕事が忙しすぎて、暮らしを変えてゼロ・ウェイストを試すような余裕がない」という話を聞きます。でも、そんなに残業して、一体何にお金を使っているんでしょう？　たしかに、生活を支えるために仕事は必要でしょう。でも、実際どのくらい働くかは、親の期待や社会のプレッシャーのせいでそうなっている、ということもしばしば。たしかに、買うものすべて、大きくて、最新で、いちばん速くて、最高級のものばかり揃えようとすれば、もちろんそれなりの収入が必要です。逆に、ゼロ・ウェイストが目指すのはモノの少ない暮らしですから、生活費も当然下がって、つまりは仕事も少なく、家族と過ごす時間は多く、手作りのご飯もたくさん。新しい暮らしのスタンダードに慣れて、本当に必要なものとそれをカバーする経済状況のちょうどよいバランスをすぐに見つけるのは難しいかもしれませんが、積極的なシンプル化をすれば、すぐに家計に効果が現れます。

　消費のペースをゆっくりにしたら、家族の暮らし全体がゆっくりになりました。そして、ゼロ・ウェイストによる効率アップで時間が増えたことで、

子どもたちとの関わりも一変しました。今や、落ち着いた快活なママが、間違えてばかりのイライラしたママ（＝かつての私）に取って代わったのです。もちろん例外はありますよ。でも、全体として、子育てを衝動で片づけず、より思慮深い決断を下していけるようになりました。願いはひとつ、もっと早く始めればよかったということ。息子たちの生活はまるでチャップリンの映画のようなリズムで進んでいってしまう気がしています。いつの間にか歩けるようになって、ひとりで着替えられるようになって、学校にも通えるようになって、そして家を出て行ってしまう……。毎日、子どものことをあれこれ心配し、よろこび、愛を感じることで、私たちは人生の大切さを教えてもらっています。家族の時間をしっかり確保しなければ、そして、抱きしめて、一緒に遊んで過ごさなければ、子ども時代なんて本当にあっという間に消え去ってしまうのです！　会社のばかげた競争なんかやめて、シンプルな暮らしという新しい道を歩み出せば、必ずや人生の大切な時を味わう余白が生まれます。

　わが家のゼロ・ウェイストの道のりは"少しずつ"でした。子どもたちも、私たちが指摘するまで暮らしの中の変化にほとんど気づかなかったほどです。今、子どもたちの世界は友達たちの世界と交じり合い、わが家の暮らしは近所の人たちの暮らしと交じり合っています。ほかの誰もがそうであるように、食べ、遊び、働き、眠り、時には言い争いもします。違うのはただ一点。わが家がゼロ・ウェイストの原則を道しるべに物事を選択し、時に直面する障害にも解決策を見出して、強い家族のむすびつきを創り出してきたということ。わが家の子たちがいずれこんな生い立ちに反発していくのか（どこの子もそうであるように！）、あるいは家を出てもゼロ・ウェイストの暮らしをつづけるのか、私には知る由もありません。でも、彼らの中に教え込んできた、環境を大切にするこころの力は信じています。

　さて、以下にご紹介するのは、子どもたちのゼロ・ウェイストへの移行をスムーズにした方法、そして、今なお使っている方法です。

・ルールを決め、習慣にしてしまう

　これによって、家の中に安定と秩序が保たれ、家族の形が明確になり、

子どもは健全な帰属の意識や、先を見越せる感覚、そして何が起こるか わかっているという安心感を持てるようになります。

- **家族の時間を大切に、誘いを断ることも覚える**

  社会性を身につけるのは大切ですが、あまりに予定が多すぎたり、お泊 まりや課外活動がありすぎると、質の高い家族の時間が奪われてしまい ます。誘われても"ノー"と言うことを覚えて、過密スケジュールを防ぎ ましょう。社会活動と家族の団らんのバランスを取ることが大切です。 たとえばディナータイムは、暮らしの中の心配事や意見を分かち合うチ ャンスになりますし、工作は家族の結束に理想的です（P.264参照）。

- **テレビを消す、デジタルメディアは制限する**

  どちらも子どもの注意をつかむように巧みに作り込まれていて、みんな 無反応なゾンビみたいになってしまうほど。テレビもデジタルメディア も、つけるのはものすごく簡単で、消すのはものすごく難しいのが困っ たところです。排除するか、せめて制限することで、読書や商業路線で ない映画、さらに大切な「形のない遊び」や「創造性の探求」に向かう 時間が広がります。上質な家族の時間やおしゃべりのための余白が生ま れます。電子機器の電源オフは、壁のようにそびえ来る広告からも子ど もたちを守ってくれて、彼らが「ないもの」を欲しがったり、している ことに満足できなくなるよう仕向けられることも避けられます。

- **気づきを与える**

  近所の図書館は宝の山です。環境のメッセージを含む映画や本を借りま しょう。教育の道具として利用し、環境問題を教え、自分たちの行動が どう地球に影響するのか説明しましょう。変化の重要性に目を向けさせ、 どんなに小さな努力でも必ず地球にプラスの影響を及ぼすのだというこ とを話し合いましょう。

- **自然とつながる**

  アウトドアの活動を増やして、子どもたちが自然に感謝する心、守ろう とする心を学べるようにしましょう。自然での適切な過ごし方を伝え、 跡を濁さず、むしろより良い場所にして立ち去ることを教えましょう。 ひとたび自然とつながれば、環境に関する説明やゼロ・ウェイストの必

要性も実感が出てきます。ハイキング、キャンプ（P.311参照）、ジオキャッシング（＊GPSを使用した国際的な宝探しゲーム）、ブッシュクラフト（＊森で過ごすための知恵やスキルを学ぶ）、カヌー、自転車、それから湖や川で泳いだり、森に基地を作ったり、ビーチに砂のお城を作ったり……。これらはすべて、子どもが自然に浸って基本的なサバイバル技術を身につけることのできるすばらしい方法です。これらに加え、自然採集や家庭菜園も、人と土とのつながりをさらに強めてくれるでしょう。

・買い物に連れて行く

子どもがいない方が買い物が簡単なのは当たり前です。でも、時にはせっかくのチャンスを生かして、季節の野菜を教えたり、産地をチェックして地元の産物を見つけるなど、エコな買い物について説明し、量り売りコーナーから好きなものを選ばせたりしてみてはいかがでしょう？

・暮らしに巻き込む

家族の暮らしにできる限り子どもを関わらせましょう。年齢や住んでいる場所によっては、アイスクリーム屋に送り込んで保存瓶にアイスを詰めてもらうのもよいでしょう（ご褒美に好きなフレーバーを詰めてよいのです！）。あるいは、ごみを拾うクリーンキャンペーンなど、ボランティアやイベントに連れて行ったり、料理や洗濯など日々の家事に参加してもらうのもよいでしょう。これらの活動は子どもに自信を与え、経験は記憶に残り、しかもすぐに役立ちます。

・経験というギフトを贈る

子どもたちが単に「所有する」のではなく「経験できる」ようなギフトを選びましょう。P.294で紹介するギフトのアイディアを参考にしてください。

・独立心を育てる

命令するのではなく、ガイド役を心がけます。家の外では自由に選ばせるようにしましょう。子どもは集団からずれることを恐れるものです。外の世界では、必ずしも子どもにゼロ・ウェイストに沿うことを期待しないでください。子どもに自主性を教えましょう。過保護は子どもと親のどちらにとっても無益です。むしろよいバランスを見つけることで、

子どもたちが自分のペースで花開くことを助けることができます。

・遊ぶ！

いちばん効果的にメッセージを伝えられるのは、遊びを通して。つまり、子どもたちがハッピーで聞く耳を持っている瞬間です。ボードゲームやスポーツは結束を強めるすばらしい機会になります。でももっと自然な「ただの楽しい時間」も同じくらい大切です。ユーモアのセンスを忘れず、時にはちょっとした驚きを毎日の繰り返しの中に取り込んでみることで、ともすると悲惨な地球の現状や、家族を取り巻く空気がぱっと明るいものに変わります。合言葉は"軽やかに楽しく"です。

おもちゃ

どこかで制限を設けなければ、子どものいる家庭はいともたやすくおもちゃの洪水に呑まれてしまいます。その量ときたら、本当に収拾がつきません。子どもの寝室には到底収まりきらず、リビング、廊下、浴槽の中、ガレージ、そして庭に至るまで！　午後の数時間めいっぱい遊んだだけで、あざやかなプラスチックが床中に海と広がり、最後は全部片づけなさいと言い争うのがオチ。この大混乱、一体誰を責めたらいいのでしょう？　このいつ終わるともしれない片づけと、それに続く口げんかは誰のせい？　おもちゃを全部出してしまった子ども？　それとも、こんなにたくさん家に持ち込むことを許した大人？？？

何年か前、子どもたちが「片づけなさい」と言うのを聞かず、私が3まで数える間におもちゃを拾い始めなかったので、大きなごみ袋を子ども部屋に持ってきて、床に散らばったおもちゃをゆっくりと袋に詰め始めたことがありました。この方法は数回しか使っていませんが、子どもたちを片づける気にさせる上では効果抜群でした。でも、ゼロ・ウェイストを始めたら、この戦法は必要なくなってしまいました。なにより、子どもたち自身が豪語しているのですが、暮らしをシンプルにして以来、片づけはもう面倒な作業でもなければ、口論の元でもないのです。すべてが整然と整っている上に、おも

ちゃの量も減ったと来れば、片づけなんてあっという間。簡単で、苦労知らずです。たぶんこの変化が、息子たち自身のゼロ・ウェイストへの挑戦の中で、もっともわかりやすいメリットだったのではないかと思います。

　では、整理された状態をいかにして手に入れ、キープすればよいのか（そうすれば、おもちゃにつまづいてけがするリスクも減ります）。どのおもちゃを残し、どれを捨て、どう整理してコントロールしていけばよいのか、順に見ていきましょう。

おもちゃを選ぶ

　おもちゃはどれも一緒、ではありません。子どもの内なる感覚をより刺激してくれるものとそうでないものがあります。皮肉なことに、子どもたちの発達を促すという謳い文句のものが、実際に発達を促してくれることはめったにありません。むしろ、ほとんどデザインらしきデザインのないものほど、子どもたちのインスピレーションを刺激するし、シンプルな物ほど子どもは長く使うように思います。資源物入れにさわらせてみてください。きっとみんな工作を始めるはず。布きれを与えれば、きっと服のデザインを。枝を与えれば小屋作りを。鍋を与えればレストランの1号店がオープン。ふたがあればバンドの結成……。

　おもちゃの素材選びも、デザインと同じくらい重要です。プラトンはこう言いました、「もっとも効果的な教育は何かと言えば、子どもが美しいものに囲まれて遊ぶことだ」。美しいおもちゃを与えましょう。子どもたちはきっと大切にします。木や金属や布といった素材は、子どもたちの遊びに美を持ち込むのみならず、触感や質感の感覚を伸ばしてくれます。時間の経過にもより長く耐え、概ね健康にもよく、より簡単に修理できます。へこんだプラスチックとは対照的に、木なら安全な糊でくっつけることもできるし、くぎで留めることもできるというわけです。

　さて、おもちゃ箱の大整理をするにあたっては、子どもの年齢とニーズを意識して、なるべくプラスチックでない、シンプルなアイテムを残すようにしましょう。特に次のようなものが理想的です。

- 創造性が刺激されるもの：積み木や工作の材料（P.265 参照）
- 想像力が刺激されるもの：ミニチュアの人形・動物・騎士など
- 真似ができるもの：楽しい服、帽子、ハンドバッグ、手袋、ヒール、ぬいぐるみの人形、調理器具
- リズム感が刺激されるもの：ハーモニカ、マラカス、トライアングル、太鼓、木琴、ウクレレ、リコーダー
- 集団のやり取りが刺激されるもの：
  ボードゲーム、トランプ、ドミノ、パズル、操り人形
- アウトドアで使えるもの：
  ロープ、古タイヤ、木のぶらんこ、自転車、革製のボール、スケートボード、金属製のバケツとシャベル、釣り具

シンプル化

　いろいろなご家庭の整理をお手伝いする中で気づいたのですが、子どものおもちゃへの愛着というのは、往々にして私たち親が子どもたちに植え付けたものの表れに過ぎません。そこには大きく２つのパターンがあります。まずよくあるのが、子どもの持っているおもちゃは、親が子どもの頃欲しかったおもちゃだというパターン。親がこれらのおもちゃについて大げさに騒ぎ立てるので（「ラジコンなんて買ってもらえて、お前本当にラッキーだなぁ、父さんなんて一個も持ってなかったぞ」）、親の希望と夢が足かせのようになって、子どもたちは結局それを手放せなくなるのです。もうひとつは、親がモノへの愛着を語るときの言葉が子どもの思考に影響を与えるというパターン。大人がいろいろ言い訳をしてモノを手放さずにいると（「友達がくれたんだから」「高かったんだから」「あとで必要になるかもしれないから」）、子どもたちも必ず似たような言葉を真似して使って、モノを捨てないと言い張るようになります。「サンタさんがくれたから」は特によく聞くセリフです。

　片づける際は、自分を偽らず、子どものニーズをまっすぐ見据えましょう。次のような問いを投げかけ、本当に正直なところを答えてみましょう。

□ ちゃんと使えるか？　年齢にふさわしいか？

平均的な家庭では、壊れたおもちゃや、もう使えなくなったおもちゃの数が、ちゃんと使えるおもちゃと同数、なんてことがしばしば。車輪のない車、コマの足りないボードゲーム、そして頭のない人形なんかが、ちゃんと使えるおもちゃと混ざり合っているのです。まだ早いおもちゃはしまって、もう使えないおもちゃは寄付し、壊れたものを捨てれば、たちまちお子さんの本当のおもちゃのラインナップが姿を現します。

□ 子どもがよく使っているか？

満杯のおもちゃ箱というのは、言ってみれば、詰め込みすぎたクローゼットのようなもの。選択肢がありすぎると、子どもはいつも同じおもちゃばかりを選ぶようになります。心理学者バリー・シュワルツが「選択のパラドックス」と呼んだこの現象、選択肢がありすぎることに起因する一種の麻痺状態です。お子さんのお気に入りをしっかりと見極め、気に入っていないアイテムは片づけて、寄付するか、もっと後に与えるか、あるいは友達と交換してはいかがでしょう？

□ 同じものが２つ以上ないか？

読書を愛する子に育てたくて、私たちはしばしば子どもの寝室を本だらけにし、なのにそれらの本はあっという間に子どもの年齢に合わなくなり、果ては本棚をたわませるばかり。こんなたくさんの本、お金も相当かかって、しまう場所もたっぷり必要なだけではありません。しばしば子どもが自然なペースで読書の世界を広げるのを妨げる上、読む本の幅を狭めることにすらなりかねないのです。辞書や聖書の類、それからちっちゃな子どもが夜寝るときに読むいくつかのお気に入りさえあれば、あとは近所の図書館の方がずっと子どもの蔵書の保管に適しているし、しかも品揃えは天下一品。ゼロ・ウェイストの暮らしに移行してから、わが家の子どもたちが図書館で借りて読んだ本をすべて買っていたとしたら、ゼロ・ウェイストの節約効果もかなり違っていたことでしょう。

□ 子どもの健康を危険に陥れないか？

とにかく子どもの健康を第一に考えましょう。ポリ塩化ビニルのおもちゃはきわめて有害なフタル酸エステルを含みますから手放しましょう。

同じく、動物のぬいぐるみはどれもみな埃を吸い、ぜんそくの元となる
アレルゲンの温床になりかねません。気に入っているものをひとつかふ
たつだけ選べば、洗濯も簡単です。また、画材や工作用品はAPマーク
（P.217参照）がついているもの以外は毒性があるので要注意です。

□ 義理の意識から持ちつづけていないか？

くれた人や値段などにくよくよするのはもうやめましょう。そんなこと
より、お子さんの本当のニーズと幸せを考えておもちゃを選んでください。

□ 「みんなが持っている」から持っているのでは？

子どもをターゲットにした電子機器類が各種出回っていますが、その多
くは、たとえば携帯型ゲーム、ポータブルDVDプレーヤー、ブックリー
ダーなど、単一の限定された目的にしか使えないものばかりです。**ほか
のもので代用できませんか？** 余計なものは処分して、多機能のデバイ
スをひとつだけ与えるようにしてみましょう。たとえばラップトップコ
ンピュータやタブレットなら、子どもをデジタル技術の革新に触れさせ
てやることもでき、コンピュータの技能まで磨けるというおまけ付き。

□ 私の大切な時間を使って掃除や洗濯をする価値があるか？

中には生まれつき「コレクションが好き」という子どももいますが、大
抵の子にとって、コレクションとは親がきっかけを作り、やらせている
に過ぎません。たとえば、子どもが何か特定のものに興味を示している
ことを察知するや、誕生日やクリスマスごとに新しいものを買い足して
与えるという調子。コレクションは大量消費の権化のようなもので、し
かも大きなサイズのものには信じられない量の埃が溜まります。そんな
コレクション、いっそ売り払って、もっと好きな習い事や活動にお金を
回してあげては？

□ このスペースを何かほかのものに使えるのでは？

たとえば、鉄道模型はよく子ども部屋の一部を占拠しています。でも、
かさばるし、高さがあって邪魔だし、子どもたちが床の上で自由に遊ぶ
スペースが作れなくなります。そのスペース、絨毯でも敷けばよほど多
目的な遊び場として使えるし、もしスペースが許すようなら、代わりに
テーブルを置いてみるのもよいでしょう。

□ リユース可能か？

誕生パーティーのおみやげの類は短命です。何回か使っただけでダメになってしまうような作りですから、ほとんど使い捨てと同じこと（しかも壊れれば子どもたちは泣くのです）。家にあるもの全部集めて、それらをお金を出して買っている人に譲ってしまいましょう。また、のちほどご紹介する「拒否」の項目も参照して、そういうものが家の中に入って来るのを阻止しましょう！

＊新品や状態のいい中古のおもちゃは保育園や児童館、P.36 掲載の団体へ、本は図書館や学校へ寄付しましょう

テレビゲームはどうすれば？

スコットも私も、以前はわが家にはテレビゲームが入る場所などないと思っていました。暮らしからテレビをなくすことにも成功したのだから、ゲームをさせないことだってできないはずはないと思いました。そして何年も、子どもたちの懇願にも負けず、踏ん張っていました。でも、ずっと制限していたら、そのうち子どもたちは見えないところでテレビゲームの闇工作をして回るように……。友達の家やご近所など、ほとんど自分の家より別の家で過ごす時間の方が長いのではないかというほど。明らかになったのは、どれほど努力したとしても、人里離れた場所へ引っ越しでもしない限り、ゲームは避けられないということでした。でも、ゼロ・ウェイストの原則のひとつが、人と人の関係や交流を大切にすることであるなら、暮らしの中にテレビゲームがあったっていいと思うのです。大切なのは、環境への配慮がなされ、友達との交流が深められること。ですから……

・中古のゲーム機やソフトを買う。

・リモコンには充電式電池を入れる。

・年齢に合ったゲームを徹底調査し、可能なら身体を動かすことを奨励するようなものを選ぶ。

＊英語サイトですが、Commonsensemedia.org のサイトでおすすめのゲームや映画が紹介されています。

・時間を区切る。

・複数人で遊ぶタイプのものだけにする。

整理する

さて、片づけが終わったら、今度はそれをわかりやすく整理する時間です。おもちゃが取り出しやすく、苦もなく片づけられる整理を目指しましょう。

1. **おもちゃをグループ分けする**

   たとえば、人形、ごっこ遊び、積み木、音楽、ゲームなど。

2. **それぞれのグループに専用の容れ物を準備する**

   できればスチールメッシュのように中が見える材質の容れ物にしましょう。

3. **すべての容れ物にラベルをつける**

   言葉ではなく、シンプルな絵にすれば、ちっちゃな赤ちゃんでも容れ物の中身が見分けやすくなります。ラベルと言っても、リボンだってよいのです。

4. **あらかじめ決めた数の容れ物しか置かない**

   必ずルールを守ります、「ひとつ入れたら、ひとつ捨てる」。

5. **年齢に合っているかを注意深く観察する**

   もう使えないおもちゃは、寄付するか、友達と交換するか、あるいは弟妹のためにしまっておきましょう。または売ってしまって、年齢に合った別のおもちゃの財源にしたってよいのです。買うときは、リサイクルショップやガレージセールで中古を買うようにしましょう。

6. **シンプル化の取り組みを祖父母や友人にも知ってもらう**

   モノの贈り物を減らしてもらいましょう。P.294を参考にしてください。

7. **断ることを子どもに教える**

断る

子どもというのは、信じられないくらいたくさんの雑多なものをもらいます。おじいちゃんおばあちゃんからおもちゃをもらって、幼稚園や学校から

絵や工作を持ち帰って、友達の誕生パーティーからおみやげをもらってきて……なんてしているうちにすぐにモノは積み重なり、しかも、家族の中に子どもがひとり増えるごとに、それが累乗的に増えていくのです。

　どうりで、片づけコンサルタントが「母親」を一番のターゲットにするはずです。でも、新しい習慣を身につけない限り、どんなに一生懸命整理したところで、実際にはこのゴチャゴチャに終止符を打つことはできません。入ってくるものが増えれば、当然整理だって増えます。家をすっきりと保つ鍵は、プロのサービスに頼ることではなく、棚を増やしたり収納容器を買い足したりすることでもありません。むしろ、考えなければいけないのは、これからもらうかもしれない贈り物にどう対処するか、そして、モノがそもそも入り込んでこないようにどう阻止するか。洪水のように家に押し寄せてくるモノをなんとかしようと思ったら、まずは断らなければなりません。

　既に書いたように、ゴチャゴチャ対策は家の外から始まります。どうか肝に銘じてください。どんなものでも、家の中に持ち込みさえしなければ、後で何も考える必要はないのです。ゼロ・ウェイストの家族では、子どもたちのいちばん重要な任務は、モノを持ち込む前によく考えること。きちんと教えましょう。すべてのものが丈夫に作られているわけではなく、そういうものはすぐに壊れて、壊れたらあなたが泣くことになるのだと。受け身にならず、価値のあるものとすぐにごみになるものを見極めて、手遅れになる前に「ノー」と言うことを教えましょう。断るにはそれなりの覚悟が必要です。「受け取る」ことが礼儀正しいとされている社会では、断るというのはまるでマナーに反しているように見えかねません。でもそこは、新時代を生きる私たち両親が、善意の贈り物を礼儀正しく辞退するのは悪いことではないんだよと子どもたちに教えてやればよいのです。人と違うことへの不安は万国共通、子どもにはとりわけ顕著です。断るには途方もない勇気が要りますが、こうしたチャレンジに出会うことで子どもは一生ものの自信を築き、それが他の子どもたちのお手本にもなるのです。

　わが家の子どもたちは、ただでもらえるキャンディーに「ノー」と言うのは難しいようですが、パーティーでもらうおもちゃは大丈夫。実際、ものの5分で飽きて、あとは部屋に散らかって（つまり自分で片づけなければならな

くて)、最後はごみ処理場行きとなることを自分で納得してくれました。断るたびに先方を驚かせ、強い印象を残します。断ったものは、浮き輪から塗り絵セットまで！（わが家にはプールはありませんし、マックスはもう中学生です）「断る」は、間違いなくわが家のゼロ・ウェイストの暮らしの中で、子どもがもっとも顕著に関わった部分です。断ることを通して、わが家の子どもたちは自立した決断をする力を身につけることもできました。

　マーケティングの天才たちが、子どもたちが親の購買力に大きな影響を及ぼすことに気づいて以来、子どもたちは広告の手っ取り早いターゲットと化しました。そして、それは子どもが生まれた瞬間から始まるのです！　今や、赤ちゃんをこの世に迎え入れるのは、ビニールバッグに詰め込まれた粉ミルクに割引クーポン、紙おむつ、そしていろいろなケア用品のサンプルという時代。そんな今日、特に用心すべき無料グッズ類は次の通りです。

- ・飛行機で配られる子ども用グッズ
- ・バッジ類
- ・レストランでもらうクレヨンと塗り絵のランチョンマット
- ・スーパーなどの試食用使い捨てカップ・容器
- ・消しゴムや消しゴム付き鉛筆
- ・社会見学でもらう記念品
- ・様々なフェアやフェスティバルでもらう無料グッズ類
- ・産婦人科でもらう赤ちゃん用グッズ
- ・お子様ランチにつくおもちゃ
- ・いろいろな場所（たとえば銀行）でもらうキャンディー
- ・スポーツ大会に参加しただけで（勝ってもいないのに）もらうメダルやトロフィー
- ・病院でもらうシールや各種ケア用品のサンプル
- ・歯医者でもらう歯ブラシやフロス
- ・誕生パーティーで配られるおみやげや風船
- ・3Dメガネ（ひとつだけ取っておいて、それを繰り返し使っては？）
- ・スポーツ大会で配られるペットボトル飲料

・様々なパンフレットやブックレット（学校から、博物館から、国立公園から……）

　私はこの全部を断った方がいいと言っているわけではありません。そんなこと、超能力でもないと無理です。でも、子どもたちには、それを捨てるときのこと、もらうと結局どうなるのかということを考えてほしいと思っています。きっとびっくりすると思いますよ、子どもたちがどれほどたくさんのゴチャゴチャを家に持ち込まなくなるか！　大人が先手を打って子どもを手助けできることもいろいろあります。たとえば、誕生パーティーを主催する親に連絡して、うちの子にはおみやげを渡さないでと頼むのもよいでしょう。がんばってモノを減らしている最中なので、と伝えましょう。

子どもの服

　子どもたちの服を最低限に減らしてみたら、おもちゃを減らすのと同じくらいすばらしい効果がありました。

　シンプルな暮らしに移行する以前、マックスとレオは今の3倍量の服を持っていて、その大半が週末ごとに洗濯機に投げ入れられていました。連日、上着に水をこぼしたり、ズボンにジュースをこぼしては、たんすからきれいなTシャツや短パンを湯水のように取り出す日々。脱ぎ捨てられた"汚れ物"は、そのまま洗濯物入れに直行、いえ、大抵は床の上に置き去りです。朝靴下を履いて、午後にはソファの下で片方なくして、すぐにまた新しい靴下に手を伸ばして、上着も帽子も、買うのが追いつかないくらいどんどん消えていきます。まるで、クローゼットが、使い捨ての服を気ままに取り出せる機械になってしまったかのようでした。服が少なくなった今、ふたりは1週間に着る服をきちんと管理するようになりました。持っている服を大切にし、たまになくしても、反省の色が見られるようになりました。もう、日がな無節操に着替えることはありません。昔のように上着をなくすこともなくなりました（少なくとも回数は減りました）。そして、服を最小限に減らしたことで、毎週の洗濯も、買い替える服の量も、目覚ましく減ったのです。

さて、お子さんの服を減らすには……

- 年齢や遊び方に応じて、1週間に必要な服の量を見直し、最低限の量を保ちます。
- 本人が気に入っている服は残します。また、汚れの目立たない濃い色の服を優先的に残します。
- 洗濯物入れのすぐ横で服を脱ぐように教え、床に散らばるのを防ぎます。もし薄い色の服を着るようなら、洗濯物入れを2つ置くようにし、洗濯時の仕分けの手間を減らします。

　着ている服が小さくなって新しいものが必要になったら、服の物々交換サイトを利用すると、親同士で不要な服を交換することができ、お金の節約にもつながります。ただ、包装や輸送にかかる温室効果ガスの排出は避けられません（＊日本でもいろいろなサイトが誕生しているようです。「服　物々交換」で検索してみてください）。近所のフリーマーケットや無料掲示板を利用できるなら、そちらを優先しましょう。リサイクルショップに行く場合は、買い物リストの持参を忘れずに！　子どもがファッションに関心を示すなら、一緒に連れて行きましょう。好きなものを選ばせられるだけでなく、古着のオリジナリティや安さについて教える絶好の機会になりますし（服に使うお金が減れば、旅行に使えるお金が増えるということ！）、さらに重要なのは、子どもたちに将来の買い物の練習をさせてやれること。古着を買って育った子どもは、大人になってからも、慣れ親しんだ古着を買う可能性が高くなります。
　ご参考までに、わが家のふたりの子どもたちのクローゼットの中身をご紹介します。

- **秋冬**：ズボン4枚、長袖シャツ7枚、ドレスシャツ1枚、長袖パジャマ1組、ニットキャップ1個、手袋1組
- **春夏**：半ズボン4枚、半袖シャツ7枚、襟つきシャツ1枚（ポロシャツまたはボタンダウン）、水泳パンツ1枚、サンダル1足、半袖パジャマ1組、夏用の帽子1個

・**年間**：靴下7足、下着7枚、スニーカー1足、パーカー1枚、防水ウィンドブレーカー1枚、ダウンジャケット1着、機内持ち込み用スーツケース1個

買い物や、着古したり小さくなった服の処分方法については、P.164も参考にしてください。

番外編：いちばんエコなおむつはどれ？

わが家のふたりの子どもは、わが家がゼロ・ウェイストに踏み出すずっと以前におむつを卒業していたので、私自身は「おむつのエコ化」に取り組む必要がありませんでした。でも、子育てのゼロ・ウェイストを語る章で、おむつについて一言も書かないわけにはいきません。実際、おむつはトイレレーニング前の子どもにとって、いちばんごみと無駄が出る部分です。

残念ながら、製造過程や、地理的な制約や、廃棄のルールなど、すべてを考え合わせたとき、「これが無条件にエコなおむつ」という正解はありません。

従来型の紙おむつの製造には、再生不可能な資源である石油と塩素の使用が欠かせません。家では、有害な揮発性有機化合物を大気中に放出し、捨てて目の前から消えたあとは、ごみ処理場の容量を圧迫してメタンを放出しますし、そのまま土に埋めても永遠に分解しません。アメリカ環境省によれば、紙おむつはアメリカのごみ処理場に持ち込まれる全ごみ量の2.4%（重量比）を占めるそうです。

でも近年、使い捨ておむつの無駄に対処すべく、アメリカでは数えきれないほどのブランドが"エコおむつ"を開発しており、生分解性おむつ、堆肥化できるおむつ、トイレに流せるおむつ、布おむつなどが次々に市場に登場しています（＊日本では布おむつを選ぶ家庭も多く、そのせいか「エコな紙おむつ」がほとんど市販されていないのは興味深い対比です）。一体どれを選べばよいのでしょうか？　ここでも「エコ」という謳い文句には要注意です。すべての事実を知って、その上で自分にいちばん合うものを選びましょう。現在出回ってい

るオプションについて、私の考えを一言ずつご紹介します。

・生分解性おむつ

製品が「生分解性」と謳われているからと言って、実際に生分解するとは限りません。物質が生分解するには、光と水、そして酸素がなければなりません。そして一般的に、最終処分場を始めとするごみ処理場はこうした条件を満たしていません。エドワード・ヒュームズは、『ガーボロジー』（Garbology ／未邦訳）の中で、アリゾナ大学の学生たちが集めた最終処分場のごみのサンプルを描写していますが、そこにはなんと、ワカモレ（＊アボカドのサルサ）とホットドッグ、そして25年前の新聞が無傷で出てきたのです！ そんなわけで、生分解性おむつがごみ処理場で分解されるなんて思わない方がいいでしょう。

・トイレに流せるおむつライナー（＋お尻拭き！）

「流してしまう」って、とってもいいアイディアのように思えます。でも、もう一度考えてみましょう、「一体どこに流れていくの？」。流したライナーは排水管を下って下水処理場までやって来ます。そして、もしドロドロに崩れる前に処理場に到着してしまったら、フィルターに詰まります。詰まったら、処理場の人がどうにかしなければなりません。以前、近所の下水処理場の見学に行ったことがありますが、職員が決然と言い放っていたのが印象的でした。「身体から出るものとトイレットペーパー以外、トイレには何も流さないでください。何も、です！ 流せると書いてある製品もダメです！」。これらの「流せる製品」は浄化槽には流さないようすすめられているものが多いようですが、私はさらに一歩進んで、下水にも流さないことをおすすめしたいです。

・堆肥化できるおむつ

「堆肥化できる」というのは、つまり、適切な条件を整えてやれば、おむつが文字通り消えてなくなるという意味です！ ええ、すばらしいアイディアのように聞こえるでしょう？ でもおむつについたウンチはどうすればいいのでしょう？ 便については専用のコンポストをセットアップしなければ、便そのものも、便で汚れたおむつも、堆肥化できません。

これは、家であっても、サンフランシスコ市にあるような高度な自治体主導の堆肥化施設であっても同じこと。堆肥化おむつを売っている企業はこのことを小さな字でしか書いていません。とにかく、これらはあなたのお庭のコンポストに入れられるように作られているわけではないのです。家庭のコンポストは、排泄物の病原菌を破壊できるほど高温にならないためです。

・布おむつの洗浄サービス

アメリカでは、布おむつを使う家庭に対する洗浄サービスが広がっています。数日に一度、汚れたおむつを回収してもらい、きれいに洗濯して干されたものを返してもらうというシステムです。このオプションに関するいちばん大きな懸念事項は、洗浄と輸送です。おむつを輝く白さに仕上げるために、莫大な量の水と塩素系漂白剤が使われ、家との往復には何台ものトラックが使われるのです。

　で、私だったらどうするでしょう？　ここはほかのすべての難題に対処するときと同じく、5つのRを上から順に考えていきます。まずはリデュース。赤ちゃんであれば、「おむつなし育児」をやっておむつの量を減らします。おむつなし育児は、1歳前におむつを外してしまえるテクニックです。興味のある方はインターネットで検索してみてください。次はリユース。布おむつを使って家で洗います。私はリユースを熱烈に信奉しているので、これは私の倫理によくフィットします。たしかに手間はかかりますし、布は使い捨ておむつほど吸収性がないため、おむつ換えもより頻繁になりますが、ごみを減らすためなら私はよろこんでこのチャレンジに挑戦したいと思います。

　でも、繰り返しますが、これはひとりひとりが、自分の家族にいちばん合うやり方を選ぶ必要があるわけで、布おむつが万人にとって完璧なわけではありません。たとえば私の友人のロビンは、マンションの決まりで、共用の洗濯機で布おむつを洗ってはいけないことになっているため、布おむつを使うことはできません。代わりに彼女は、地元サンフランシスコで始まった、堆肥化おむつを配達＆回収してくれるユニークなプログラム「EarthBaby」の会員になりました。集められたおむつは専用の堆肥化施設で堆肥化されま

す。費用はかかりますが、布の次にいいオプションだと思います！

学校

　新学期になったからと言って、何ダースものキャラクター入りノートや大量の使い捨てペンを買わなければならないわけではありません（ペンなんて、結局は通学かばんの底に漂着するのが関の山）。新学期は新しい友人との出会いの時。文房具に散財せずに済むクリエイティブな方法を編み出す時でもあり、新しいお弁当のアイディアを見つける時でもあり、子どもたちの楽しいイベントや活動を選ぶ時でもあるのです。

文房具

　子どもの頃の私は、まだ学校が休みに入ったばかりだというのに、もう新学期を心待ちにしていました。でも数十年後、子どもたちの新学期は私にとって恐怖そのものになりました。家に持ち帰ってくる大量のプリントにラミネート、そして、家では絶対に買わないのに学校のために買わなくてはならない様々なリサイクル不能の製品。担任の先生には事情を伝え、必要のないプリントは持ち帰らせてほしくないこと、わが家の子どもたちの作品はラミネートしないでほしいことなど、わが家の希望をこころよく尊重してもらうことができましたが、文房具類の調達は今も大きなストレスです。理想を言えば、先生たちが必要なものを整理して、少ない備品でうまくやり繰りしてくれたらと思います。たとえば、バインダーはどの学年も同じものにして、小学校6年間ずっと使えるようにしてくれるなど。今のような細かい指定だと（この学年は厚さ5cmのチャック付きバインダー、あの学年は厚さ1cmのチャックなしのバインダー、仕切りカードも、こちらはプラスチック製、あちらはカラフルな厚紙 etc.）、繰り返し使うこともできないし、親に不要な出費がかかります。本当は先生たちが年度末にまだ使える備品を取っておいて、下の学年に回せるようにしたり、別の先生に使ってもらったり、「ゆずります」の貼り紙で必要な人に持ち帰ってもらえるようにするとよいのです。さらに欲を

言えば、マーカーなど基本的な道具に関しては、ステンレス製で有毒物質を含まない詰め替え式のものをメーカーに開発してほしいし、先生たちがあるもので満足して、それを繰り返し使ってくれたらいいのになと思います。でも、この夢が現実のものとなるまでの間は、ゼロ・ウェイストの心を忘れずに、次の通り、必要な文房具類の調達に挑みましょう。

1. 必要な道具を合理化する

昨年度に残ったものを調べて、購入する文房具のリストを本当に必要なものだけにまとめます。もしかしたら、指定の数の鉛筆やシャープペンシルの芯やマーカーは、もうお子さんの手元にあるかもしれません。

2. 家の中を探す

「黒いペン」のようなシンプルなものは、大抵は家の机の引き出しに眠っているはずです。

3. 地元の文房具屋で買う

中古の物が見つからない場合は、地元の小さな文房具店で買えば、欲しい分量だけを（10箱とかでなく）、しかもばら売りで手に入れることができる場合があります。製品の選び方はP.219も参照してください。

4. インターネットで探す

シェアリングサイトで中古の電卓などを手に入れられる場合もあります。

お弁当

お弁当作りは時間がかかるし、アイディアも枯渇するし、ものすごく面倒と思っている親御さんが少なくありません。一体、私たちの貴重な時間を使う価値はあるのでしょうか？

手作りのゼロ・ウェイスト弁当には、環境やお財布の負荷を和らげるという実際的な面以上のメリットがあります。つまり、学校給食に頼らなくて済むのです（＊アメリカでは、学校給食と弁当の好きな方を選択できることが多い）。アメリカ社会が肥満と糖尿病の急増に直面する中、手作りの弁当を作ることで、私たちは子どもたちが食べるものを選び、きちんと把握することができます（＊アメリカの学校給食は日本の給食に比べると、野菜が少なく高カロリーです）。もし

子どもたちにバランスとバラエティに富んだ健全な食事を与えることができれば、不足を補うためのビタミンのサプリなど必要なくなります。また、ゼロ・ウェイスト弁当ならば、加工食品の摂取、さらに包装資材から浸出する化学物質の吸収も減らすことができます。もちろん、ひとたび家の外に出れば一体全体子どもたちが何をどのくらい食べているのか、知れたものではありません。でも、弁当を持参する子どもたちの方が、何を食べて何が好きだったのか、親におしえてくれる可能性が高く、親はそれに合わせて弁当の中身を調整することもできます。

お弁当作りはたしかに手間がかかります。その上、ヘルシーでゼロ・ウェイストの原則にもかなうものを作り上げるなんて、多くの人が無理と思うかもしれません。でも、ゼロ・ウェイストの台所がセットアップできていれば、実はわりに簡単でストレス知らずなのです。食材も残り物も、透明な保存瓶に入れてあるので、何があるかが一目瞭然です。食材をローテーション方式にすれば、飽きが来るのも防げるし、その日に使える食材が限られ、結果的に献立が早く決まります。子どもに準備を手伝ってもらうのも時間の節約になりますよ！　その上、お弁当を気に入ってもらえる、つまり食べてもらえる可能性も高まります。それに、手伝うことで自立心と健康的な食習慣も自然に身につきます。これは子どもたちの将来の健康のためにとても重要です。

子どもたちが楽しく積極的に食べられるお弁当を作るための工夫をご紹介します。

- **少量ずつ入れる**
  ヨーグルトは一回分を小さな瓶に詰め替えて持たせます。ピザやキッシュの残りがあれば、小さく一口サイズに切り分けます。
- **ディップを添える**
  ヨーグルト、フムスなどのソースやマスタードをつけて生野菜にフレーバーを加えます。
- **温める**
  残り物のパスタなどは温めなおして広口の保温瓶に詰めます。
- **巻く**

ハムや海苔やレタスなどでくるくる巻きます。

・形を工夫する

野菜は、棒状、丸、四角、星形などいろいろな形に切ります（残った欠片^{かけら}はサラダに入れましょう）。

・串に刺す

ポルトリーレーサーを楊枝代わりにして、ミニ串焼きを作ります。もし先端が鋭くて危ないなら、やすりをかけて丸くします。

・スライスする

クラッカーの代わりに、薄くスライスしてトーストしたバゲットを持たせましょう。オレンジなどの果物も、薄くスライスしてあると食べやすく、魅力もアップします。

なるべくヘルシーなお弁当にするために、次のシンプルなガイドラインに沿ってお弁当の中身を決めています。次のそれぞれのカテゴリーの中から材料を組み合わせて使います。私が足を運ぶ自然食品店ではすべて量り売りまたはばら売りで入手できます。できるだけオーガニックのものを買っています。以下、量の多い順に、

1.穀物（できれば全粒や玄米）

バゲット、フォカッチャ、丸パン、ベーグル、パスタ、お米、クスクス

2.野菜

レタス、トマト、ピクルス、アボカド、きゅうり、ブロッコリー、人参、パプリカ、セロリ、スナップエンドウ

3.たんぱく質

ハム類、残り物の肉や魚、エビ、卵、豆腐、ナッツ、ナッツバター、豆

4.カルシウム

ヨーグルト、チーズ、濃い色の葉野菜

5.フルーツ

できれば生のフルーツやベリー、自家製のアップルソース、またはドライフルーツ

6. **おやつ**（オプション）

果物ひとつ、ドライフルーツ、ヨーグルト、自家製ポップコーンやクッキー、ナッツ、グラノーラのほか、量り売りコーナーで買った楽しいものをどれか

　サンドイッチやおかずや果物を詰めるために、専用のお弁当箱を買って保管する必要なんてありません。たぶん必要なものはすべて家に揃っていると思いますよ。保存瓶、布巾、必要ならフォークやスプーン……。ステンレス製の容器を子どもに買ってあげたいと思う親御さんが多いようですが、わが家はマックスもレオも保存瓶でまったく問題なし、今日に至るまでひとつも割れていません。子どもだって、使う機会さえ与えれば、ワレモノでも気をつけられると私は考えています。容器に詰めたら、次は布巾の上にその容器とサンドイッチと果物を載せ、"フロシキスタイル"でくるみます。フロシキは日本流の包む技法です。わが家の包み方はイラストの通り。市販のお弁当袋と違って、布巾はいろいろな機能を兼ね備えています。持ち運ぶ際の中身の保護、さらには持ち手にもなり、食べるときはランチョンマット、そしてナプキン。すべて布巾ひとつでOK！

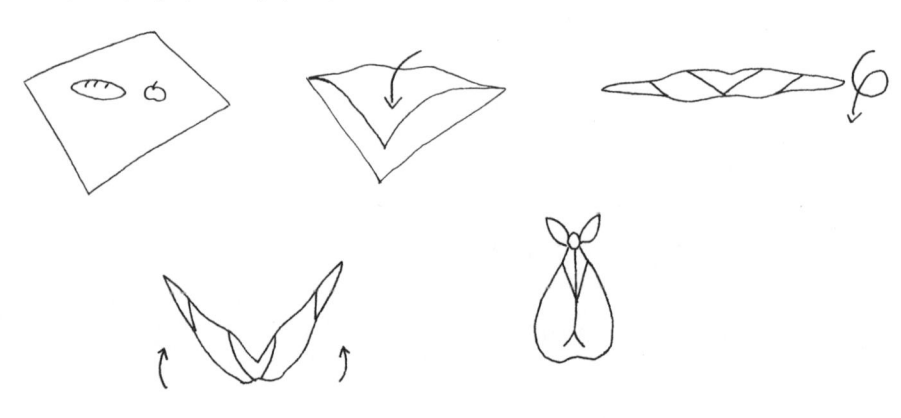

課外活動

　子どもたちの暮らしを乱すのは、多すぎるおもちゃばかりではありません。これでもかというほど課外活動を組み込むのが普通になってきているようですが、なんでそんなに子どもたちの予定をぎゅうぎゅうに入れてしまうのでしょう？　子どもたちのためになっているのかしら？

　働いている親たちは、しばしば保育代わりやテレビやゲームに頼らずに済むようにとの目的から、放課後のプログラムや習い事に子どもたちを組み込みます。でも、いざどんな活動に参加させるかという選択は、しばしば親の複雑な感情に左右されます。もしかしたら早熟な才能が発見されるのではという期待。子どもがなんとなく興味を持っているだけなのに、本格的な競技レベルまで伸びていくかもしれないという思い。親自身が子どもの頃自分の夢を追い求められなかった後悔。ほかの親が子どもにたくさん習い事をさせているのを見ての不安と焦り。わが子の潜在能力を完全に開花させられず、プロのフットボール選手やハーバード大学卒業の明るい未来に導いてやれないことへの恐れ……。よかれと思ってのこととは言え、こんなごった煮のような感情を子どもに押しつけて分刻みの予定を入れさせても、ストレスを作り出すだけです。家族との時間が奪われ、自然な成長が妨げられてしまいます。

　自由な遊びを通して、子どもたちは屋外での時間を楽しみ、自分たちだけの世界を創り出し、想像力を養い、どんな大人になりたいのか考えるようになります。親の望みなんて関係なく！　自由な遊びは、子どもたちが無理のないリズムで成長し、自主性を見つけていくための貴重な時間となります。退屈する時間を与えられることで、自分で夢中になれることを探し出し、問題を解決し、何の期待も背負わない、能力も限界も成果もすべては自分次第という世界に踏み出していくのです。

　親はみな子どもにベストの選択をしたいと思っていますし、育てたいように育てる自由があります。でも、スコットと私は、ゼロ・ウェイストによって、単にごみが減ったという以上にわが家のあり方が変貌したことをとてもうれしく思っています。そして、課外活動と自由な遊びのバランスをうまく取ることのメリットを、もっと多くの家族に発見してもらえたらと願っています。

図画工作

　図画工作は、子どもたちとじっくり向き合う理想的な機会となるばかりではありません。指先の能力も向上し、環境のこと、そして自分で何でもやることの大切さを教え込むこともできます。それになんと言っても、すばらしい課外活動となります！

　でも、もしかしたらこんなふうに思っていませんか？　「モノの少ない暮らし」なんてしていたら、自由にいろいろ創れないんじゃないの？？？

　ゼロ・ウェイストに踏み出す以前は、私もミニマリズムは創造性を貧困にするようなイメージがありました。でも本当は逆でした。7年前、私は数えきれないほどの額縁と何ダースもの白いキャンバス、何十ℓ ものペンキ、数えきれないほどのブラシ、そして雑多な画材や工作の材料を山ほど持っていました。これらをすべて工房に保管していたのです。アーティストとしてお客さんもつき、自分の作品が獲得しつつある評価に誇りを感じていました。でも同時に、自分自身の創造性の欠如に苦しんでいたことも覚えています。引っ越しを機に私たちは所有物の多くを手放しましたが、画材関係のものもまとめて処分しました。あるものは学校へ、あるものは友人に譲り、またあるものはクレイグスリストに出したり、アーティストのための専門リユースショップに持って行ったりしました。着手できなかった作品や未完成の作品、そしてあまり使っていなかった画材を手放したことで、イライラや期待といったものも手放すことができました。そして気づいたのです、未使用の画材が重くのしかかっていたことに。画材たちはいつもそこに鎮座して、よりよい存在に変えてもらえるのを待ち構えているのでした。技を凝らした素敵な絵に、そして、私の不安を克服できるような、能力の限界を超えるような絵になりたいと。ゼロ・ウェイストの暮らしに踏み出したことで、こうした不安は消えてなくなり、暮らしは脱・使い捨てを見つける楽しさ一色になりました。創造性とは、なにもキャンバスの上だけに限らないのだと知りました。創造する機会は私たちの周りのいたるところにあふれているのです。たとえば残り物を別の料理に作り変えたり、モノを修理したりすることが私の創造性を開き、庭やコンポストの中身、そして資源物が私の画材となりました。画材となるものは常に暮らしの中で循環し、いつでも手に入るので、子ども

たちも私も、わざわざ集めて保管しておく必要はありません。欲しいときに
ただ手を伸ばせばよいのです。「衣服が人を作るのではない」ように、私も「画
材がアーティストを作るのではない」と信じています。ゴッホの作品に力を
与えたのは、豊富な画材ではありません。ゴッホその人の洞察力と制作力で
す。結局、女優メアリー・ルー・クックが残した名言のとおり、「創造性とは、
発明であり、実験であり、成長であり、リスクを取り、ルールを破り、間違
いを犯し、そして楽しむことなのです」。どれひとつとして材料は関係あり
ません。芸術とその制作過程は千差万別ですが、私の場合は、それまで自分
自身でも気づいていなかったような創造性を、ゼロ・ウェイストによってた
しかに開花してもらった気がします。

　環境意識の高まりとともに、工作も新たな時代を迎えています。環境意識
の高い親たちの間で「ごみ」を使った工作が広まり、ごみを廃棄から救い出
せるという大義名分のもと、時に新たな消費を正当化する風潮さえ生まれて
います（「ペットボトルを買ったっていいのよ。あとで鳥のエサ入れにすればいい
んだから」）。ごみを使った工作は、おなじみの「ごみ撃退法」として広く知
られるようになりました。でも、メディアで紹介されるアイディアの多くは、
ゼロ・ウェイストの原理に矛盾します。強力な接着剤などの有毒な材料を使
ったり、本来なら最初から断るべきレジ袋などの使用を肯定しているのです。
「実は必要ないもの」をわざわざ作る提案がなされたり、「本当はリサイクル
できた素材」をもはやリサイクルできない作品に変えてしまう手順が蔓延し
ています。注意しましょう。リユースによって逆にモノが増殖したり、工作
によってごみがさらに生み出されるような場合もあるのです。

　さて、お子さんとゼロ・ウェイストの工作をしたい場合に気をつけたいこ
とをいくつかご紹介します。

　・道具・材料

　すてきな道具や材料がたくさんある必要はありません。数種類で十分。
　水彩絵の具と色鉛筆、麻ひも、はさみ、手作りの糊（P.234参照）。あとは
　親の監督下で道具箱に触らせるようにしてみてください。使う道具と材
　料は、ごみが出ず、毒性もないことが原則です。リサイクルショップや

画材屋で、個買いのできるものを選びましょう。欲しい分だけ、包装なしで買えるのが理想です。そして、将来廃棄するときのことも考えましょう。たとえばマーカー類は子どもにも先生たちにも人気がありますが、リユースもリサイクルもできません。絵の具やパステル、鉛筆を代わりに使うようにしましょう。ＡＰマークのついたものを探したり、水彩絵の具の手作りも考えてみてください（P.267）。

・**素材**

ごみの中から、子どもたちが使えそうな素材を探させてみましょう。その時にあるごみ、コンポスト、リサイクルの素材で十分です。工作のためにわざわざ一年中保管しておく必要なんてありません。使いやすいのは、チーズの外側（ワックスの部分）、きれいに洗ったバターの包み紙、木片、小枝、衣類乾燥機に溜まった埃くず（使い方はP.232・268・314参照）、着古した服、フェルト化させたセーター、両面印刷済の紙、小包の箱など。時には「どうしてもない」ということもありますが（たとえば先生が雑誌の切り抜きを持ってくるように言ったetc.）、そんな時はお隣の家がよろこんで提供してくれました。

・**目的**

工作の目的は、主として、①直す、②作る、③飾る、④アーティスティックな探求、のいずれかに当てはまります。子どもの発達に特に重要なのは④、様々な素材や手触りや色を経験することですが、年齢が大きくなれば、いろいろなテクニックを教えることで実用性のある工作に導くことも可能になります。たとえば、繕い物、木工、裁縫、編み物などは、実用のものを直したり作ったりする貴重なスキルとなります。ぜひ誘ってみてください。あなたのために、あるいは家族や困っている人のために、または自然のために、なにか役立つものを作ってくれない？と。そうすれば、置き場に困るような飾りができずに済むばかりか、環境を守る心やサバイバル技術、さらに善き意志といったものまでもが制作過程で身につき、それは子どもに力を与えます。たとえば、布の端切れやフェルト化したウールのセーターは、キルトにして恵まれない人々が暖を取るために使ってもらえます。木片は蜂の巣箱にすれば、蜂の巣作りと子育

てを支えることができます（P.269参照）。

・**作る過程**

作ったものが寿命を終えるときのことを考えましょう。そのままリサイクルできるか？　コンポストに入れられるか？　または、異質な素材を合わせることで、ごみ処理に出すしかない代物に姿を変えてしまわないか？　リサイクルやコンポストが可能な素材を使う際は、たとえば合成糊などで素材を完全に接着してしまうと、素材をリサイクルまたはコンポストできなくなってしまいます。注意しましょう。また、「なくなるもの」を作るようにすれば、ゼロ・ウェイスト度もより一層増します。たとえば、砂の彫刻、ろうそく、テーブルのデコレーション（P.98参照）、そして粘土（P.270）。いずれも創造性に満ち、それでいてモノは残らず、置き物が増えたりごみが増えることもありません。

水 彩 絵 の 具

〈**色**〉

・**青〜紫**：ハックルベリー、ブルーベリー、ぶどう、赤キャベツ、しおれたばらの花びら、ワイン、イカ墨
・**赤**：ビーツ、セイヨウアカミニワトコの実、いちご、チェリー、ラズベリー
・**黄色〜オレンジ**：ざくろや玉ねぎの皮、ゴールデンビーツ、ルタバガ（西洋かぶ）、セロリの葉、人参（茎の部分も）、ターメリック
・**緑**：ペパーミント、ほうれん草、アーティチョークの葉
・**茶色**：コーヒー、紅茶、赤タマネギの皮、醤油、コンポストの液肥、くるみの皮や殻、樹皮や乾燥した木の葉（毒性のない植物を使ってください）、真っ黒に焦げたトースト、コウイカの墨
・**黒〜灰色**：ブラックベリー、タコの墨、木炭、焦がしアーモンド（P.141のコール・アイライナーに使っているもの）

作り方：

　　・液体のものはそのまま、または煮詰めて好みの色の強さに仕上げる。

・個体のものは水に漬け、沸騰させ、煮詰めて好みの色に仕上げる。ざるなどで漉す（使う素材に合った目のもので）。

使い方：

・水彩絵の具として使う場合は、約60mℓにつき、塩小さじ1/2とホワイトビネガー小さじ1/2を加え、小さめの保存瓶に保存する。

・イースターの卵を染める場合は、ぐつぐつ煮立てた中に卵を沈める。

埃くずで作るパテ

材料：

衣類乾燥機に溜まった埃くず3カップ

水2カップ

塩大さじ2

小麦粉3/4カップ

作り方：

1. 埃くずを鍋に入れ、水と塩に浸す。

2. 小麦粉を加え、中火にかけて、全体がまとまるまでかき混ぜる。

3. 火から下ろして冷ます。

使い方：

そのまま使ったり、または型に入れて張り子のように使うこともできます。型に食用油か万能バーム（P.144参照）を塗ってください。ペーストがしっかり固まるには数日かかります。夏の日差しの中が最適です。

★衣類乾燥機の埃くずは、ほかにも着火剤（P.314）や詰めもの（ぬいぐるみやキルト）、漉き返しの紙に入れる材料（P.232）などにも使えます。

マメコバチの巣箱を作る

ご心配なく！　この巣にはミツバチみたいな「刺すハチ」は寄ってきません。

必要な材料：

- ・10cm×15cm×20 〜 30cmほどの無垢の木片
- ・鉛筆
- ・定規
- ・ドリル
- ・8mmほどのドリルビット
- ・サンドペーパー

作り方：

1. 木片のいちばん長い面に2.5cm間隔の網目を書く。
2. 網目の交点に9cmの深さの穴を開ける（ドリルビットに印をつけましょう）。
3. サンドペーパーで穴を滑らかにする。
4. 風の当たらない南向きのフェンスや木に引っ掛ける。高さは地面から90 〜 180cmくらいにする。

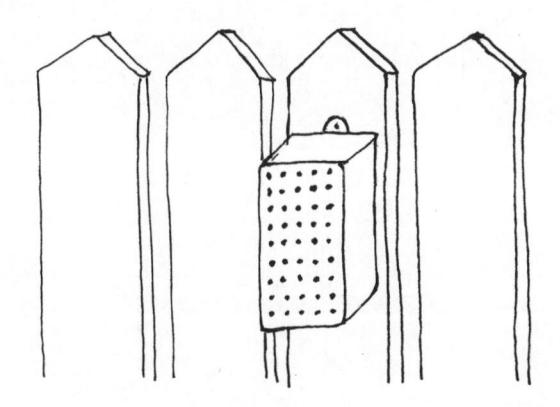

粘 土

材料：

小麦粉2カップ

水2カップ

食用油大さじ1弱

ケレモル（酒石酸水素カリウム）小さじ1弱

塩1カップ

作り方：

1. すべての材料を鍋に入れて混ぜる。

2. 中火にかけて、全体がまとまるまでかき混ぜる。

3. 冷まして保存瓶に保存する。

祝祭日と贈り物

HOLIDAYS AND GIFTS

思い出を満たしてくれるのは、長靴下の中身ではなく、家族の伝統でした。私は、自分の子どもたちにも同じように、クリスマスをシンプルに感謝することを知ってほしくなりました。

　祝祭日はとても個人的なものです。それぞれの家に違った伝統があり、そこには宗教的な伝統も含まれることでしょう。いかなる場合でも、ゼロ・ウェイストの暮らしによって祝祭日の楽しみが奪われるべきではありませんし、大切な伝統が損なわれるべきでもありません。とは言え、ゼロ・ウェイストの原則によって、わが家のお祝いの仕方は様変わりしました。なにしろアメリカ人は、サンクスギビングの感謝祭とクリスマスの間に、1年のほかの時期と比べて平均 25％ も多くごみを出すのです。まずはお祝いのどの部分をシンプル化できるか、問い直してみる必要があるでしょう。

クリスマス

　まだマックスとレオがよちよち歩きだった頃、私はふたりのためにとびきり素敵なクリスマスにしようと、いつも手の込んだ計画を立てていました。毎年、前の年のお祭り騒ぎをさらに上回るようなプランを何か月も考え、今まででいちばんすごいクリスマスになりますようにと願うのでした。シーズンはまず画材屋に足を運び、クリスマスカードを手作りするためのおしゃれな紙やスクラップブック用の道具を物色するところから始動します。絶対に今までのどれよりも手の込んだデザインにしたくて、まるまる 1 週間かけて仕上げた 40 枚のカードをいつも 12 月の 1 週目に投函します。準備はそれだけではありません。クリスマス飾りをさらに充実させ、わが家が近所の中

でひときわ輝いて見えるよう、ライトをさらに買い足すのです。クリスマスツリーのサイズは年々大きくなり、そこに飾るオーナメントも毎年買い足しました。1年中いろいろなものをセールで贈り物用に買い溜め、専用の棚にしまいます。なのに、いざクリスマスが近づいてくると、さらに支出をつり上げ、もっとたくさんのモノを探すのです。1ドルショップ（＊日本の100円ショップ）でこまごまと買って、サンタの長靴下に詰めてみたりして、ひたすら質より量を追い求める日々でした。何時間もかけて、数えきれないほどの奇妙な形のプレゼントを包み、クリスマスイブとクリスマスの日にはそれぞれこんなパーティーをしよう、こんな服装にしよう、とすべて計画を立てました。クリスマスまでの4週間は基本的にこれでもかというほどイベントを盛り込み、"大いなる日"に向けて気分を盛り上げていきます。とびきりの時を手に入れようと奔走するので、プレッシャーも相当なものでした。でも、夢を作ってあげたい一心で、なんとか期待に応えたいと思うのでした。「その期待、自分で勝手に作っていたんだ」と今はわかります。

　散々待ちわびた瞬間は、あっという間に過ぎ去ります。すべては思い出の中に消え、あとは捨てられた包装紙やリボンの海と格闘し、返品の行列に並び、新しい所有物の置き場所を探し、祭りのあとのごみの山と対峙するばかり。240ℓ入りのごみバケツに詰められるだけ詰め込んで、早くそれが家の前から消え去ってほしいと願うのですが、大抵は量が多すぎて、一度では回収しきれないのです。

　にも関わらず、そういった不都合も、年末の大セールが開始するや、すぐに忘れ去ってしまいます。1月にはもう、割引されたオーナメントを買い、次のクリスマスに向けてわくわくとカード作りのアイディアを集めるのでした。開くと木が飛び出して、そこに家族の写真を縫い付けて飾るようにすれば、きっと前の年に友人や家族に送ったビーズのオーナメントを上回る出来になるはず！　誰よりも先んじようと躍起になって、消費中毒に陥っていたことは明らかでした。

　シンプルな暮らしに移行したことで、私たちは自分たちの消費の習慣を見直し、ごみと無駄づくしのクリスマスの大罪と向き合うことになりました。様々な思いがあふれてきました。あんなにがんばっていたのは、子どもたち

によろこんでもらうため？　それとも自分が競争を求めていたせい？　子ども
たちにどんな思想を植え付けていたのかしら？　一体どこに連れて行こう
としていたの？　毎年何もかもがどんどん大きく、どんどんすごくなるよう
な世界？　私はもちろんそんなふうには育たなかった！　子どものとき、私
はプレゼントがもらえるのが楽しみで、たしかにサンタは家に来てくれたけ
ど、くれるものはいつも変わらず地味だった。赤ちゃん人形とバービー、そ
れから子ども時代ずっと使っていた勉強机のほかは、何を持ってきてくれた
のかすっかり忘れてしまったけれど、とにかくはっきり覚えているのは、「次
はもっとすごいものがもらえるかもしれない」なんて一度も期待しなかった
こと。単にまた来てくれたらいいなと思っていた。ありありと思い出す、家
族のシンプルな伝統。毎年、クリスマスの数日前に小さな木にいそいそと飾
りつけをして、ミサで「きよしこの夜」を歌い、きれいに飾りつけされたテ
ーブルに座って、1年に1回のごちそうに舌鼓を打った。海老や貝の豪華な
料理に、フォワグラのトースト、そしておばあちゃん特製のクレープ・シュ
ゼット。シャンパングラスがチリンと音を立て、ママがこの特別な夜のため
に取っておいたろうそくがあたたかく灯る……。

　思い出を満たしてくれるのは、長靴下の中身ではなく、そんな家族の伝統
でした。私は、自分の子どもたちにも同じように、クリスマスをシンプルに
感謝することを知ってほしくなりました。でも、自分で築き上げてしまった
この伝統をどうやって覆せと？　自分で設定してしまった期待値をどうや
って引き下げろと？　もはや隣近所に見栄を張りつづけるという選択肢はない
にしても、だからと言って、自分たちの方法を変えるなんてとても無理な芸
当のように思えました。わが家の記念すべき最初の「シンプルなクリスマス」
は、まるで他人のクリスマスをぶち壊しにする「いじわるグリンチ」（＊有名
な絵本のキャラクター）を家に招待したかのように感じられたほどでした。私
自身が押しつけたファンタジーから子どもたちを引き離すには、ゆうに2年
かかりましたが、ふたりとも最終的にはわが家の削ぎ落とされた儀式に慣れ
てくれました。そして、こうやって変われたことで、クリスマスの本当の意
味を取り戻すことができたのです。そう、家族の時間と、本物の歓びを。

　ゼロ・ウェイストの原則を実行に移すことで、料理に買い物、駐車場探し

にクリスマスカードの発送、というクリスマスの狂乱は自然に収まっていきました。ごみと無駄とストレスづくしのややこしい活動をやめたおかげで、もっと本来的な、「自分にも人にも親切になる」というクリスマスのシンプルな伝統を過ごす時間ができました。さて、そのためにすべきことは……

・ショッピングモールには行かない

クリスマス商戦の仲間入りはやめましょう。「何も買わない日」に決めて、代わりにハイキングに出かけてはいかが？　あなたがお店に行かないことで、人々のストレスも緩和され、二酸化炭素の排出も下がり、お財布もよろこび、さらに創造性までアップして、文字通りいいことずくめ。ショッピングモールに頼らないギフトのアイディアはP.294を参考にしてください。

・カレンダーに「親切な行動」を組み込む

ホームレスの人への炊き出しを手伝ったり、地元のフードバンクでボランティアをしたり。あるいは、いつも愛想のいいパン屋さんなど、あなたが感謝している人にお礼のカードを書く。近所や老人ホームでクリスマスキャロルを歌う。サマリタンズパースのような慈善団体への寄付の品々を用意する。クリスマスのシーズンに思いやりの心がもたらされます。

・シンプルなお祝いの会を主催する

半日お菓子を焼くだけでいいのです。私は数種類のクッキーを大量に作って、それをスコットが職場で配ったり、子どもたちが先生に渡したり。あとは小さな親睦会も開きます。友人たちを招いて午後のカクテルパーティー、ウォーキングクラブのメンバーとコーヒータイム、ご近所を招いてホットワインの夕べ、息子の友人たちとはスパイスサイダーを持って公園へ。最小限の労力で、最大限の効果を！　小麦粉だって無駄にしません！

・伝統はシンプルに

料理や買い物や飾りつけやクリスマスカード作りを合理化するとストレスが減ります。ゆったりペースダウンして、クリスマスのシーズンを楽しみましょう！

飾りつけ

もうお分かりと思います。わが家では、暮らしのほかの部分と同様、クリスマス飾りも徹底的に整理しました！　でも、お祝いの楽しさは、減ったどころか、むしろ増したくらいなのですから、がんばった甲斐は十分にあったと思います。

さて、ここでもまた、シンプル化をする際に問いかけるべき質問を順に見ていきましょう。

□ **ちゃんと使えるか？**

たとえば、壊れた電飾はいつまでもクリスマス飾りの箱の中にぐずぐずしているべきではありません。修理しましょう。キットがあれば、どの電球が切れたかがすぐに分かり、付け替えも簡単です。

□ **よく使っているか？**

ほかの様々な年中行事の飾りと同様、クリスマス飾りは1年にたった1回しか使われないのだという事実に向き合いましょう。きちんと活用していないものはどんどん手放しましょう。最近1〜2年使っていないものは残らず寄付しては？

□ **同じものが2つ以上ないか？**

ひとつの家庭には、クリスマスを祝うのに何本のクリスマスツリーとオーナメントが必要でしょうか？　たぶん木は1本で十分。オーナメントは多すぎない方が、木の美しさも隠れません。

□ **子どもの健康を危険に陥れないか？**

作り物のツリーは一般にポリ塩化ビニルで作られており、アロマキャンドルにはフタル酸ベースの香料が含まれます。どちらも人気中に有害な化学物質を放出します。こういった安全でないアイテムは処分して、この章で紹介するより健康的な代替品に取り換えましょう。

□ **義理の意識から持ちつづけていないか？**

ある時、マーケティングの天才のひらめきで、「わたしの初めてのクリスマス」というオーナメントのシリーズが生み出されました。マックスが生まれたとき、私もギフトとしてもらいました。自分だったら買わない

ようなものでしたが、子どものために大切に取っておかないわけにいきませんでした。だってパッケージに「記念品」なんて書いてあるんですもの。でも、暮らしをシンプル化したとき、私は親の形見さえも片づけるということを学びました（P.342参照）。そうです、自分のツリーは思い通りに飾りましょう。好きな飾りだけを残して、自分では買わなかったようなものはすべて手放しましょう。そしてよく覚えておいてください。家族の記念品が何かを決めるのは、あなたの友達でも、親戚でも、あるいは巧みな広告キャンペーンを繰り出す優秀な人たちでもありません。あなた自身なのです。

☐ 「みんなが持っている」から持っているのでは？

長い間、わが家もほかの家と同じように毎年クリスマスツリーを買っていました。でも、もはや木の伐採は忍びないと思い、自問したのです。**ほかのもので代用できないか？** 以来、わが家では高さ1.8mのパティオの鉢植えをツリー代わりにしています。そんなものをツリーに使う人なんていませんから、最初は薮に飾りつけしているみたいで変な気分でした。でも今ではほかのやり方なんて想像もできないほどです。ぜひ、既に持っている鉢植えを使い回したり、1年に1回クリスマスツリーの役目を果たせる木を買ってみてはいかがでしょう？

☐ 私の大切な時間を割いて手入れをする価値があるか？

「年がら年中クリスマス」の村に住んでいるのでない限り、クリスマス用のディナーセットは、1年にたった数時間使うだけのために、貴重な不動産を年間通して占拠します。しかも使う前には洗って、使ったあとには片づける時間までかかります。クリスマスの時間は貴重です。賢く使いましょう。毎年特別な手入れを要するようなアイテムは寄付してしまいましょう。

☐ このスペースを何かほかのものに使えるのでは？

クリスマス仕様のお皿や食器やタオル、それから屋根裏に眠っている実物大のトナカイを寄付すれば、たっぷりスペースが空いて、日用品や実用品がしまいやすく、手も届きやすく、見つけやすくなりますよ。

□ リユース可能か？

柄入りのペーパーナプキンや紙皿、包装紙といったものはお金の無駄。リユースできるものの方がずっと素敵です。

以前はガレージの背の高い戸棚いっぱいに詰め込まれて、しかも年々増え続けていたわが家のクリスマス用品。今はコンテナひとつに収まるくらいに減り、それ以上膨張することもありません。買い足したくなる誘惑に耐えるのは別に難しいことではありませんでした。毎年、クリスマス飾りを箱から取り出して眺めてみて、こう思うのです。もう十分にたくさん持っている。これにオイルキャンドルと「食べられる飾り」を加えれば、わが家のクリスマス飾りは完全です。手作りのジンジャーブレッドでお菓子の家を作ったり、ポップコーンに糸を通して花輪のようにしたり（クリスマスが終わったら小鳥たちがそれを楽しむ番！）、テーブルを季節の作物で飾ったり。どれもシンプルで楽しいものばかりです。そして、これらの飾りを一緒に飾りつけることで、家族とゆったり親密なひと時を過ごす時間が生まれるのです。

詰め替え式オイルキャンドル

必要な材料：

- ・小さな耐熱容器：ガラスのものや、教会の奉納ろうそくが空になったあとのブリキなど
- ・針金：錆びを防ぐため、ステンレスを選びます。太さは自由ですが、芯を支えられるくらいの強さと、くぎに巻けるくらいのやわらかさが必要です。私は直径1㎜の19番を使っています。
- ・太いくぎ
- ・芯：綿の布の端切れを編み合わせてひも状にする（麻ひもやニードルポイント用の糸でもよい）。濃い塩水に漬けて全体を乾かすとより長持ちする。
- ・オリーブオイルや余った食用油

作り方：

1. 針金をくぎに巻きつけ、5〜6mmの長さのばねの形を作り、ひねって容器の底の形に添わせる。

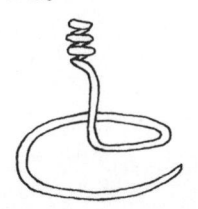

2. ばねの部分に芯を通し、芯がばねの上から5〜6mm覗くようにする。残りは容器の底にたらす。

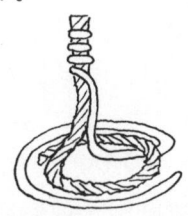

3. 好みのオイルを容器に注ぐ。ばねのてっぺんまで入れ、芯がオイルから顔を出すようにする。

4. 火をつける。オイルが少なくなってきたら、芯を5〜6mm引っ張り上げ、再び容器をオイルで満たす。

★私はこれを6個作り置きして、来客時やお祝いの時など、家のいろいろな場所で活用しています。使い古しの食用油を使っても、燃やしていて臭うことはありません。臭うのは芯を吹き消すときなので、室外に持って行って吹き消せば、臭いが家中に充満するのを防げます。

クリスマスカード

　毎年当然のようにクリスマスカードを送っていた私。みんなの期待を裏切るのでは、という恐怖はすぐにはなくなりませんでした。

　カードの交換は、疎遠になった人たちと連絡を取る口実になりますし、お年寄りは特によろこんでくれますし、みんなの近況を聞けるのは心楽しいものです。私も毎年、親戚たちの近況を聞けるのを楽しみにしているくらいです。でも、カードの製造に一般的に使われる素材や、カードの郵送は、相当量の二酸化炭素の排出につながります。そして、残念ながら今はまだ写真用

紙のリサイクル方法は存在しないため、写真用紙に印刷されたものはひとつ残らずごみ処理場行きとなる運命です（郵送に使う切手をはがしたあとのシートも……）。

　メールでカードを送るようにすれば、環境負荷を和らげることができます。たしかに、大量のアドレスに送りつけたりすれば、カードとしての魅力は失われるでしょう。でも、本当に心のこもったグリーティングカードを目指すなら、環境と、送る相手の両方のことを考えるべきではないかと思います。うまくやりさえすれば、メールによるカードは、十分に郵送によるカードの代わりとなりうるのです。

　メールか紙かに関わらず、カードはひとりひとりに向けて書くことで親密なものになります。送る人数があまりにも多かったりすると、ひとつひとつのカードを親密なものにすることは難しくなります。「仕事部屋とダイレクトメール」の章にも書いたとおり、私は「強い結びつきが少し」ある方が、「弱い結びつきがたくさん」あるよりもずっと豊かだと考えています。カードを送りたい人のリストを見て、前向きな力をくれないと感じる連絡先は削除してみましょう。送る人数が減れば、ひとりひとりに向けて書くことは十分に可能です。カードをメールで送るか郵便で送るかはその人次第ですが、個人的なメッセージがあれば、あなたのカードは必ず意味のあるものとなります（たとえば、なぜその友達が大切なのかを説明してみるのもいいですね）。メールで送るなら、メッセージを必ずメールの本文に埋め込むようにして（面倒くさいリンクはやめましょう）、Cc や Bcc は使わず、1通1通分けて送信するようにしましょう。

　環境負荷を少しでも減らすために、私は何週間もかけてひとりでカード作りに没頭するのはやめ、代わりに息子たちと動画や画像をデザインするようになりました。それにひとつひとつメッセージを添えて、メールで送るのです。でも、この方法がみなさんにおすすめというわけではありません。やっぱり紙のカードのままがいいということであれば、次のようなオプションを考えてみてください。

素材をえらぶ

- 送られてきたカードをリユースして、新しいカードを作る。
- 紙ごみからカードを作り、植物の種を埋め込んで、「植えられるカード」にしてしまいましょう（方法は P.232 参照）。
- 新しいカードを買うときは、リサイクル可能な素材を選びましょう。そして、再生紙 100％のものを選びましょう。
- 切手も小さなものにしましょう。

封筒を使わない

- はがきタイプを買うか作るようにしましょう。郵送代も節約できますよ！
- 通常の二つ折りのカードは、紙テープや糊で軽く止め（糊の作り方は P.234 参照）、白い面に宛名を書いて切手を貼る。または 3 つ折りのパンフレットタイプにして、白い面に宛名を書いて切手を貼っても（＊日本の郵便事情は異なるため、可能かどうか必ず確認してください）。

受け取ったカードは……

- 翌年カードを送る予定があるなら、保管しておいてリユースする。
- 写真用紙を取り除き、資源物入れへ。
- アメリカでは、使用済みのカードを回収して新しいカードに作り替え、虐待やネグレクトにさらされた子どもたちの救出資金にするプログラムも行われています（St. Jude's Ranch recycled card program）。

心のこもったカードに決まった形はありません。たとえば、私の親類の中でも、年配の人ほど「声」が届くのをよろこびます。メールやカードよりもたしかに時間はかかりますが、ショッピングモールに行くのをやめればそんなことにのんびり耽る時間もできますよ！「声」を届ける方法としては……

- 電話をかける。
- チャットやインターネット会議を利用する。
- ふらっと訪ねる。

その他の祝祭日

　ゼロ・ウェイストの考え方は、言うまでもなく、すべての祝祭日に応用できます。祝祭日はごみや無駄づくしである必要はありません。それどころか、ごみや無駄がなくなってこそ、祝うことの本当の意味が際立ってくるのです。私はすべての行事について、サステイナブルでない習慣をやめ、市販の飾りを保管する手間も省くことにしました。代わりに「食べられるもの」をいろいろ取り入れてみたところ、食べ物を使ってお祝いしたり飾ったりするのはとても楽しく、誰からもよろこばれ、どんな飾りやシーズンにも使えると思うようになりました。それでは、アメリカでもっともごみと無駄の多い4つの祝祭日について、私なりの秘訣を紹介してみます。カレンダーにあるすべての祝祭日について書くことはしません。どうか想像力を使って、いろいろな場合に合わせて、ご自分の趣味や伝統に合ったやり方を見つけてみてください。

バレンタインデー

　私が生まれ育ったフランスでは、バレンタインデーは恋人たち、つまり親密な関係にあるふたりの大人のためのものでした。でも、アメリカに移住してみたら、まるで違う意味を発見する運命となりました。マックスが保育園に入った最初の年、私みたいに何も知らない親に向かって、先生がこう言うのです、「ドラッグストアに行って、"バレンタイン"を1ダース買ってクラスの全員に配りなさい」（そんな名前のもの、聞いたこともなくて、お店で何を探せばいいのかもわかりませんでした）。「バレンタイン」とは英語でバレンタインカードを意味するのですが、つまりはこの私（＝大人の女性）が、ろくに知らない12人のよちよち歩きの子どもたちに愛のカードを書けと言うのです！　ほかのお母さんたちがお店で選んできてサインした、およそ匿名的で商業的なバレンタインカードを何枚ももらうことの意味も今ひとつつかめませんでしたが、とにかくアメリカの学校ではバレンタインデーと言ったら、愛ではなく同級生に感謝を伝える日なのだということはわかりました。アメリカの文化を大切にしたい一心で、私は何年もの間、この学校行事に参加しました。毎年、ふたりの子どもたちは、ビニール袋に飴の包み紙やら食

べかけのキャンディーやらしわくちゃになったカードやらをいっぱいに詰め込んで帰宅しました。「どのカードが気に入った？」と尋ねると、ぶっきらぼうに「わかんない。キャンディーが欲しいだけだから」。もちろん、1日が終わるころにはすべてがごみ箱の中でした。

愛も同級生への感謝も、祝祭日にふさわしい行為に違いありません。でも、だからと言って、祝祭日がピンクのハート形のガラクタや、埃の溜まるぬいぐるみや、森をどんどん切り倒すカードの洪水に溺れなくてはならないはずはありません。

バレンタインデーはごみと無駄づくしのイベントである必要はないのです。環境に負荷をかけない祝祭日にするために、次の2つのオプションを考えてみてください。

・学校の先生に、環境にやさしいバレンタインカードの交換を提案してみましょう。誰も読まないようなカードではなく、いっそクッキーを交換することにしてみては？　または「独創的で、ごみを利用した、または食べられるバレンタインカードを1枚だけ準備して、クラスの中で無作為に交換する」なんていうのはどうでしょう？　マックスの5年生の担任だったダン先生の提案はこうでした。「よく考えて、時間をかけて、あなた自身がもらいたいものを作ってみてごらんなさい」。

・紙のカードに代わる贈り物を積極的に考えてみましょう。たとえば食べられるカードはいかがでしょう？　ハート形のクッキー、自家製のプレッツェル、バードケーキ、スミレやパンジーやローズペタルなどの花の砂糖漬け、オレンジにハート形を彫ったもの、量り売りコーナーで買ったチョコレートのおやつ。どれも現実的なオプションです。

大きなもの2つ、または小さなもの4つ分

材料：

ドライイースト小さじ1

ぬるま湯175㎖

小麦粉470㎖

塩小さじ1/2

砂糖小さじ1.5

ディップ用の液：

熱湯940㎖

重曹120㎖

粗塩

作り方：

1. ドライイーストをぬるま湯に溶かす。

2. 残りの材料を加えて、なめらかにべたつかなくなるまで捏ねる。

3. 2等分して、それぞれを長細い棒状に延ばし、ハート形に成型する。両端を上で閉じるとよいでしょう。

4. 熱湯と重曹をボウルに入れて混ぜ、プレッツェルをひとつずつディップする。

5. 粗塩を振りかける。

6. 220℃のオーブンで15分、またはこんがりと焼き色がつくまで焼く。

イースター

イースターと言うと、アメリカではどんな宗教の人でも自動的に卵とうさぎを思い浮かべます。でも、私がイースターでいちばんワクワクするのは、イースターを迎えるまでの40日間、つまり四旬節の期間。私は特に敬虔なクリスチャンではないのですが、最近になって、四旬節が私の心のニーズを満たしてくれること、つまり暮らしの中の大きな節目として使えることに気

づきました。四旬節の 40 日間、私は期間限定で、サステイナブルな暮らしのための新しいアイディアを試したり、今までの習慣を見直したりするのです。私たちはよく、成果を出す自信がないばかりに新しい挑戦を恐れます。でも、四旬節という限られた期間は、そこにちょうどよい区切りを与えてくれます。とにかくその期間だけがんばってみればよいのです。冬の終わりにやって来る、この 1 年に 1 回のチャレンジのおかげで、私は日常が打ち破られ、暮らしがエキサイティングに変わるような気がしています。

これは決して、みなさんにキリスト教に改宗して四旬節を大切にしてくださいと勧めているわけではありません。なんだってよいのです。毎年定期的に、新しい挑戦をする期間を設けてみるといいですよと言いたいだけです。可能性は無限大です。その期間に何かをやめたり、新しく始めたり、自分自身について新しい発見をするチャンスが生まれます。40 日間続けられることを選んでみましょう。もしあなたが毎日肉を食べているなら、いきなりビーガンになってみる、なんて思っても失敗するだけです。まずは赤身の肉だけをやめてみるとか、1 週間に 1 回だけディナーを「肉ゼロ」にしてみる、などがよいでしょう。さらにこんなアイディアはいかがでしょう？　もし既にベジタリアンなら、もっと徹底的にビーガンを試してみる。日当たりのよい窓辺でハーブを育ててみる。コーヒーをやめる。地元産のものを買って食べる。ゼロ・ウェイストのものを取り入れ、パッケージ入りの物やペーパータオルをやめる。「ノー・シャンプー」を試す。保存瓶で買い物をする。家に届くダイレクトメールに片っ端からケリをつける。テレビを消す。海軍式の短時間シャワーを浴びる。毎日散歩に行く。公共交通機関を使う。自転車通勤する。車を完全にやめる。新しいものを何も買わない。40 日間同じドレスを着る。または、男物のシャツを 40 通りの着方で着る……。

40 日が過ぎ、イースターの日に私の実験は終わります。そのまま暮らしの中で続けてみようと思う場合もありますし、そうでない場合もあります。そんな時も、とにかく 40 日間がんばった自分をほめればよいのです。

さて、イースターの卵探しの時間です！　わが家では毎年、色づけした固ゆで卵を 12 個（絵の具の作り方は P.267 参照）、プレゼント入りの卵を 12 個用意して、子どもたちのために隠します。

プレゼント入りの卵は、できればプラスチック製のものは避けましょう。多くは鉛を含むからです。より安全なフェルト製、布製、または木でできた卵を選ぶのがよいでしょう。わが家の住む地域はイースターの時期に湿気が多いので、木製のものを12個買いました。いくつかはお金を入れ、残りはおやつを詰めます。モルツボール、ジェリービーンズ、塩味のナッツやチョコレート・コーティングのナッツなど、量り売りコーナーで買ってきたものを詰めます。

　子どもたちが卵を見つけたら、ブランチの準備。固ゆで卵は"悪魔"に変身します。私たちはそれをむしゃむしゃと食べます。そして、悪魔は消えてなくなるのです！

デビルド・エッグ（"悪魔の卵" 香辛料入りのゆで卵）

材料：

固ゆで卵12個

パルミジャーノ・チーズのすりおろし230㎖

マスタード大さじ1　（作り方はP.100参照）

牛乳

塩・こしょう

パプリカ

作り方：

1. 固ゆで卵の殻をむき、縦にカットする。
2. 黄身の部分を注意深く白身から取り出してボウルに入れる。白身は取っておく。
3. 黄身をつぶして残りの材料を加える。牛乳はペースト状になるくらいが目安。
4. 味をみて調味する。
5. スプーンを使って、混ぜた黄身を白身の中に戻す。
6. パプリカを散らす。

ハロウィン

　私が初めてハロウィンを経験したのは18歳のとき。アメリカに移住してすぐの頃でした。住み込みの家事手伝い（オーペア）ということで、私はステイ先の子どもたちをハロウィンの仮装行列に連れ出していました。その夜のことは今もあざやかに思い出されます。それまでハロウィンなんて聞いたこともなかった私。でも、華やかな飾りや期待に満ちた空気から、とにかく大きなお祭りだということだけはわかりました。「トリック・オア・トリート」とか「ジャック・オー・ランタン」なんて言われても何のことだかよくわからないまま、私は大草原のローラと、小さなミツバチと、バットマンに扮した子どもたちを連れて、明かりのついた家を訪ねて回り、群衆の中に溶け込みました。こんな夜は生まれて初めてでした。すごい集団の熱気と、カラフルな衣装、まぶしい光！　翌日フランスの母に電話して一部始終を報告せずにいられませんでした。「すごいの！　アメリカ人のお祭りって、本当に最高なの！」、私は電話口でそうまくし立てたのでした。

　その時の私は、まさか将来自分がアメリカでわが子と一緒にハロウィンを祝うことになるなんて考えてもみませんでした！　子どもが生まれてからは、毎年あの最初のハロウィンで味わった照り輝く陽気な空気に触れるのが楽しみでなりませんでした。コスチュームをあれこれ工夫するのも楽しくて、興奮の渦で子どもたちの顔がパッと明るくなって、友人たちと楽しいひと時を過ごせるのが幸せでした。

　でも、環境のことが気になり出して、初めて迎えた"ゼロ・ウェイスト・ハロウィン"は全然楽しくないものになってしまいました。もし大人だけなら、こんなごみと無駄づくしのお祭りが存在すること自体、無視してしまってもよかったのです。でも、子どもたちはどうしたって友達と一緒に仮装行列をしたいし、お菓子だって欲しいもの。そこで私たちは妥協点を見つけ、子どもたちの社会生活とわが家の暮らしが両立するような基準を作り出しました。ゼロ・ウェイストの世界でハロウィンをお祝いするなら、それは商業主義に流されず、ごみも無駄も出ず、本当に大切なものを交換する仮装フェスティバル、ということになるでしょう。それではさっそく、ハロウィンをできる限り環境負荷の少ないイベントにするアイディアをご紹介します。

衣装

・既にあるものを使う

私が思うに、手作りの衣装に勝るものはありません。あふれる創造性と手仕事の妙。世界にひとつしかない衣装はいつだって注目の的です！インターネットはインスピレーションの宝庫。ダンボールやシーツや古布がいくつかあれば、あとはこの本で紹介したメイクの技を使うだけで（P.141〜145参照）、思い出に残る衣装ができ上がること請け合いです。レオの友人のカミーラは、なんとプレゼントの格好に化けました。使ったのは、そう、ダンボール箱とリボンだけ！

・リサイクルショップで探す

もし時間がなかったり、アイディアが浮かばなかったり、材料がないなどの理由で手作りが難しければ、リサイクルショップで衣装やアクセサリーを探してみましょう。ハロウィンが終わったら、すぐに無料で寄付してしまえば、家も散らからず、ほかの人に使ってもらえて理想的。セットになっている衣装はきちんとまとめてラベルをつけ、お店が引き取りやすいようにしましょう。

・衣装の交換会を開く、または参加する

ゼロ・ウェイストの家庭は、ハロウィンの衣装のような普段使わないアイテムはセカンドハンドストアに出して、ほかの人に使ってもらうべきだと思います。でも、昔のものが残っているなら、たとえば友人と交換したり、交換会のようなイベントに参加するのもよいでしょう。

・借りる

やっぱりファンシーな衣装でないと、という場合は、借りるという手があります！

トリック・オア・トリート

〈迎える側〉

私はトリック・オア・トリートの伝統に反対するつもりなどまったくありません。結局のところ、大多数の人の支持によってこの伝統は築き上げられてきたわけです。でも、最近よくある、お菓子の代わりにくだらない品物を

配ろうとする風潮には反対です。くだらない品物は貴重な資源を浪費し、その多くはリサイクルできません。でも、食べられるものならおいしいし、食べたらなくなります。ハロウィンのごみを少なく抑えようと思ったら、「残るもの」はやめて、そのまま丸ごとなくなってしまうものをあげてはどうでしょうか？　できればパッケージ入りでない、せめて紙やダンボールで包まれたものがよいでしょう。候補となるのは次のようなものです。

- **食べ物**
  箱入りのオーガニックレーズン、まるごとの果物（オレンジなど）、紙箱入りのキャンディー（アメリカならミルクダッズ、ドッツ、ジュニアミントなど）。できればヘルシーなものを選びましょう。

- **なくなるもの**
  お金、石鹸、消しゴム付きでないペパ鉛筆（P.219参照）、植物の種など。

〈出かける側〉

トリック・オア・トリートはハロウィンのいちばんの楽しみですが、どこかで限界を設けなければ、とんでもない量のごみが家に入って来ることになります。子どもときちんと話し合って、楽しみを損なわない程度にゼロ・ウェイストのルールを守ることを理解してもらいましょう。ここでも「5つのR」がわが家のルール作りの見事な基盤となってくれました。さて、わが家のトリック・オア・トリートはどんなスタイルかと言うと……

- **プラスチックのおもちゃ類は断る**
- **次の優先順位に従って選ぶ**
  ①未包装の「なくなるもの」、②紙やダンボール入りの「なくなるもの」、③プラスチック包装のキャンディー。実際に配られるのは、ほとんどがこの3つ目という現状ですが、このシンプルな基準を設けることで、子どもも注意深く選ぶようになり、パッケージの有無に対して子どもなりに賛成票・反対票を投じるようになります。
- **キャンディーを分類する**

あまり頻繁にキャンディーを食べてほしくない私ですが、子どもたちが1年に一度、少し多めに食べるくらいは目をつむってもよいと考えています。というわけで、子どもたちが山ほどのキャンディーを持ち帰ったら、キャンディーを上の3つのカテゴリーに分類し、1つ目と2つ目のカテゴリーは全部OK、でも3つ目のカテゴリーは10個だけ選び、あとは処分する約束にしています。わが家では、この分類とかけ引きが、ハロウィンを締めくくるひとつの楽しい伝統になっています。

・**プラスチック包装はリサイクル**

3つ目のカテゴリーから選んだ10個のキャンディーの包みは、テラサイクル社に送ります（P.73参照）。遠足のときに開けたキャンディーの包みと一緒に（ええ、わが家の子どもたちも人間ですので）、箱いっぱいに溜まったらリサイクルしてもらうのです（＊日本では「容器包装プラスチック」として通常のごみ出しでリサイクルします）。紙製の包みは通常どおり資源物入れに入れて、戸別回収に出します。

・**余りは寄付する**

寄付する先は子どもたちに決めてもらいます。選択肢は、①近所の老人ホーム、②お客さんにキャンディーをふるまう店、③シェルター（保護施設）、④ホームレスの人への炊き出しやフードバンク（通常はもっと栄養価の高い食べ物が望ましいのですが、キャンディーも祝祭日のおやつになります）など。自分で選んで、これらのどこかにキャンディーを届けることで、子どもたちも充実感を味わえます！

飾り

実寸大のミイラを1年中ガレージにしまっておく必要なんてありません。かぼちゃをいくつか集めて、あとはP.278のオイルキャンドルをいくつか深めの保存瓶に入れて、仮装行列が通る道の脇に効果的に並べておけば、ハロウィンの飾りはミニマルで無駄の出ないものになります。かぼちゃはローストするか、あるいは蒸して、火の通った中身を季節の料理につかったり、または冷凍しておいて後で使います。次に紹介するレシピを使えば、あなたのハロウィン飾りの残骸は、せいぜいローストしたかぼちゃの皮をコンポスト

か鳥の餌付けにやるくらい。パーティーを開くなら、量り売りや生鮮の素材を使って、いろいろなやり方でハロウィンの薄気味悪い夜の飾りを演出することができます。たとえば、すいかを脳みそみたいに彫ったり、メレンゲで骨のような形を作ったり。

さて、かぼちゃを徹底的に生かす方法はこちらです。

かぼちゃを丸ごと使う！ スープボウル＋スープ＋トッピング

ハロウィンが終わったら、飾りが料理に早変わり。それには、シュガーパイ、ベビーベア、レッドカリーなどの品種が最適です。ですから、飾りにするかぼちゃはそれを見越して買うようにしましょう。

〈皮はスープボウルに〉

1. かぼちゃを洗う。
2. かぼちゃの形とサイズにより、半分に切ってボウル状にするか、上の部分を丸くくり抜く。
3. スプーンで種をこそげ出し、取り出した種は水につけて取っておく。
4. 深さ2〜3cmほど水を入れたオーブン皿にかぼちゃを上下さかさまに置いて、175℃〜180℃で30分ほど、外皮に火が通ってナイフが差し込めるくらいやわらかくなるまで焼く。焼きすぎないように注意。スープを入れても大丈夫な硬さが必要です。
5. 冷水に通して、火の通りを止める。

〈種はトッピングに〉

1. 種についているわたを外し、わたはコンポストに入れる。
2. 布巾で余分な水分を拭き取る。
3. オイルか溶かしバター、好みのスパイスを加えてざっと和える。
4. オーブン皿に広げて、150℃で45分ほど、時々かき混ぜながら、こんがりと焼き色がつくまで焼く。

〈実はスープに〉

1. ローストしたかぼちゃから、できる限り身をこそげ取る。上の方まできちんと、できるだけ均等に、皮に穴を開けないように取り出す。

2. 大きめの鍋で、ざく切りにした玉ねぎをオリーブオイルとバターでやわらかくなるまで炒める。

3. かぼちゃの実を加える。

4. スープストックを注ぎ入れる。または冷凍庫に残っている骨と水を代わりに入れても（P.93参照）。

5. 塩、こしょう、ナツメグで調味する。

6. 沸騰したら火を落とし、30分ほど弱火で煮込んで風味をなじませる。

7. ハンドミキサーでなめらかにブレンドする。

8. 好みで生クリームを加える。

9. 味を調える。

〈盛りつけ〉

1. 必要なら底の部分を少し削って、スープボウルのすわりをよくする。

2. スープを注ぎ入れる。

3. オリーブオイルを数滴垂らし、ローストした種を散らす。

4. トーストしてバターを塗ったバゲットとともにサーブする。

サンクスギビング（感謝祭）

　フランス出身の私は、バレンタインカードの交換もハロウィンの仮装もサンクスギビングのごちそうも知らずに育ちました。でも、このサンクスギビングの日は、いまや私の心の中で特別な位置を占めています。もし1年にひとつだけ祝祭日を選ぶとしたら、きっとこの日を選ぶでしょう！

　サンクスギビングの歴史には諸説あり、倫理的なジレンマを感じる人もいるようですが、サンクスギビングのお祝いには、単にイギリスからアメリカに渡ったピューリタンの最初の感謝祭に想いを馳せるという以上の意味があります。そして、それはゼロ・ウェイストの暮らしに見事に重なるものだと私は思うのです。

　サンクスギビングとは、シンプルな暮らしを今に伝え、質素だった時代を

祝福するものです。市販の飾りなど、何ら必要ありません。葉っぱ、どんぐり、松ぼっくり、かぼちゃ、それに量り売りコーナーで売られているとうもろこしの粒でもあれば、それだけでテーブルは十分華やぎます。

　サンクスギビングは、忙しい日常から離れて、しばし休息をとろうというものです。1年に一度、家族全員がテーブルの周りに集まり、楽しい時を分かち合います。一緒に料理を作り、食べて、読み聞かせをしたり、レシピを教え合ったり、フットボールを観たり……。

　サンクスギビングからは、しずかな思考と感謝の時間が生まれます。どんな苦難の中にあっても、暮らしの中に何らかの感謝を見出そうというきっかけを与えてくれるのです。フランス人にはこうした伝統はありませんが、シニカルな私はいつもこう思います。文句ばかり言っているフランス人も、少しは感謝を学べば、きっとどんなにか変わるだろうに、と。

　サンクスギビングの料理は、量り売りの素材で上手に準備できますし、残ったらサンドイッチにしたり、キャセロールやスープにして楽しむことができます（次にご紹介する「骨のスープ」をご覧ください）。サンクスギビングの翌日は、公式にはクリスマス大セールの開始を告げる「ブラック・フライデー」、つまりアメリカ中が買い物に走る「消費主義の権化」のような日ということになっていますが、非公式には「全国一斉残り物を食べる日」にしようという動きもあります！　感謝を込めて、家族を祝福しながら、日がなスープを作る。ああ、こんなにいい過ごし方がほかにあるでしょうか？　ショッピングモールに行って、ほかの客をひじで押し分けながら、テレビで観たセール品に手を伸ばすより、ずっといいと思いませんか？

骨 の ス ー プ

作り方：

1. 七面鳥を"ゼロ・ウェイスト・スタイル"で家に持ち帰る。いちばん簡単なのは、生産者から直接、または小さな市場などで丸のまま買って、圧力鍋など大きな容器に入れてもらうこと。または肉屋で小さな容器に収まるようにさばいてもらいます。
2. 食べたあとの残骸を大きめにくずし、鍋に入れる。

3. 水を注いで火にかけ、沸騰したら火を落とし、肉が骨からはがれて
   くるまで弱火で煮込む。

4. 火から下ろして冷ます。

5. 皮と骨を取り除く。骨は取っておいて、粉砕して骨粉にすると、庭
   の土壌改良に理想的なリン成分となります。

6. スープの表面に固まった脂肪をすくい取る。

7. 残った野菜やグレイビーソース、七面鳥のお腹に詰めてあったスタ
   ッフィングなどを加える。

8. 沸騰させ、火を落として、1時間ほど弱火で煮込む。

9. 味を調えたら、さあ、召し上がれ！

贈り物

　私たちは時に義務感から、また時に純粋にそうしたいという気持ちから、贈り物を贈ります。でも、動機は何であるにせよ、贈るものは気持ちを込めて選ばれるべきです。ゼロ・ウェイストの家庭からの贈り物ですから、あなたの価値観を映し出す贈り物でなければなりません。ゼロ・ウェイストのプレゼントを通して、ごみや無駄を減らそうというあなたの努力を友人たちに知ってもらうこともできるし、同じように踏み出すインスピレーションを与えることもできます。ゼロ・ウェイストのルールに則った贈り物のアイディアをいくつかご紹介しましょう。

1. 経験を贈る

　ゼロ・ウェイストの暮らしは、モノではなく経験に満ち満ちた人生を送ることにほかなりません。経験を贈り物にすれば、モノが残ることもなく、誰かの部屋を散らかす心配もありません。経験の贈り物は環境にやさしいだけではありません。そこから生まれた思い出はずっと後まで残るのです。毎年クリスマスになると、わが家では、子どもたちに「月に一度、家族で繰り出す"驚きの体験"」をプレゼントしています。1年を通して、今までやったこ

とのない 12 の体験に繰り出すのです。お金がかかるものもあれば、ただのものもありますが、スコットと私はとにかくその場に到着するまで内容を教えません。子どもたちの突飛な想像に耳を傾けながらの道中は、お金では買えない楽しみです。

　これまでに家族で楽しんだ体験には次のようなものがあります。どれも「モノの消費」は介在せず、メールや紙の「目録」や実際の入場券などの形でプレゼントすることができます。

・映画／ドライブインシアター、バレエ、オペラ、コンサート、コメディー・ショー、スポーツ観戦、テレビ番組の収録の見学
・美術館、博物館、テーマパーク、水族館、動物園(フリーパスをチェック！)、資源化施設や工場の見学
・観覧車、ゴーカート、レーザータグ、アーケードで遊ぶ、セグウェイで遠出
・バックパックの一泊旅行、プール付きホテル／ハウスボート／ツリーハウスで一泊、ビーチ・リゾートで電化製品をシャットアウト
・バッティングセンター、ボーリング、ボート、バンジージャンプ、ゴルフ、乗馬、アイススケート、カヤック、オートバイ、パドルボート、パラセーリング、インラインスケート、そり、スキー、犬ぞりレース、船に乗る、ジップライン、インドアクライミング、スカイダイビング、一輪車
・バードウォッチング、きのこ採り、果物狩り、昆虫を食べる(チョコレート・コーティングされていました！)、カニ漁、釣り、砂金採り、ジオキャッシング、凧揚げ、めずらしい場所でピクニック、農場見学、観光牧場
・めずらしいレストラン（鉄板焼スタイルの日本料理、韓国風の焼肉、スイスのフォンデュ etc.）、自転車で隣町まで行ってランチ、おしゃれなパブで喉を潤す、ナイトクラブに行く、"リッツ"でお茶

2. あなたの時間を贈る

時は金なり。時間は立派なプレゼントになります。クーポンの形で贈るのもよし、ふらっと訪ねるのもよし。

〈プロの技〉

水道屋さんなら蛇口の水漏れの修理を、電気屋さんなら接触不良の修理をプレゼントできます。私なら、部屋の整理とゼロ・ウェイストのコンサルティングをプレゼントします。

〈単純労働〉

木を植える、新しく生まれる赤ちゃんのために部屋をきれいに塗る、デッキを直す、落ち葉を掃く、芝を刈る、ベビーシッターをする……。こういったことは特に子どもが誰かに贈るプレゼントとして最適です。たとえば兄弟の間で、もうひとりがするべきお手伝いを一定期間肩代わりするなど。

〈直接訪ねる〉

両親や祖父母が遠方にいる場合は、顔を見せに行ってしまえば、よころんでもらえること間違いなし。「あなたがいる」ことが贈り物なのですから、贈らない手はありません。

3. 豪華なチケット

ちょっと豪華なサービスを目録の形で贈れば、ぜいたくこの上ないプレゼントに。たとえば、マニキュア・ペディキュア、フェイシャル、マッサージ、ジムの会員権など。

4. デジタルギフト

賢く使えば、デジタルギフトはごみや無駄を減らし、お金では買えない思い出だけを残し、遠距離のコミュニケーションも密にしてくれます。たとえば、オンラインの雑誌や新聞の定期購読権、ネットフリックスや Hulu のような映像ストリーミング、電子書籍、iTunes、クラウド・ストレージ、写真のスキャンや VHS ビデオのデジタル化、Skype のクレジットなどを贈ってみてください。

5. なくなるもの

保存瓶に入れて、リボンや麻ひも、または「水で落とせるクレヨン」（P.79参照）で絵を描いておしゃれに飾れば、"なくなってしまうもの"でもみんなによころんでもらえます。この本で紹介している様々なレシピを参考にしてください。可能性は無限大ですが、その中でも次のようなものはいかがでしょう？

〈食べられるもの〉

手作り：クッキー、ジャム、マスタード、ピクルス、マルメロのペースト、花の砂糖漬け、ホットドリンク用のスパイスミックス、赤ワインビネガー、ホットチョコレート・ミックス、果実酒、ハーブオイル

量り売り／ばら売り：はちみつ、ピクルス、オリーブ、メープルシロップ、ピーカンナッツのトフィー、チョコレート・モルツボール、グミ

〈化粧品〉

手作り：石鹸、スクラブ、バーム、歯みがき粉、マスカラ、アイライナー

量り売り／ばら売り：クレイパック、石鹸、ローション、バスソルト、マッサージオイル

〈生活まわりのもの〉

手作り：紙、残りもので作るろうそく、自家採取の種、庭で育てた植物

6. お金

必ずよろこばれて、完全にリユース可能なプレゼントと言えば、お金です！インターネットのオリガミレッスンのサイトには、お札をありとあらゆる形に折る方法が紹介されています。たとえば、指輪やネコ、ドレス、シャツ、飛行機、トイレなど、贈るお金の使い道を暗示するような折り方がおすすめ。もらった人があっと驚くこと請け合いです！

もうひとつ、みんながいい気分になれるプレゼントは、チャリティー系の
ギフトカード。JustGive.org というサイトでは、好みの額の電子ギフトカード
を買うことができ、もらった人はその使い道をたくさんのチャリティーの中
から選ぶことができます。

7. セカンドハンドの物

〈家にあるものを探す〉

タブーの意識を捨てましょう。人からもらったものを別の人に贈ったり、
自分が既に持っているものを贈っても、何の問題もありません。単に、贈る
相手がそれを「絶対に」必要とし、よろこんでくれることが分かっていれば
よいのです！　あなたが使っていないものや寄付するために保管しているも
のは「資源」と考えましょう（だって、本当にそうなんですから！）。家にある
もので探せば、時間もお金も節約でき、環境の面でも健全です。そしてこの
方法は世界の様々な地域で広く使われているのです。

〈お店で探す〉

リサイクルショップ、ガレージセール、フリーマーケット、その他シェア
リングサイトなどで、本やスポーツ用品など、贈る相手がほしいと思ってい
る品物をピンポイントで探すことができます。遠方から発送してもらう場合
は、紙やダンボールの梱包をリクエストするのを忘れずに！

★もし贈る物が中古だと相手に言いたくない場合は、「ヴィンテージ」という言葉を使えば大丈夫。
　このふたつの言葉は基本的に同じ意味なのに、ヴィンテージと言うとぐっと魅力的に響きます。

8. 新品を買う

新品を買うというのは、ゼロ・ウェイストの家庭にとっては最終手段ですが、
時には中古のものが見つからず、やむなく、ということもあります。選ぶと
すれば、やはり耐久性にすぐれ、繰り返し使えて、地元で作られていて、環
境負荷の低い素材を使って、環境に負荷をかけない方法で作られ、包装は最
小限か、できればまったく包装されていないのがよくて……ああ、なんてが
んじがらめ！　これなら中古で買う方がずっとラクです。最近大流行の「環
境にやさしい製品」も贈り物向きかもしれませんが、それも相手が本当にそ

れを必要とし、欲しいと思っていればの話。さもなくば、やはり部屋を散らかし、資源の無駄になる運命は避けられません。ステンレス製の水筒を既に持っている人に贈る必要はないし、何か再生素材で作られたものを、相手がもう持っているというのにあげても仕方がないのです。水筒や買い物袋などの一般的なもの以外では、家族みんなで楽しめるもの、たとえばボードゲームや自然採集のガイドブック、さらに、繰り返し使える布製のギフトバッグ、充電式電池のセットなどはいかがでしょうか？

先手を打つ

ゼロ・ウェイストは家の外で始まります。先手先手での対処が欠かせません。贈り物を受け取る場合のガイドラインは次の通りです。

- ・贈り物を贈り合う相手には、あなたがゼロ・ウェイストのルールを大切にしていること、モノよりも経験をもらう方がうれしいことを伝えましょう。
- ・タイミングが命です。相手がわざわざあなたのために何かを探して買ってくれる前に伝えましょう。子どもだって、パーティーのおみやげを断るのは「その場」より「前もって」の方が断りやすいものです。
- ・贈り主（祖父母、子どもの友人のお母さんなど）には具体的な贈り物の例を伝えましょう。既に書いたもののほか、手軽で安価な例としては、映画の鑑賞券、近所のアイスクリーム屋のチケット、iTunes など。プラスチックのギフトカードよりデジタルのクーポンの方が望ましいのは言うまでもありません。

贈り物のラッピング

ゼロ・ウェイストの贈り物は、正しいラッピングなしには完成しません。言うまでもなく、いちばんゼロ・ウェイストなラッピングは「何もなし」ですが（たとえばパーティーに持って行く手みやげなどはそれで構わないでしょう）、もし「開けてびっくり」のプレゼントにしたければ、次のようなラッピングの方法を参考にしてみてください。

- **ギフトバッグ**

繰り返し使えるギフトバッグを買うか、またはシーツ、シャツ、ジーンズ、ポケットなどの古布から作りましょう。片方だけ残った靴下をギフトカード入れに作り変えたり、枕カバーを大きめのプレゼントの包みに作り変えたってよいのです。これなら受け取った相手にギフトバッグをリュースしてもらいやすく、市販の包装紙も使わずに済みます。しかも、包みと中身の両方がプレゼント！　ひもやリボンが縫いつけてあるタイプのものを選ぶか作るようにすれば、わざわざ別のひもやリボンを使う必要もなくなります。

- **フロシキ**

フロシキを買うか作るかして（どんなサイズでも大丈夫ですが、私は70cm×70cmのものがいちばん汎用性があって便利だと思います）、贈り物を巧みに布で包みましょう。シーツ、カーテン、サリーなどの素材で簡単に手作りできます。私が特に気に入っているボトルの包み方はこちらです。フロシキは、結び目や挟み込みの技を駆使することで、リボンさえも不要にしてしまうすぐれもの。贈る相手がリユースできるよう、使い方を同封するか、実際に包み方を見せてあげましょう。

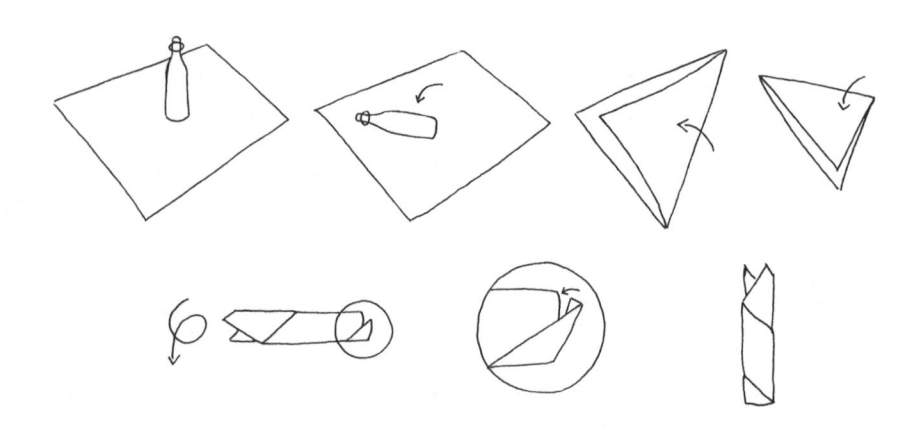

・贈り物で包む

Tシャツやセーター、布巾などは、大体何だって包めます。つまりは贈り物とラッピングのひとり2役。台所にある「きれいすぎて使えない」布巾を使ってはいかがでしょう?

・あるものを使う

もし上に書いたような方法が使えない場合は、自分が受け取った贈り物の包装紙、資源物入れにある紙(子どもに頼めばたちまち素敵な絵を描いてくれます)、子どもの作品、新聞紙の切り抜き(もしまだ新聞を購読していればの話ですが)、さらに梱包材の箱、茶色い紙、そして封筒も内側をひっくり返して再利用できます。正しく包めば、テープは要りません。麻ひも、糸、天然繊維の古布などを使えば、ラッピングは固定できるし、贈る相手に再利用してもらえ、使えなくなったら最後はコンポストに入れてしまえて便利です。

・ラベル

ラベルは必要な時しかつけません。誕生パーティーや結婚式に持って行くなら、贈る相手の名前を書く必要はないのです。クリスマスなら、誰宛てのプレゼントかラベルをつけておくことで、プレゼントが間違った人の手に渡る事態を防げます。この場合は「水で落とせるクレヨン」(P.79参照)を使って、受け取り手の名前を直接プレゼントに書き込みます。または、木の葉や資源物入れに入っているものを四角く切って、ギフト・タグを作りましょう。

9

外出と旅行

容器を持参することで貴重な資源がみすみす捨てられるのを救うことができます。イライラしたりガッカリするよりも、ちゃんと準備しておいて「あら必要なかったわ」の方がずっといいと思いませんか？

ゼロ・ウェイストの暮らしは、家の外にも広げられますし、また広がっていくべきです。みなさんすぐに気づくと思いますが、家の外でのごみへの対処は、基本的に家の中での対処とほとんど同じです。どちらも、一言で言うなら「先手を取って行動する」というひとつのルールにつきます。

　もちろん、人生は驚きの連続、予想外の出来事や成り行きに満ち満ちています。そんなあれこれをゼロ・ウェイストのために台無しにされたくないですよね。でも、前もって予定が分かっていれば、その情報をもとにごみや無駄の可能性を考えて、それに応じて行動することができます。家を出る前に、今日1日のことを考えてみましょう。カフェに行くならマグカップを引っつかむ。ハイキングなら水筒を持参する。野外フェスティバルやお祭りに行くならコップを。持ち寄りパーティーやバザーに出向くなら、お皿とカトラリーを詰めましょう。食料品店やファーマーズマーケットで味見をするなら、リユースできる楊枝。「マイ皿マイカップ」は、たしかにあらかじめ気を回さなければなりませんし、時にはせっかく持って行ったのに要らなかったということも。たとえば、コーヒーショップでセラミックのカップを用意しているところもあります。でも、ほとんどの場合は、容器を持参することで貴重な資源がみすみす捨てられるのを救うことができます。イライラしたりガッカリするよりも、ちゃんと準備しておいて「あら必要なかったわ」の方がずっといいと思いませんか？

外食

　ゼロ・ウェイストの暮らしは、スローフードの価値観にも重なります。手作りのご飯を大切にし、そのための工夫を惜しみません。手作りの方が、外

食よりも総じてヘルシーな素材を使えますし、産地、パッケージ、分量の調整、残り物の面でも、ごみや無駄を抑えることができます。結果として、レストランに行く機会は減ることになりますが、だからと言って「外食」が減るわけではないのです。だってピクニックに行けばいいのですから！

レストラン、テイクアウト

昨年のことです。子どもの「驚きの体験プレゼント」の一環で、家族で韓国風の焼肉レストランに出かけました。子どもたちにとって初めての経験です。家族4人で鉄板を囲み、豊富なメニューを手に注文を決められずにいました。結局、愛想のいいウェイトレスさんのすすめに従って、これなら4人前になるという「ディナースペシャル」を頼むことにしました。運ばれてきたのはすさまじい量の肉、魚、野菜。それらがテーブルに乗りきらないほどに並べられたとき、私たちはどうやら一度に平らげられる以上の量を注文してしまったことに気づきました。食べ残して使い捨てのプラスチック容器に詰めることだけは避けたいと思い、私たちは目の前の食べ物を"無駄にしない"ためにお腹に詰め込もうとしました（＊アメリカのレストランでは「ドギーバッグ」と言って、食べ残しを容器に詰めてもらって持ち帰る習慣があります）。コンポスト行きの食べ物を救うために、使い捨て容器の使用を甘受するなんて問題外でした。自分たちの判断ミスや、リユース可能な容器を持参しなかったことを、使い捨て容器なんかで埋め合わせるわけにはいきません。

スパイシーな焼肉をフォークで口に押し込みながら、相反する思いが私の頭をかけめぐりました。満腹を超えてまで食べ物を押し込んで、食べ物を救うことになるの？　使い捨て容器を持ち帰りたくないがために、気分が悪くなるような真似をする価値はあるの？　そして、もうこれ以上詰め込めないという段まで行ったとき、私はついにギブアップして、持ち帰り容器に詰めましょうというウェイトレスさんの申し出に応じました。満腹すぎて環境のことを論じる元気もない私は、こう口走りました、「でもプラスチックはやめてください。アレルギーなので」。そんな珍妙なリクエストなんて聞いたこともなかったはずですが、ウェイトレスさんは快く応じてくれ（環境のことを論じなかったのはたぶん正解でした）、代わりにアルミホイルで包んでくれ

ました。理想的ではないけれど、プラスチックよりはマシです。本当はもっと正直に、なぜプラスチック容器を使ってほしくないのか説明すべきだったかもしれません。そうすればレストランもやり方を変えてくれたかもしれないし、あるいは変わらなかったかもしれません。でも、いずれにしても、その場をしのぐにはこれで十分に効果的でした。だって、レストランはお客さんの健康状態について異論をさしはさむ余地なんてないわけですから。

さて、レストランで外食する際に考えるべき点は次の通りです。

- **・買い物は投票、されば外食も投票なり!**
  環境に配慮し、地元産やオーガニックを大切にするレストランをひいきにしましょう。ごみや無駄を減らそうと努力しているレストランに足を運び、そうでないレストランはボイコットします。急がば無駄に……、一般的にファーストフード・チェーンはごみや無駄が多いです。
- **・残さない**
  食べられる分だけを注文しましょう。
- **・薬味類も必要な分だけ使う**
  無料だからと言って、資源を使わずに作られたわけではありません。
- **・のどが渇いていない時は水を断る**
  いっそコップを上下逆さまに置いてしまえば、不要な水を注がれることもありません。

もし食べ残しを持ち帰る場合、またはテイクアウトを頼むときは、以下のことを考えましょう。

- **・マイ容器を持参する**
  わが家はこのために保存瓶を常に車に積んでいます。
- **・マイ容器を忘れた場合は、なるべくワックスペーパー、厚紙、アルミニウムを使う**
  ペーパーナプキン1枚、あるいはハンカチで用が足りることもしばしば。
- **・発泡スチロールは断固拒否**

いっそアレルギーだと説明してください。発泡スチロールは、製造過程も廃棄過程も環境に害を及ぼすのみならず、化学物質が食べ物の中に浸み出し、健康を害します。

　レストランは、私たちに大量の食べ物と使い捨て容器を突きつけてくるだけではありません。盛りつけの細部もごみと無駄づくしです。こうした環境負荷の大きい習慣は外食業界全体に広まっており、何もファーストフード・チェーンばかりに限った話ではありません。ごく近年に至るまで、世の中ではこんなものは何ひとつ使われていなかったにも関わらず、今日ではほとんどの人が当然のように、カクテルにプラスチック製のマドラーとナプキンがついてくるものと思い込んでいます。そして、宅配ピザの箱には3本足のピザセーバー、サンドイッチには楊枝の旗が突き刺さって、アイスクリームコーンには包み紙がかぶせられ、カフェテリアのトレイには広告のマットが敷かれて、ロブスターなどのプレートには使い捨てのお手拭きが、テイクアウト・サンドイッチにはペーパーナプキンが巻き付いて、さらに薬味のパック付き。こんなにいろいろなものがつけ足されることで、あなたの食事の時間は本当によりすばらしいものになるのでしょうか？　これらが環境にどのような影響をもたらすかを考えれば、私が感じるのは悲しみだけです。

　食べ物を注文するとき、料理にどんな材料が使われているのかを聞くのは普通のことですよね？　であれば、「どうやって盛りつけられてくるのですか？」と聞いたって悪いはずはありません。どんな使い捨て用品が使われるのですか？　水にはストローがついてくるのですか？　私はストローは使わないのですが……。

　さて、外食の際に特に注意して断るべき使い捨て用品はこちらです。

・**使い捨ての携帯灰皿**：タバコなんていっそやめては？

・**パンやドーナツを挟む紙**：直接手に持つか、ハンカチに包みましょう。

・**割り箸**：リユース可能なお箸を頼みましょう。

・**コースター**：絶対になくて平気。

・**寿司のバラン**：つけないように頼みましょう。

- **サンドイッチの旗**：つけないように頼みましょう。
- **お手拭き**：手は洗って自分のハンカチで拭きましょう。またはトイレに備えつけのロールタオルか、どうしようもない場合もせめてハンドドライヤーを使いましょう。
- **ドリンクのカップとふた**：
  自分の水筒に入れてもらいましょう（ホットドリンクには保温タイプを）。
- **アイスクリームのカップと味見用のスプーン**：
  コーンを選び、味見はせず、自分の直感を信じて。
- **子ども用のこぼれないカップ、塗り絵、クレヨン**：
  家から持って行きましょう。
- **マドラー**：スプーンで混ぜるか、バーテンダーに混ぜてもらいましょう。
- **ナプキン**：ハンカチを使ってください。
- **オリーブ用の楊枝**：きれいな指でつまんでは？
- **ピザセーバー**：
  ふたが落ちてこないように宅配ピザの真ん中に突き刺さっているプラスチック製の白い3本足のあれです。チーズが少しくらい箱についたからなんだって言うの？
- **キッシュのアルミ型**：
  別のものを注文しましょう。キッシュは家で作っては？
- **便座シート**：座らなければよいのです。はい、スクワット！
- **ストロー**：なしでドリンクを注文します。
- **楊枝**：口腔衛生のケアは帰宅してからにしては？
- **カトラリー**：プラスチックはボイコット！　マイカトラリーを持参しましょう（P.309のピクニックセットを参照）。
- **ゼリーやムースの入ったグラス**：
  もしプラスチックのものが運ばれてきてしまったら、ガラスを使うよう提案しましょう。
- **紙やビニール製のエプロン**：布のナプキンを首に巻いて、しばるか、シャツの襟に挟み込むといいんですよ。
- **マフィンの紙カップ**：別のお菓子を選んでは？

- **・ポップコーンの紙コップ**：持参した布袋に詰めてもらいましょう。
- **・砂糖のパック**：ディスペンサーかボウルに砂糖を入れてもらいましょう。
- **・トレイに敷く紙マット**：だって、お盆、洗ってあるでしょう？

とにかく先手を打って対応し、注文の際に使い捨てアイテムを断ることで、いちばん効果的にごみや無駄をなくすことができます。でも、もしそれでも入り込んできてしまったら、店主にリユース可能な代替品を提案、または撤廃をすすめましょう。その際、経費の節約になる点を強調してください！私たち客が動けば動くほど、早くこれらの使い捨てをなくすことができますよ。

ピクニック

ゼロ・ウェイストの暮らしは、私たちを野外へいざない、自然とつながるよう促します。そして、ピクニックほどそれに適した営みはありません！ピクニックは私たちに比類ない時間を与えてくれます。家の雑事から逃れ、新鮮な空気を吸い込み、ビタミンDを吸収する。平日なら一息ついてリフレッシュ、週末なら友人と待ち合わせる口実にもなります。来客のために床を掃いたりする必要もなし。自然こそ、人をもてなすのに最高の場所なのです！子どもたちも電子機器から離れて走り回り、あれこれ工夫して没頭できるものを見つけます。

ピクニックはお金もかからず、健康的で、ゼロ・ウェイストに合わせるのも簡単。この本の前半で触れた買い物の方法を取り入れてさえいれば、難しいことは何ひとつありません。

必要なものをさっとつかんでいつでも出発できるように、わが家ではピクニックバッグを常に食材棚に置き、中に割れないお皿とカップ、それに竹のカトラリーセットをひとり分ずつナプキンで包んだものを入れておきます。

このピクニック・セットは持ち寄りのビュッフェやキャンプにも持って行きますし、カトラリーは飛行機に乗るときも持参します。

いざ出発するときは、次のものも荷物に入れます。

- 冷蔵庫にあるチーズ、サラミ、ピザの残り、パプリカのロースト、きのこのマリネ、ピクルス（下記参照）、固ゆで卵、トマトのロースト、オリーブなど、何でもいいので前菜になりそうなものを保存瓶に入れたまま、いくつか。
- ナッツ
- 果物
- 冷凍庫のバゲット
- 水筒とワイン
- 毛布

きちんとした料理を持って行くときは、タオルをフロシキスタイルにして包みます。持ち寄りパーティーに料理を持って行くときもこのやり方です。

ふ だ ん 着 の ピ ク ル ス

とても手軽なこのレシピ、わが家のピクニックには欠かせない存在です。
以下の分量で、ちょうど1ℓサイズの瓶におさまる量が作れます。

材料：
- ピクルス用のきゅうりのスライスを5カップ
- 玉ねぎのスライス1個分
- 粗塩大さじ1強

・砕いた氷1カップ分

・リンゴ酢3/4カップ

・砂糖3/4カップ

・好みのスパイス

作り方：

1. 大きめのボウルにきゅうり、玉ねぎ、塩、氷を入れて混ぜる。

2. 重しをのせて数時間おく。私はお皿と重いガラス瓶を使います。

3. 水を切る。

4. 中くらいの鍋に、水を切ったきゅうりと玉ねぎ、お酢、砂糖、好みのスパイスを入れて混ぜる。わが家は前回、クミン小さじ1/4とセロリ・ソルト小さじ1/8を入れました。

5. 火にかけ、沸騰直前で火を止める。

6. 煮沸消毒した保存瓶に液ごと入れる。

★長期保存には、密閉した瓶を10分間煮沸しますが私はやりません。単に冷蔵庫にしまって、いつも1か月もしないうちになくなってしまいます。

キャンプ

私たちが土地を乱暴に扱うのは、土地を自分たちの持ち物だと考えているからだ。土地を自分たちの属するコミュニティとして捉えれば、きっと愛情と敬意をもって使うようになるだろう。

——アルド・レオポルド『野生のうたが聞こえる』より

　キャンプは万人向けではありません。私の義母や祖母もそうですが、あの不便さと埃がダメという人も多いです。でも、ちょっとくらいの不自由さは乗り越えられるという人にとっては、野外探検はいいことづくしです。

　ゼロ・ウェイストに入れ込む動機は、経済的なこと、環境のこと、あるいはシンプルな暮らしをしたい、など様々だと思いますが、キャンプはそれら

のメリットを実際に体感できる絶好のチャンスです。

　キャンプは生活のペースを変え、「減らす暮らし」を味わう機会を与えてくれます。現代文明の快適さは剥ぎ取られ、必要最低限以上のものは一切なし。全部合わせても、車のトランクや、ことによるとバックパックに収まってしまうくらいのものだけで過ごすことになるのです。これは、モノや習慣への執着を見直すすばらしいトレーニングになります。野外のただ中にあっては、清潔の基準もゆるめざるを得ないし、埃も自然の現実として受け入れるよりほかありません。水は節約すべきだし、つまりはシャワーも歯みがきもお化粧も、生存という究極の次元から見れば、不要なのだと結論づけるよりほかないのです。しばらくの間これらのぜいたくを手放すことで、文明社会に戻ったとき、そのありがたさがより鮮明に実感できます。

　また、キャンプはともに過ごす時間を増やし、家族を結びつけるすばらしい機会となります。テントを立て、水を汲み、食事を準備して、お皿を洗う。これらがすべて、家族が協力し合う貴重な時間となります。遊ぶ時間だって生まれます。フットボールに音楽、トランプ、ジェスチャーゲーム。日々の暮らしの中では、こんなふうに全員揃って遊ぶような機会はなかなか持てません。家では壁を隔てて別の部屋で過ごしている家族が、キャンプの間だけは1か所でひとつになれるのです。子どもたちに自然への敬意を教えるにも理想的。さらに、火を起こしたり、釣りをしたり、自然採集をしたり、木工をしたり、といったサバイバル技術も身につけられます。

　そして、もっとも重要なのは、自然と直接ふれ合うことができるという点です。アライグマやうさぎのいる世界に飛び込み、ホリネズミが穴を掘る様子を眺め、夜はコヨーテの遠吠えが聞こえてきて、朝はマネシツグミの歌声で日が覚める。そうするうちに、私たちは「土地を自分たちの属するコミュニティとして」捉えるようになるのです。

　悲しいことに、キャンプも様変わりしました。少し前までは、キャンプ場の洗い場は、夕食後の時間帯になると食器を洗おうとする人が押し寄せて行列になったものです。誰よりも先にたどり着こうとピリピリしたことを思い出します。でも今では、使い捨ての食器や水タンクがそれらに取って代わり、洗い場での会話も消えて、あるのはあふれんばかりのごみ箱ばかり。キャン

プは自然を楽しむすばらしい営みです。でも、ごみや無駄づくしのキャンプなんて、自然への敬意を欠くし、非常識だし、そもそも矛盾しています。それは、私たちをやさしく迎え入れてくれる自然の大切さを軽んじる行為です。どうかみんなで「愛情と敬意をもって使うように」していきましょう。

　キャンプはごみと無駄づくしである必要はありません。単に先手を取って準備することで、サステイナブルな営みに早変わりします。以下のアイディアを参考にしてみてください。

ごみを出さないキャンプ術

・食べ物

前半の「台所と日々の買い物」で紹介した様々な方法と、先ほどのピクニックの項で紹介した秘訣を使えば、食べ物のパッケージごみはなくせます。ガラスの容器や保存瓶、布袋などに入れることで、ごみは減ります。私の住む地域では、バックパッカー用の食材も量り売りコーナーで買うことができます。ドライフルーツやナッツ、ビーフジャーキーなどは布袋で保管しましょう。布袋には、オートミールや乾燥スープの素（レンズ豆のカレースープ、コーンチャウダー、チリコンカン、インゲン豆やスプリットピーやブラックビーンズのスープなど）も入れておきましょう。

・水

使い捨てのペットボトルや水タンクではなく、繰り返し使える容器に水を詰めましょう。バックパッカーなら、ウォーター・フィルターを持って行けば、湖や川や雪の水を浄化して使うこともできます。

・洗う

マルセイユ石鹸やカスティール石鹸をひとつ、金たわし、ぞうきん、タオル。これだけあれば、キャンプする人間もお皿も全部きれいになります。油っぽいお皿は、灰で洗って、砂や土でこすってもよいでしょう（灰と油が合わさると石鹸の原型になります）。

・ガス

ガスは再生可能な資源ではないのですが、薪や炭よりも燃焼はクリーンです。ただし、空のボンベが残ってしまうのが難点。ここはぜひ、使い

捨てボンベ用に作られているキャンプ用ガスコンロを、適切な接続ホースやアダプターを使って、充填式のボンベにつなげてみましょう。

・**薪**

たきぎ集めを禁止しているキャンプ場も多いので、出発前に薪は買っておきましょう。薪はダンボール入りや、単に麻ひもでしばっただけのものを買いましょう。

・**修理**

ポールが1本壊れたくらいでテントを捨てないでくださいね！ 市販の補修用品を使ったり、補修を受けつけてくれる業者もいるので、しっかりと直しましょう。

ゼロ・ウェイストのキャンプ用品

・**蚊除け**

肌にお酢をスプレーするか、ラベンダーの花をこすりつけます。

・**耳栓**

チーズの外側の硬いワックス部分を手のひらでやわらかくし、ビー玉大にして耳に詰めれば、平和な夜が約束されます。家族がいびきをかく人なら、どうしてこんなものが必要なのかわかりますよね？

・**明かり**

ソーラーランプはすばらしいですが、中古で見つけるのは至難の業。オイルキャンドルを手作りしましょう（P.278参照）。アンティークのオイルランプを使うのもひとつ。燃料は食用油（オリーブオイルなら臭いません）。そこに木綿の端切れで作った紐の芯を入れて使います。

・**着火剤**

手作りがおすすめです。衣類乾燥機の埃くず、またはおがくずを卵のパックなどの型に詰め込んで、溶かしたみつろうかろうそくの残り、またはチーズの外側のワックス部分を溶かして上から注ぎます。

・**防水マッチ**

紙マッチの頭を溶かしたみつろうにディップします。ぜひ紙マッチを選びましょう。詰め替え式ライターは石油ベースの燃料を使っています。

旅行

　16歳の頃、ディナーパーティーで、世界各地を旅行してきたばかりの夫婦に出会いました。私は耳を全開にして、彼らが話してくれることのひとつひとつに全神経を集中し、好きな国はどこか、おいしかった食べ物は何か、どこの国の人がよかったかと質問攻めにしました。夜、私はベッドの中で天井を見つめ、その夫婦の話を思い出しながら、エキゾチックな場所にいる自分を思い浮かべました。サバンナを探検して、ジャングルに分け入って、そしてゾウをなで、ラクダに乗り、サメと一緒に泳ぐ自分を夢見るのでした。こうして私の旅行熱は生まれたのです。

　幸運にも、世界探訪の渇望を分かち合える男性と結婚した私は、ふたりで夢を実現しました。私たちは大胆きわまりない夢を低予算に組み入れ、6か月かけて世界各地を旅行して回りました。初めは巨大なバックパックいっぱいに荷物を詰め込んでいました。服は夏用と冬用の両方、靴も数足、それに本やアクセサリー類が私たちの肩に重くのしかかりました。インドに行けば、それは私たちの良心にも重くのしかかるのでした。過酷な貧困の中にあっては、私たちの荷物は不釣り合いであまりに場違いでした。余分な持ち物は、ここでは恥ずべき贅沢でした。私たちは持ち物を必要最低限に減らすことにしました。着ている服と小銭、水着、そして帽子以外はすべて人に譲り、代わりに感謝に満ちた笑顔をもらいました。何を持つかではなく、何を経験するかで人生がおもしろくなるのだと知りました。旅行で地平が広がり、知識も増えました。遠い文化に対する偏見は変わり、人生に新たな展望を持つことができました。この時の経験が、後のゼロ・ウェイストの仕事の大きなインスピレーションになったと感じます。

　当時認識が足りていなかったなと思うのは、飛行機の環境負荷についてまるで無知で、罪悪感のかけらもなくお気楽に空の旅を楽しんでいたことです。

カーボンフットプリント（二酸化炭素の排出）

　ゼロ・ウェイストはいいことづくしです。支出も減る、時間もできる、健康になる、万能バームもある。でも、環境意識の高まりは、旅行好きにはひとつだけ大きなジレンマをもたらします。そう、空の旅に伴う二酸化炭素の排出です。

　空の旅はこの先もなくなりませんし、グローバル化のますます進む社会にあっては、それなくして成り立たない人間関係もたくさんあります。ただ、天才科学者が何か代わりのクリーンな手段を発見するまでは、飛行機による二酸化炭素の排出は深刻な問題です。飛ぶべきか、飛ばないべきか。その答えはひとりひとり違うはずです。

　私はと言えば、外国で結婚して移住までしたことの結果を受け入れようという結論に達しました。アメリカに家を持つことにした瞬間、私たちは、国際電話で家族と連絡を取り合い、飛行機で故郷を訪ねる人生を引き受けたのです。電話だけでは、子どもたちはフランス語にどっぷり浸かることもできないし、おばあちゃんの抱っことキスを味わうこともできません。私は人生のつづく限りゼロ・ウェイストの暮らしを選ぶつもりですが、同時に家族にも会う必要があります。空の旅は、２つの文化を生きる私の人生にとって不可欠な一部なのです。

　私たちはみな、住んでいる地域や個人の事情に応じて、持続可能な暮らしのバランスを見極める責任があります。旅行による環境負荷を別のところで埋め合わせるというのもひとつの方法ですが、まずは旅行のプラン全体を通して、カーボンの削減努力をすべきです。

- **旅行の頻度を減らす：**
  　たとえば、出張はインターネット会議に代えましょう。
- **旅行の距離を減らす：**できるだけローカルに行きましょう。
- **目的地への交通手段を考える：**
  　飛行機より電車の方が早い国もたくさんあります。
- **どうしても飛行機に乗るなら直行便を選ぶ**
- **荷物は軽く：**洋服の項で紹介した秘訣を使えば、簡単なはずです。

・**滞在は中心部に**：いろいろな場所へ歩いて行けます。

機内の使い捨て

休暇の高揚感や出張のストレスにエネルギーを奪われていると、しばしば「そんなことに構ってられないわ！」というわけで、環境保護の理念は空港に置き去りにされてしまいます。みんな使い捨てを旅行の既成事実のように受け止めています。チェックインの前に買ったペットボトル。セキュリティゲートのところで捨てられて、数分後にまた買って、機内でまた新しいのをもらって……わずか1時間そこそこで、なんてたくさんの水！　なんてたくさんのプラスチック！　なんてたくさんの無駄！　それだけではありません。ゲートのごみ箱はあふれんばかり、トイレには空のペットボトルが、地面にはテイクアウトのプラスチック容器が置き去りにされ、出発待ちのソファには新聞や雑誌。客室乗務員は私たちに飲み物をすすめ、飲みきりサイズのドリンクを開け、氷たっぷりのプラスチックカップに注ぎ、ペーパーナプキンを添えてサーブしてくれます。おかわりをすすめに来れば、また新しい氷を入れた新しいプラスチックカップに新しいドリンクを注ぎ、新しいペーパーナプキンを添えて出してくれます。フライトが終わるまでに、それらのカップは食べかけのスナックや汚れたペーパーナプキン、さらに様々なパッケージの残骸の仲間入りをします。

家庭では、リサイクルは様々な要素によって決定づけられます。メーカーと消費者、行政、収集業者、資源化施設のそれぞれが献身的な協働を果たすことで、リサイクルが初めて可能になるのです（P.40参照）。でも、フライト中の食べ物や飲み物の容器、食べ残し、毛布、枕、ヘッドホン、雑誌、靴下、アイマスクが到着先の空港でどうなるかは、各航空会社と空港、税関、さらに各国の保健衛生機関の法規制が絡み合う中、さらに複雑さをきわめます。そして結局、最終的にはほとんど何もリサイクルされることはないのです。ある著名な環境団体の報告書によれば、「アメリカの航空会社は毎年ボーイング747が58機作れる量のアルミ缶を廃棄している。（中略）新聞雑誌類の廃棄量はフットボール競技場に敷き詰めると7mの高さに達する」。残念ながら、ごみ問題はややこしく、多くの利害関係が絡んでいます。そして、解

決策を見つけるために必要な協働体制はほとんど実現していません。でも、企業や国の変化を待ち続ける一方で、消費者、つまり旅行者が大した準備もせずにできることもたくさんあります。

　機内でのごみを最小限にするためには次のものを荷物に入れましょう。

- ステンレス製の水筒（ホットドリンクを飲むつもりなら、保温タイプのもの）
- 携帯電話のイヤフォン
- 毛布や枕代わりに使えるひざ掛け
- 布袋に入れたスナック
- 読み物（図書館で借りた本、電子書籍、古本屋で買った雑誌など）
- 洗面用品はセキュリティゲートの通過を見越して、透明な防水ポーチに入れる（薄っぺらい食品保存用袋に代わる耐久性にすぐれたものが売られています）

長距離のフライトには、さらに次のものを。

- 保存瓶かステンレス製容器に入れた食べ物（またはタオルに包んだサンドイッチ）
- ピクニック用の竹のカトラリーを布製のナプキンにくるんで
- （オプション）枕（ジャケットをきれいに丸めても代用になります）

旅行中の買い物

　目的地に到着したら、家と同じ「ゼロ・ウェイスト・ショッピング」のルールに従って買い物をします。行き先に関わらず、以下のことを心がけましょう。

- その土地のリサイクルやコンポストのルールをよく知る
- ファーマーズマーケットを見つけて、地元産の野菜を手に入れる
- 量り売りショップ検索サイト（P.77参照）を使って、量り売りショップを見つける

・野菜やパンなど、量り売りで買えるアイテムを探す

・パン屋や肉屋など専門店を探す

・家から持参した布袋と保存瓶を使う（持っていなければ、まずガラス容器入りのアイテムを買い、その容器を使って量り売りアイテムを買う）

そして何より重要なのは、旅を楽しむこと！

留守宅の貸し出し

　知らぬが仏と言いますが、今も心のどこかで、空の旅の環境負荷のことなんて知らなければよかったのにと思っている自分がいます。と同時に、ゼロ・ウェイストの旅行の中で、スコットも私も、もっと早く知っていたらと思っていることがひとつあります。旅行中の自宅の貸し出しです。

　P.39で紹介したとおり、モノや道具のシェアリング（共同利用）は、環境面でも経済面でも大きなメリットがあります。なにしろ、一定期間使われずに放置されている資産を、ほかの人に使ってもらうことができるのです。旅行中にできる共同利用としては、車のレンタル、家の交換、そして短期レンタルなどがあります。そして、これらは旅費の負担もかなり減らしてくれるのです（もちろん、どんどん儲かるというほどでもありませんが）！

　とりあえずのシェアリングとしては、2家族で家を交換するのがいちばん簡単ですが、留守宅を別の人に短期間貸し出す方が自由度は高くなります。必ずしも家を借りてくれる人の家に行かなくてもよいからです。このように短期レンタルをすることで、もし旅行先での宿泊費をあなたの家のレンタル収入以下に抑えることができれば、純利益が発生する可能性もあります。たとえば、キャン

プに行くのだとすれば、レンタル収入はそっくりポケットに入るわけです。

　わが家を貸し出すというアイディアはスコットのものでした。当時は天才的なひらめきだと思ったものですが、今振り返ってみれば、きっとこれはスコットが物質から自由になるための個人的な通過儀礼だったに違いないと感じます。これまでのゼロ・ウェイストの挑戦の中で、この本でみなさんと分かち合った数々の方法を実践してきました。その過程で私たちがだんだんに身につけたこと、それは物理的な所有物からなるべく己を切り離して、モノを「公共財」のように捉えるという視点です。今、私たちはもちろん自分たちの家具調度品が大切です。だって、長持ちしてほしいと思うから。でも、以前は「このベッド、すごく大事なの」だったのが、今や「このベッド、貸せるの」になり、「知りもしない人」に家を明け渡すというタブーも消えました。私たちとしては、貸し出す際に保証金を受け取るので、それほどの不安もありません。

　ミニマリズムの暮らしでなくても家は貸せます。でも、シンプルな暮らしを志す中で、わが家は自然にこの道に引き寄せられ、結果的に家を空けるのも簡単になりました。わが家には"どける物"がほとんどないので、15分もあれば家を空っぽにできます。家族4人の小さなワードローブには、それぞれ機内持ち込み用のスーツケースが入っています。レンタルの予約が入ると、各自が自分のスーツケースを引っ張り出して、服と洗面用品を全部中に入れて、ピュッ、もう玄関の外にいます。ええ、こんなに簡単なんです。

　この本で紹介した秘訣をもし忠実に実行したら、あなたも留守宅を簡単に貸し出せるようになりますよ。最初の1回は多少の準備が必要ですが、その甲斐は十分にあります！

　さて、家を貸し出して、旅行中に利益を作り出すための10のステップはこちらです。

　　1. 家の必要な場所にラベルを貼る：
　　　　たとえばわが家は「コンポスト入れ」にラベルをつけました。ごみ箱と
　　　　混同しないでもらうためです。

2. 「家の利用ガイド」をタイプして印刷する：

   暖房、冷房、メディア機器の使い方を詳細に記入し、連絡先の電話番号を明記し、町の地図なども入れておきましょう。わが家はゼロ・ウェイストの暮らしのための指針もガイドに加えました。

3. 友人や管理人に頼んで、留守中の客の受け入れと、何か問題が生じた場合のケアをしてもらう。

4. 家事代行サービスを探して、予約と予約の間の掃除、そしてシーツの洗濯と交換を頼む。

5. 合い鍵を作る。

6. 光の多い日中に家の写真を撮る。

7. airbnbなどの民泊サイトに登録する。

8. 魅力的な家の説明を書き、写真をアップする。

9. 契約書のひな型を作る。

10. 予約の受付開始！　もしかすると、あなたのシンプルな家を見て、借り手の人生も変わるかもしれませんよ！

10

行動を起こす

GETTING INVOLVED

1部屋ずつ、まずは1日、1週間、あるいは1か月だけ。リユースできる道具を使い始め、量り売りショップを見つけ、手作りを始めます。自分自身のペースで、主体的に取り組むこと自体が大事なのです。

この本で紹介した秘訣は、みなさんが家全体のごみを減らし、ゼロ・ウェイストに向かって進むお手伝いをするつもりで書いています。え、まだそこまで行かないって？　絶望には及びません。ゼロ・ウェイストの暮らしは一夜にして起こるわけではないのです。つまるところ、次のようなステップを踏んで挑戦は進んでいくことになります。

1．無関心

　最初は環境問題のことなど何も知りません。あなたはまるで地球に無限の資源があるかのように暮らしています。身体は丈夫で、時間もいくらでもあるかのように思い込んでいます。私も、ごみをわざわざビニール袋に入れて、それを台所のごみ箱に詰め込んでいた時期がありました。しかもごみ箱にはさらにビニール袋の中敷きを敷いて、それをごみ出し用の大きなごみバケツにそのまま投げ入れていたのです。今となっては本当に愚かでしたが、当時の私には何もかもが当然のように思えていました。自分の行動の帰結について、何の考えも持っていなかったのです。

2．目覚め

　メディアを通して、あるいは個人的な興味の中から、少しずつ環境に関する知識が身につきます。あなたは、プラスチックが家族の健康や環境にどんな影響をもたらすのか、気づきます。パラベンやビスフェノールAなどの言葉もわかるようになります。ペーパータオルは木を切り倒して作られていることに思い至ります。太平洋ごみベルトのことも耳に入ってくるかもしれません。そして思います。「ああ、なんてこと！　こんなことが起きているなんて信じられない！」。新たな知識を得たあとは、3つのシナリオに分かれます。
　①知ったことを否定：未来の世代を無視して今までどおり生きていく。

②無力感に陥る：口では語れるが、行動は何も起こせない。

③やる気がわく：現状を変えるために行動を起こす。

　この本を読んでくださっているということは、みなさんはもちろん③の道を選んでいるはずですよね？

３．行動を起こす

　あなたは行動を起こします。これらの環境問題をすぐに解決することはできないにしても、せめて未来の世代のためにアクションを起こすのです。あなたは、自分のスケジュールに合ったペースで、この本に紹介したような方法を試します。１部屋ずつ、まずは１日、１週間、あるいは１か月だけ。リユースできる道具を使い始め、量り売りショップを見つけ、手作りを始めます。プラスチック入りの食べ物よりもガラス入りの食べ物の方が魅力的だし、モノの少ない台所の方が掃除しやすいことに気づきます。時には量り売りショップが見つからなかったり、お店に保存瓶の使用を拒否されたり、障害にぶち当たることもありますが、たとえほんの少しの変化でも環境と健康と支出に必ずよい影響が現れることを忘れることはありません。なぜなら、自分自身のペースで主体的にゼロ・ウェイストに取り組むこと自体が大事だからです。たしかに今日という日の手間は増えます。でもあなたは、その努力が必ず未来をよくすることを知っています。それは未来に投資する時間なのです。

４．孤立

　問題に気づき、行動を起こそうとする中、あなたは孤立感を味わいます。周囲の人の無頓着がいちいち気に障ります。みんなが使い捨てコーヒーカップを持ち、友人はプラスチック容器入りの食べ物を電子レンジで温め、家族はペーパーナプキンを買ってお金を無駄づかいしています。なぜみんなが変わってくれないのかわかりません。みんなも同じように暮らしてくれたらいいのに、と思います。みんなに忠告したい気持ちと、言っても仕方がないという気持ちに、いつも引き裂かれます。実業家ボー・ベネットの名言のとおり、「フラストレーションというものは、時にかなりの痛みを伴うが、実は非常に建設的かつ重要な成功の一部である」。批判のつらさは、友達やネット上のゼ

ロ・ウェイストの仲間たちが支えてくれます。ZeroWasteHome.com のフォーラムも助けになるでしょう。でも、時が経つにつれ、あなたは気づきます。世の中には本当に様々な生き方があって、重要なのは「自分がどうしたいか」なのだと。何をしても、必ず否定する人はいるのです。私たちもいろいろ言われました。肉を食べたりフランスに旅行したりして、徹底していないとか、やりすぎだとか、非現実的だとか、極端だとか。私ができているのに非現実的って一体どういうこと !?　こうした批判には、とにかくわが家はこれでうまく行っているのだからという信念を強く持って対応しました。

5．自信

　石の上にも３年。家族も友人も徐々にあなたの新しい暮らしを受け入れてくれるようになり、フラストレーションは過去のものとなります。時を経て、あなたは自分にとって持続可能な方法だけを選び、そうでないものは切り捨てます。残るのは、あなたの家族にとってうまく機能するシステム。シンプルで、長期にわたってラクラクと持続できるシステムです。あなたは「５つのR」に従って様々な選択をします。「リフューズ、リデュース、リユース、リサイクル、ロット」を上から順に実行することが自然な日常となります。ゼロ・ウェイストはもはや自動操縦のようです。

6．さらなる行動へ

　ゼロ・ウェイストの解が導き出され、あなたの家族にとって最適な形が実現した今、あなたはその暮らしのメリットを十二分に享受できています。食生活は健康になり、支出は減り、環境に配慮した生活で気分も最高です。シンプルな暮らしで取り戻した時間で、友人との集まりを企画し、家庭菜園を始め、自然採集の講座に通います。でも、それだけでは飽き足らず、コミュニティにお返しができないか考えるようになります。自分という個人の枠を超えて、学んだことをもっと広いコミュニティのために生かしたいと思うのです。さて、できることは３つ。①ゼロ・ウェイストの親善大使となる、②声を上げる、③先頭に立つ。ひとつずつ見ていきましょう。

ゼロ・ウェイストの親善大使になる

「悪に勝利してほしければ、善良な人々が何もせずにいるだけでよい。」

——エドマンド・バーク

　ひとたびゼロ・ウェイストの暮らしを選べば、私たちは前向きなスタンスによって、周囲の人々を感化し、ゼロ・ウェイストに向かわせる力を手にしたことになります。ゼロ・ウェイストの親善大使になるには、まずはこの本の中で紹介した様々な提案を実行してみてください。加えて、次のことも考えてみましょう。

- 量り売りショップ検索サイト（P.78 参照）に量り売りショップの情報を登録する。
- ピクニックに行くときは、ほかの人の分まで、リユースできるお皿やカトラリーを多めに持参。
- シェアリング（共同利用）に参加し、自分の持ち物をほかの人に使ってもらう。
- 友達や図書館にこの本を贈る。
- ごみ問題に意識的な候補者に投票する。
- 寄付はゼロ・ウェイストの取り組みを支えるチャリティーへ。
- 地元自治体の地球温暖化計画など、ごみに関連する議論の場に出向く。
- ゼロ・ウェイストの暮らしを応援する業者を利用する：カバーをリユースしてくれるクリーニング店、ぞうきんやお酢を使う清掃業者、ナチュラルな薬剤を使う害虫駆除業者など。
- 地元の環境部会などに参加し、ごみの委員になる。
- いつも前向きな態度で、ユーモアを持ってゼロ・ウェイストの暮らしを語る。そう、メリットを自慢して！
- 立つ鳥跡を濁さずの精神で、キャンプ、ハイキング、ビーチ、犬の散歩の道すがらごみを拾う。

- 余っているものは他者に回し、セカンドハンドの市場を充実させる。
- 同じ志の人々とつながる。
- 家の見学を受け入れる。
- よい製品やよい企業を称賛する。
- ガンジーの言葉、「こうなってほしいという世界があるなら、まずはあなたがその変化の糸口となりなさい」を唱える。
- 友人の家の片づけや、同僚のペーパーレス化を手伝う。
- ゼロ・ウェイストの取り組みを支える請願に署名する。
- 年中行事の祝い方の改善を学校に申し入れる。
- 公共交通機関、図書館、工具バンクなど、既に使えるエコな手段を活用する。
- クリーンキャンペーンなどごみ関係のイベントに参加する。
- どこにでも歩いて行く、または自転車で行く。
- 買い物はいつも保存瓶＋布袋で。
- 無料グッズは断る。
- ダイレクトメールの送付を断る。
- プレゼントはフロシキスタイルでラッピング。

これらを1回するごとに、ゼロ・ウェイストの言葉は広まり、あなたの後に続くよう人々を感化していることになるのです！

声を上げる

> システムが変わるのを待っていてはいけない。私たちひとりひとりがシステムなのだから。

――コリン・ビーヴァン『No Impact Man（未邦訳）』

ゼロ・ウェイストの道のりは必ずしも平坦ではありません。現在の状況を

考えれば、おそらくは何らかの障壁が目の前に立ちはだかり、望ましくない方法に従うことを余儀なくされる局面も出てくるでしょう。こうした障壁はもちろんフラストレーションを作り出しますが、同時に、役所やメーカー、販売店や各種機関に私たちの考えや望みを伝える絶好のチャンスでもあります。メールや電話、あるいは手書きの手紙を通じて、環境負荷の低い方法の導入や、ごみや無駄づくしの方法の修正をうまく提案することが可能です。問題意識を伝えることで、将来的なゼロ・ウェイストを支えることになるのみならず、この社会がより環境に配慮したものに変わっていく過程に積極的に参加し、そのプロセスを早めることができます。

　近所に量り売りショップがないのですね？　もしこの本に紹介されている様々な方法のうち、量り売りに関するもの以外、つまり、必要のないものを断り、持ち物を減らし、リユース可能なものを取り入れ、リサイクルし、コンポストし……を既にほとんど実行できているのであれば、次は、行きつけの食料品店がばら売りを導入してくれるよう働きかけることにエネルギーを注ぎましょう！　自然に変わるのを待っていてはいけません。変えてくれるよう頼むのです。近所の店の店主たちに連絡を取って、変化を実現させるのです。量り売りがないことを、ゼロ・ウェイストの暮らしができない理由にしてはいけません。量り売りがないことを、行動を起こす理由にしてください。

　あるいは、近所の食堂。大好きだけれど、使い捨て用品をいろいろ使っているのですね？　プラスチックのカトラリーを金属に、ペーパーナプキンを布のナプキンに変えるよう、店主にすすめてください。店のイメージアップにもつながり、固定客の増加も期待できることを強調しましょう。

「動き出すごみたち」

　私たち消費者にとって、購買力の行使は、現行の製造方法を応援する（あるいは否定する）きわめて重要なツールです。でも、ほかに選択肢がなく、ごみの出る製品やパッケージを買うことを余儀なくされるような場合には、コミュニケーションが頼みの綱となります。しっかりしたデータがあるわけではないのですが、もし私たちが手元に送られてきた「ごみ」について行動

を起こし、それを発送元に送り返せば、それはもともとの「ごみ」の環境負荷を相殺できるのではないかと私は感じています。だって、行動しなければ、ごみは見逃され、そのまま永遠に変わらないのに対し、行動を起こせば、変化の糸口を作り出せるかもしれないからです。ごみに提案書をつけて送り返せば、私たちの「本気」が伝わり、単に書くよりさらにパワフルにメッセージを伝えることができます。それができた時、ごみは、私が「動き出すごみたち」と呼ぶものに変身するのです。

ゼロ・ウェイスト以前の暮らしでは、そういうごみを私たちもただ投げ捨てていただけでした。でも今は、1ℓサイズのごみ処理場行きの瓶や資源物入れに入るものは、すべからく「次のアクション」の対象となります。たとえば、私はプラスチックのキャップを牛乳の生産者に送り返してフリップキャップを提案し、プラスチックのコルクをお気に入りのワイナリーに送り返して、別のコルクに変えてくれるようすすめました。ええ、その通り、私はこうして余分に燃料を使ってまで、「動き出すごみたち」を送り返す価値があると思っているのです。実際、自動車保険の会社は保険証書をラミネートから厚紙に変えてくれましたし、子どもの学校も名簿を紙から電子媒体に変えてくれました。世界的な化粧品ブランドだって、パッケージをプラスチックから厚紙に変えてくれたのです！

提案書の書き方

ずらずらと環境に対する問題意識を書き連ねたり、あなたの暮らしの裏にある理念を展開する必要はありません。手紙は短く簡潔に。気の利いた丁寧な言葉を使い、そつなく希望に満ちた内容にまとめます。つまるところ、自分が受け取りたいような手紙を書けばよいわけです。

①まずは謝意を伝える。その会社の気に入っている点、たとえば製品やサービスの効果や値段、販売形態などについて書きます。
②現在使われている方法に理解を示す。
③問題に触れる。
④建設的な解決策を最大3個提案する。

⑤解決策を具体的な実施例を挙げて説明する：他社ではどのように効果的に問題解決がなされているか。

⑥方法を変えることで、御社にどのようなメリットが期待されるか、経済面のメリットを中心に説明する。

⑦前向きな結び文句でスマートに締めくくる。

サンプルレター

親愛なる化粧品会社さま

私は御社のティント・モイスチャライザーがとても気に入っています。ぬりやすく、オーガニックで、パッケージもガラス。私のライフスタイルと環境への思いにばっちりフィットしてくれる存在です。

ただ、過去2回オンラインで注文した際、サンプルが一緒に送られてきました。サンプルで売り上げが伸びるのはわかりますが、私は個人的にサンプルは欲しくありません。ほかにもサンプルが不要な顧客はいるはずです。使わないものを送るのは、資源の無駄、そして御社の経費の無駄づかいではないでしょうか？

サンプルは、購入手続きの際のオプションとして提示してはいかがでしょう？　●●オンラインストアはこの方法を採っています。サンプルが欲しい人はボックスにチェックを入れればよいのです！　逆に、欲しくない人の分は御社の経費が浮くことになります。

この方法は、環境意識の高い御社の取り組みにぴったり合致すると思いますし、そうしていただけることで私も御社製品を長く愛用したいと考えています。

ご検討いただければ幸いです。

御社製品の大ファン　（あなたの名前）

または……

親愛なる映画館さま

私は映画が大好きです。貴館で提供される３Ｄメガネは、とてもつけ心地がよく、以前わが家にあった薄っぺらい紙とプラスチックのメガネより遥かに見た目もよくて気に入っています。さらにいいのは、使い捨てでないことです。

使用後のメガネは外部の消毒サービスに出されているようですが、いちいち消毒、運搬、そしてメガネを保護するプラスチックカバーまでついてきて、これは資源の無駄づかいではないでしょうか？

聞いた話では、ニュージーランドでは客がメガネを購入し、自分のものを何度も繰り返し使うとか。貴館でも同じように、別料金でメガネを販売されてみてはいかがでしょう？　客側としても、メガネが使い捨ての無料グッズではなく、繰り返し大切に使うものなのだと理解が向上すると思います。貴館にとっても、終演後に回収する時間がかからなくなり、また、洗浄サービスの経費も浮くはずです。

ご検討いただければ幸いです。とにかく使い捨てを使われていない姿勢に大拍手を送ります。さらに一歩、環境対策を進めていただけるのを楽しみにお待ちしています。

敬具

（あなたの名前）

先頭に立つ

　社会がゼロ・ウェイストに向かうまで、まだ道のりは長いです。でも、さしあたって、あなたは新しい気づきによっていろいろなことが気になり始めたはず。組織の欠陥やら、教育の必要性やら、地域のルールの矛盾などなど。ここはぜひ、あなたの得意分野や専門技能を生かして、みんなのために動きましょう。ボランティアベースであっても、あるいは仕事ベースであっても、未来はチャンスでいっぱいです。可能性の限界を作るのはあなたの想像力だ

け。意志を向ければ、なんだって実現できます！　以下のような点について考えてみてください。

・企画立案力があれば、**ゼロ・ウェイストのイベントを企画実施してみましょう**。たとえばクリーンキャンペーン、ハロウィン衣装の交換会、集団資源回収の実施など。その他、地元にないようなもの、たとえば共同購入や環境サークルを始めてみるのもよいですね。既に成功を収めている組織の地域支部を作ってみても。たとえばアメリカには、大学のキャンパスから年度末に有価物を回収し、中古品として新年度に売りに出し、得られた利益を慈善目的に寄付している団体があります。ほかにも、資源物の売却益で奨学金を運営している団体や、家庭菜園で余った野菜や果物を交換し、困窮する人々に譲り渡している菜園クラブなどもあります。

・人に教えたり、あるいは家事が得意なら、この本で紹介しているようなゼロ・ウェイストの暮らし方や、自然採集、コンポスト、木工、繕い物、保存食作り、裁縫、残り物活用術などの**ワークショップを開いてみてはいかがでしょう？**　大人に教えるのが不安なら、まずは子ども向けに、授業や放課後のプログラムの一環として教えてみるとよいでしょう。

・市民運動に参加して、**人々の意識啓発に取り組みましょう**。ごみや無駄を容認する習慣や法律に対して請願を始めましょう。法律を変えるには、変えたい法制度の具体的な改善例を探し、同じように考えている個人や組織のサポートを得て、Change.org などのサイトで署名を集め、自治体や議員に働きかけます。必要があれば、あなたも出馬しましょう！

・あなたの内なる**企業家精神を解き放ちましょう**。上司にゼロ・ウェイスト・ビジネスモデルを提案したり、いっそのことキャリアチェンジをして小さな会社を始めてください。リフューズ、リデュース、リユース、リサイクル、ロットを活性化できて、なおかつ利益のあがる仕組みや製品を作り出しましょう。

私たちが通る道は、ひとりひとりまったく違う形となるはずですが、持てる力と強みを最大限につぎ込むことで、このプロセスは意義深いものとなるはずです。ゼロ・ウェイストは私たちひとりひとりに驚きを用意してくれています。この新しいライフスタイルの中で、あなたがどんな変貌を遂げることになるのか、誰にも予想はつきません。私について言えば、自分がまさか健康な食生活をすることになるなんて思いませんでしたし、さらに支出も減って、家族と過ごす時間が増えて、ボランティアまでして、さらに祝祭日をより深く過ごせるようになって、他者への寛容さも身について、地元の自然食品店の量り売りだけでやりくりできるようになって、旅行のときは留守宅を貸し出して、おまけにブログを通じてすばらしい読者たちからサポートを得ることになるなんて、想像もしませんでした。スコットも私も、ゼロ・ウェイストの暮らしを家の外まで広げ、ついにはキャリアチェンジまですることになりました。スコットはビジネスの現場を変えるために働き、私はゼロ・ウェイストの暮らしの認知向上や実践のコツなどを1軒ずつコンサルティングして。そうです、この本も書きました！　そして、まだまだ学ぶことも知らないこともあるわけですが、これだけは自信をもって言えると思っています。ゼロ・ウェイストの何がすごいって、ゼロ・ウェイストは人生まで変えてしまうのです。これから一生、よりよい人生を送れるようになるのです！

THE FUTURE OF ZERO WASTE

ゼロ・ウェイストの未来

ゼロ・ウェイストは暮らしのよろこびを奪うものではなくて、本当に大切なもののために余白を作り出すことなのだと、みんなが理解できるようになるまでには時間がかかるでしょう。たったひとつの家庭がゼロ・ウェイストを実行するだけだって時間がかかるのですから、社会全体がゼロ・ウェイストの真価を理解し、先入観をなくし、その経済的な可能性に気づくまでにはもちろん相当な時間がかかるはずです。

今、ゼロ・ウェイストはごみ処理の方策だと思われています。でも将来的には、経済的なチャンスとしてみなされるようになるでしょう。ごみはもはや、嫌悪感や罪悪感、または不確実さを生むものではなくなります。むしろ価値ある資源として見られるようになるはずですし、実際そうあるべきなのです。今、ごみは不完全な計画やデザインやインフラの結果として存在しています。でも将来的には、常にしかるべく対処される賢い資源管理のあり方を映し出すものとなるでしょう。

「もしみんながあなたみたいな暮らしをしたら、経済が崩壊しますよ」なんて言われることがあります。いえ、現実はどうかと言うと、私たちはこのまま行けばすべてが崩壊するような道を突き進んでいるのです。真面目な話、もし私たちみんながゼロ・ウェイストの暮らしをするようになったら、それは本当にどんな世界になるのでしょうか？

私が思い描くのはこんな世界です。

すべての家庭が、布袋と保存瓶とトートバッグを持って買い物に出かけます。スーパーマーケットでは、ワインも含め、すべての商品が量り売りで売られます。各家庭の食材棚や冷蔵庫・冷凍庫にはガラスの保存瓶が詰められ、中身はよく見え、めったにごみになることはありません。トイレの便座はビデ付きで、ダイソン方式の乾燥機が完備。モノの過多は、豊かさの象徴ではなく、不注意な行動の結果として見られます。景品やサンプル類は資源の無駄とみなされ、もはや倫理的に受け入れられないので、リフューズの必要もなくなります。中古の市場がしっかりと根付き、みんなが持ち物を分かち合って、「減らす暮らし」ができるようになります。

　健康状態もよくなります。合成化学物質やジャンクフードの消費が減り、埃が溜まる持ち物が少なくなるので、がんや糖尿病やぜんそくの割合が減少します。「減らす暮らし」は、慢性疲労症候群の大人たちの助けとなります（私のブログ上で経験者たちが証言してくれています）。そして、注意欠陥障害や睡眠障害、ストレス性の様々な症状を抱える子どもたちにとっても助けとなります。これらの問題については、キム・ジョン・ペインの著書『ミニマル子育て』の中でくわしく論じられています。

　ゼロ・ウェイストは学校カリキュラムにも取り入れられます。小学校では、主にモノがどこからやって来るのか、捨てるとどうなるのかを学びます。地元の資源化施設や堆肥化施設への社会見学もあります。家庭科が再び脚光を浴び、高学年の子どもはみな料理の技術や、針と糸の簡単な補修など、エコやサバイバルに必要な様々なスキルを学びます。先生たちは学用品の共通化に応じてくれ、生徒たちは同じものを学年を超えて使い続けられます。「先生は手作りの糊でもいいと言ってくれて、学校関係の連絡や作業は全部コンピュータ上で行われるようになる」とはレオの案。さらに、ゼロ・ウェイストは環境関連の学科に限らず、すべての大学のプログラムに組み込まれます。そして、大学のキャンパスのあらゆる運営面にも生かされます。たとえば、次の学年に再利用してもらえるようなアイテムは、すべての大学が回収容器を置いて回収します。

　どんな地区にも工具バンクや、家庭菜園の余った野菜や本、洋服を交換する無料マーケットができます。この「街中の自然採集」にみんなが貢献し、

それぞれの「果実」を周囲の人々に分け与えます。レストランでは、持ち帰り用の容器を忘れた人たちのためにリユース容器が売られます。車を持つ必要もありません。電気自動車のカーシェアリングを利用して、各自の移動ニーズに合った車種を選べます。ソーラー発電の電気自動車用充電ステーションが町に点在します。自転車を持つ必要もなくなります。無人のレンタサイクルが便利なロケーションに用意されているので、それを使えばよいのです。道路にはきちんと自転車専用レーンがあり、たくさんの自転車が走ります。空港を含む公共スペースには、水飲み場など水筒に水をくめる場所があり、資源物や生ごみの分別容器も備えつけられています。犬の糞を入れる専用容器もあって、きちんと堆肥化されます。

　どんな町でも資源回収が行われ、生ごみなどの有機物は肉や魚の骨までコンポストに、そして使えなくなったものは、古布や靴、割れた鏡などの資源化困難物まですべてリサイクルに、さらにまだ使えるものは必要とする人に再分配されます。行政機関は、下水、都市計画、環境などの関連部局がひとつになって、共通のゼロ・ウェイスト目標の達成を目指します。焼却や埋め立ては全国どこも有料となり、排出量に応じて高額料金を支払いますが、時が経つにつれ、メーカーが循環型の製品の開発に取り組むので、燃やしたり埋めたりする必要自体が消えてなくなります。拡大生産者責任の法整備も進み、メーカーは自社製品の安全な廃棄に責任を持ちます。家庭ごみも事業系ごみも、リサイクルとコンポストが義務化され、ごみ出しの規制が施行されます。たとえば、美容院は客の髪をコンポストし、葬儀屋は環境にやさしい埋葬方法を実行し、建設業者はリユース用のアウトレットなどを利用して建材のごみを適切に処理します。リユース、リサイクル、コンポストの方が焼却や埋め立てより安いので、事業コストも下がります。各種買い取りも復権し、すべての素材が高く買い取られます。ポイ捨ては皆無です。なぜなら、あらゆる素材に資源価値と金銭的な重みがあることにみんなが気づくからです。資源化施設は危険ごみや薬類の回収も行い、紙類へのシュレッダーサービスも提供し、コンポストで作られた堆肥、ペンキの残り、リフォーム資材、生活雑貨など、リユース可能な品目はすべて希望者に提供するか、専門のリサイクルショップや慈善団体に寄付します。

ゼロ・ウェイストの未来には、各種リサイクルショップの充実と広がりも欠かせません。資源化施設との協力体制や市民の意識向上によって、品揃えは今日を遥かに上回るものとなります。今、消費者を新製品の購入に向かわせているのと同じマーケティング手法と美的基準が、セカンドハンドの商品にも向けられるようになります。細部へのこだわり、魅力的なウィンドウや商品ディスプレイ、清潔感や商品の配置、クオリティのキープなどによって、消費者は自信をもって買い物ができるようになり、中古市場が活性化されます。小売店のモデルに倣い、リサイクルショップも専門店化されます。事務用品、画材・工作用品、スポーツ用品、家電、服、靴、家具、生活雑貨がそれぞれ別の店で取り扱われるので、ディスプレイの配置もしやすくなり、品揃えも増え、ちょっとした物もきちんとセカンドハンドで売られるようになります。今のリサイクルショップのように、場所が足りないために切り捨てられるものは何ひとつありません。改造や修理の利かない物は分解してパーツ売りされます。たとえば手芸屋には、ボタン、リボン、糸巻き、古布、編み物用具などが、色やサイズ、素材別に並びます。消費者は、必要なら「1cmの真珠ボタン1個」を簡単に見つけて買うことができます。ボタンは普通まとめ売りされていますから、これは今の小売店ではなかなか実現されない便利さです。これらの専門店はみな1か所、または1ブロック以内にまとまっているので、素材の交換もでき、買い物客にとっても便利です。この「セカンドハンド・ショッピングモール」には、「修理カフェ」もあります。店内にはいろいろな道具が用意されていて、専門家の助けを借り、服から家具、自転車や家電にいたるまで、ほとんど何でも直すことができます。修理に必要な部品は中古品を扱う金物屋などからばら売りで買います。修理が難しいものやより専門的なケアが必要なものは、拡大生産者責任プログラムの一環でメーカーが引き取ります。

　……私はあまりに張り切りすぎでしょうか？　いいえ、そんなことはありません。だって、ダイソン式のトイレ便座を除けば、上に挙げたすべての取り組みは既に存在しているのですから！　ただ、残念ながらそれらはまだアメリカ国内外の様々な場所に散在するにとどまっています。最近登場したも

のもあれば、もう長い間続いているものもあります。たとえば、交通手段についてのシナリオは、アムステルダムなどの都市で既に構築されつつありますし、ショッピングモールの夢は、私が毎年訪ねる南フランスのリユース・センターの描写をそのまま膨らませて書いただけです。このリユース・センター、1949年にフランスの司祭アベ・ピエールが創設した「エマウス」は、資源化の収益性を知るすばらしい慈善団体です。寄付された家電や家具、生活用品などを、回収し、分類し、修理し、売りさばいて、社会から締め出されている世界中の人々の雇用とシェルターを生み出しています。この団体が私たちに垣間見せてくれるのは、ゼロ・ウェイストをより大きな規模で実施したときに実現が期待される雇用機会や経済成長の形です。リユース、リサイクル、コンポストは、埋め立てや焼却よりも遥かに多くの雇用や経済的チャンスをもたらします。

　ある環境団体の報告書によれば、ごみや資源物を回収し、処理し、中間取引し、輸送するまでの各工程の中で、リサイクルは回収物1トンにつき、通常のごみ処理の10倍の雇用を創出するとのこと。しかも、収益まで出るのです！　ゼロ・ウェイストの未来はリユース産業を中心にさらに多くの雇用機会を手にします。ごみの減量の舞台裏では、製品の供給過程全体のリユース化に伴い、必要な備品類の製造や導入、管理の仕事が生まれます。たとえば、食料品店では量り売りのディスプレイや輸送用の容器が、ホテルでは石鹸やシャンプー類のディスペンサーが、飛行機ではケータリングサービスが、それぞれ必要となります。セカンドハンド製品の市場化の中からは、輸送、分類、解体、修理、洗浄、再生、品質管理、値段設定、広告宣伝、在庫管理、そしてもちろん販売にいたるまでの各仕事が作り出されます。教育関連の職種は、人々の意識向上、さらに新しい労働市場に向けた訓練の提供に取り組みます。人々の購買量は全体として減り、メーカーの製品に対する需要は劇的に落ちることが予想されますが、支出も同時に減るため、収入も少なくてよくなります。さらに、リユースのビジネスは地域経済を活性化します。単に雇用を創出するというにとどまらず、金銭のやり取りを地区内に完結させられるからです。

　でも、何よりも大きな仕事は、社会のルールと規制を打ち立て、製造業界

にサステイナブルな物作りが定着することです。

　家庭では、ごみが家の中に入り込んでこないよう、先手を打って取り組んでいくわけですが、同時に法整備もなされて、そもそもごみが社会の中に入り込んでこなくするべきです。そのための方策を講じてくれる政府を選ぶのは私たち市民の責任ですし、その中で力を合わせ、繰り返し使えて長持ちする、循環型の賢いデザインを実現するのは製造業界の責任です。資源物をどう回収して処理するのか、そのシンプルなスタンダードが確立し、それに従う製品作りが定着するためには、まだ多くがなされる必要があります。各製品のライフサイクルが決まれば、新しい製品は常にそのリサイクルと生分解性の基準をクリアし、またメーカーはその製品が循環型であることの証明を義務付けられます。このシステムの中では、資源化の市場を持たない物は存続できません。製品は、量り売り用の容器まで含め、すべて統一規格でラベル分けされ、それに従って、リユース、修理、リサイクル、またはコンポスト化されます。さらにカーボンフットプリントも表示され、消費者はそれを見て環境にやさしい買い物を選ぶことができます。今みたいにいろいろな認証シールが混在して消費者を混乱させることはありません。なぜなら、製造と資源化の共通ルールを確立する中で、これらの認証機関も歩調を合わせることになるからです。

　こんなゼロ・ウェイスト社会があとどのくらいで実現するのでしょう？すべてはあなたと、社会のひとりひとりの力にかかっています。政治家、メーカー、学校の先生、食料品店の店主など、みんなが力を合わせる必要があります。これはわくわくするような変化です。もうゼロ・ウェイストは単にごみを減らすことではないとお分かりいただけたと思います。それはシンプルなよろこびを味わい、地元で作られた季節の食べ物を食べ、より健康的に暮らし、屋外での時間を楽しみ、コミュニティに関わる、そして、暮らしをシンプル化して、大切なもののために余白を作ることです。こんな暮らしをみんなが楽しめる世界を想像してみてください！　「モノが欲しい」から解放され、内なる成長が訪れる文明の行き着く先を、想像してみてください！　私たち誰もが、もっと消費を減らし、もっと労働を減らし、もっと充実し

た人生を生きられるのです。

未来に残すべき遺産

過去を変えることはできません。でも、未来に目を向けることはできます。ゼロ・ウェイストの未来は、私たちが子どもに何を残すかだけでなく、私たちが子どもに何を教えるかにかかっています。そう、私たち大人は選べるのです。子どもたちに単に家財道具を残すのか、あるいはサステイナブルな未来を築くための知識とスキルを残すのか。

私が個人的な経験と仕事の両方から学んだのは、物質的な遺産というものは、しばしば「持ち続ける義務」も一緒に受け継がせてしまうということ。その物に対する本当の想いなんて関係なく、私たちはただ、先祖を悲しませたり忘れたりしたくない、伝統を踏襲できないのはこわい、あるいは家族の歴史を消してしまいたくないという不安から、受け継いだものを捨てられなくなってしまうのです。あたかも、先祖の支配が部分的に残っているかのよう。心理療法士のバリー・ルベットキンは、ニューヨークタイムズ紙の記事にこんな言葉を残しています。「これは不健全な仕組みです。みんながモノの奴隷のようになっている。（中略）もし何か手放せないモノがあるとすれば、それは自分の人生や自分の家を思うままにできないということです」。もちろん私は、そんなモノの奴隷のような状態を大切な子どもたちに強いたくはありません。

私はそんなのとは全然違う遺産を残したいと考えています。それは永遠に受け継ぐことができ、壊れたりなくなったりせず、未来を生きる子孫にも役立ち、それでいて子どもたちは今すぐにもそれを生かせる。そう、知識とスキルです。家財道具や金ぴかのアクセサリーなんかより、遥かに価値がありますよ！　私がシンプルな暮らしと、料理と、保存食作りと、環境のことに真摯に取り組んでいることは、子どもたちにとって、さらにそのまた子どもたちにとって、大きな財産となるのです。

「持つ」のか、それとも「生きる」のか？　あなたは未来に何を残しますか？

謝辞

この本は、以下の人たちの力なしには完成できませんでした。

夫のスコット：私を信じ、原稿を全部読んで、家事を肩代わりしてくれて、ありがとう！

フランスにいるお母さん：家事の冒険家でいてくれて、そしてその知識を私に伝えてくれて、ありがとう。どうか未来の子どもたちの中にもその知識が生き続けますように。

編集者のシャノン・ウェルチ：いつもすばやく、辛抱強く、励まし続けてくれてありがとう。

エージェントのエイミー・ウィリアムズ：私に本が書けると思いついてくれてありがとう。

友人のロビンとクレス：ロビンは私がゼロ・ウェイストに踏み出したときに手を握りしめてくれた。クレスは、執筆中の私に休息が必要なとき、いつもそこにいてくれた。ありがとう。

ウォーキングクラブの仲間たち：毎週私のおしゃべりに耳を貸してくれ、必要なときにアドバイスをくれて、ありがとう。

そしてもちろん、私のブログの読者たち：変化を恐れず、ゼロ・ウェイストの言葉を世界に広めてくれて、ありがとう！

訳者あとがき

アメリカ在住のフランス人女性、ベア・ジョンソンによる『Zero Waste Home』(2013年)、いかがだったでしょうか？「すごい」と放心する方、「自分も真似できるかな？」という前向きな方、「とてもできない」と絶句する方、「そこまでやる？」と懐疑的な方、様々だと思います。

スタイリッシュな4人家族がほとんどまったくごみを出さないという話題性で、今や世界各地のセミナーに引っ張りだこの彼女。アメリカはもちろん、フランスでも「ベア・ジョンソン以降、ごみの減量が脚光を浴びた」と言われるほどです。

「ごみはなくせる」の意味するところ

この本を一読者として最初に読んだときの僕の感想は、実は「ここまではできないなぁ……」でした。ごみは減らしたいし、ごみが出ないのは理想だけれど、ここまではさすがに……。と同時に、自分でも不思議な感覚でしたが、この本を読んで以降、「ごみはなくそうと思えばなくせるんだ」というたしかな希望が通奏低音のように芽生えてきたのです。

これが本書『ゼロ・ウェイスト・ホーム』のいちばんパワフルな部分ではないかと感じています。実際にやるかどうか、どこまでできるかはまた別問題です。日本でも、東京の主婦アズマカナコさんによる『電気代500円。贅沢な毎日』(ccc メディアハウス)が話題を呼びました。それが実際にできる人、勇気をもって踏み出せる人はごく一部かもしれないし、社会のほとんどの人にとってはハードルが高すぎるかもしれない。でも、「そんなことが可能なんだ」「実際にやっている人がいるんだ」「やってもいいんだ」とみんなが気づくことは、社会の潜在意識にプラスの力を与え、それは近い将来、必ず社会を動かしていく原動力となるような気がします。

ベア・ジョンソンの暮らしぶりは、"ザ・カリフォルニア"。シンプルと言えども、ほとんどセレブのような華やかさです。そんな暮らしと、ストイックなイメージの「ごみゼロ」が共存できるという意外性。しかも、本人が述懐するとおり、もともと環境意識がとりわけ高かったわけでもない主婦が、短期間でここまでの変貌を見せたというおもしろさ。そして、時にちょっと過激とも思えるような取り組みの数々を、誰に頼まれたわけでもなく嬉々として実践し、信念に向かって一直線に突き進む揺るぎない姿勢。さらにそれを外国人として移住したアメリカの地でやってのける並外れた行動力と精神力。

　そう、ベアが本書を通じて教えてくれるのは、「より良い暮らし」の美しさと快適さ、そして、それを実現するために必要な強さと前向きさです。専門家でも有名人でもない、誰の助けも借りていない、私たちとまったく同じ一個人がここまでできるのかという驚くべき可能性です。

「そこまでやるの？」の意味するところ

　ベアの取り組みを見て、「とてもできない」「そこまでやらなくても」という反応があるのは自然だと思います（僕も思いました）。特に「和」を重んじる日本人の国民性からすれば、「これはやりにくい」と思う要素は多々あるでしょう。

　そこは、ベア本人も書いているとおり、読者全員が本書に書かれた取り組みのすべてをそのまま実行する必要はないわけです。「出るごみの量がどのくらいかなんて、実は重要ではないのです。（中略）誰しも、その人なりに、できる範囲で暮らしを変えていけるはずです」。

　私たちはしばしば、ゼロ・ウェイストのような大きな目標を見つめ、その困難さを前に、「ごみゼロはムリ」と、できる努力さえをもひとまとめに放棄してしまいがちです。ゼロ・ウェイストはたしかに容易ではありませんが、それが難しいことはゼロ・ウェイストの全否定につながるべきではありません。できることを取り入れていけば、私たちのごみは 10％、20％、30％……と確実に減っていくはずなのです。

誰もが異なる人生を生きていて、ごみを減らす難しさも人それぞれです。そんな中、私たちがベアの世界から受け取りたいものは、義務感ではなく、窮屈さでもなく、むしろ「こんなにできることがある」という自由で前向きな広がりです。本書に紹介される取り組みを10個、いや5個取り入れるだけでも、私たちの暮らしにははっきりとした変化が現れるでしょう。そして、その変化は世界を確実にプラスに動かすのです。

　もうひとつ、時にコミカルにさえ映るベアの奮闘ぶりを見ていて、ハッとさせられることがあります。それは「ここまでしなければ、ごみはなくならないのか」という厳しい現実です。

「ごみのない暮らし」って、本当は誰しもが「そうなったらいいな」と思うものではないでしょうか？　現実の中で「ごみは出るもの」と諦めているだけで、本当はごみが好きな人なんてめったにいないはずです。誰だって、ごみには触りたくないし、できれば臭いも嗅ぎたくない。捨てに行くのも面倒です。さらに、ごみ処理場のひどい現状について知れば、ごみゼロが望ましいことは万人にとってほとんど疑いようのない事実です。

　そんな万人の潜在的な欲求たる「ゼロ・ウェイストの夢」を実際に手に入れようと踏み出したのがベア・ジョンソンです。仮に彼女の取り組みが「そこまでやるの？」と思わせるようなものであるとすれば、つまり「こんなにがんばらなければごみをなくせない」のだとしたら、それは「こんなにがんばること」がおかしいのではなく、こんなにがんばらなければごみをなくせない「現状」がおかしいのです。私たちひとりひとりが意識を変えて、もっと「ゼロ・ウェイストに容易に取り組める世界」に現状を変えていく必要があるのです。

日本でごみを減らすには

　本書を読んで、「自分もごみを減らしてみたい。でも日本にはカリフォルニアのような量り売りの自然食品店はないし、リサイクルショップも少ないし、寄付できる場所もないし……」と思う方もたくさんいるのではないでしょうか？

　そんな方にぜひおすすめしたいのが「"すぐできる"燃えるごみラクラク5

分の4カット！」です。「燃えるごみ」って、ちょっとのことで驚くほど減るのです。量り売りが近所になくても、リサイクルショップがなくても大丈夫。わが家の場合もそうでした。10年前、わずか1か月で燃えるごみが5分の1以下に減ったときの驚きは今も忘れることはありません。

わが家の決め手は2つ、「生ごみ」と「分別」でした。生ごみ処理を始めて、守るべき分別ルールを普通に守るようにしただけで、燃えるごみがほとんどなくなったのです。

きっかけは転職でした。東京への2時間通勤をやめようと、当時住んでいた神奈川県葉山町の役場に転職したら、なんと「ごみ担当」に配属されたのです。「エ～ッ!?」と思いましたが仕方ありません。問い合わせの電話がどんどんかかってくるので、とりあえず分別ルールを覚えよう、とパンフレットをめくり、必死で覚えます。ごみ担当職員が分別違反をするわけにはいかないので、自宅でもきちんと分別を始めました。

生ごみコンポストも始めました。コンポストって、何のことだかよくわからなかったのですが、案内チラシを読むと、どうやら生ごみが消えてなくなるらしい。おもしろそう！　担当業務の理解にもつながるし、補助制度があるなら、と軽い気持ちで"地上式コンポスター"を使ってみることにしたのです（生ごみ処理の補助制度はほとんどの自治体が実施しています。P.114の比較表も参考にしてください）。

始めてみてビックリ。燃えるごみの収集日は週2回でしたが、ごみ箱は2週間経ってもいっぱいになりません。「ごみって本当はこんなに少ないんだ……」。忙しい朝、ごみのことを気にかける必要がなくなり、ごみ箱の生ごみの臭いともさようなら。文字通り人生が変わるような快適さで、僕は一気にごみの世界に魅せられてしまいました。

不審に思われるかもしれませんが、これには何のからくりもありません。一般的に、燃えるごみの半分近くは生ごみです。だから、生ごみ処理をすれば、それだけでごみは一気に半減します。しかも、臭いのもととなる汚い生ごみがごみ箱から消滅するので、気分的には半減以上です。

さらに、燃えるごみの中身を詳しく調べてみると、大量の紙と容器包装プラスチックが紛れ込んでいることがわかります。お菓子の紙箱、封筒やハガキ、

メモ用紙、ビリビリにちぎれた紙、魚や納豆のパック、スナック菓子の袋など、つい燃えるごみの中に捨てていませんか？（わが家はそうでした）　これらをきちんと「ミックスペーパー（雑紙）」と「容器包装プラスチック」に分別すれば、残るのは、ティッシュ、絆創膏、ガムテープ、写真、宅配便の伝票、綿棒、掃除機の中身などのこまごまとした雑多なもの、それにごくたまに擦り切れた靴やかばん、壊れたおもちゃが出るくらいです[1]。

　これだけで暮らしはまったく変わります。ごみ出しは２〜３週間に１度で十分。ごみ箱の中にも不気味なものがなくて、暮らし全体が明るくスッキリ。この快適さと手軽さを未体験の方は、まずはいきなり「ゼロ・ウェイスト」なんて身構えず、ぜひこの「ラクラク５分の４カット！」を試してみてください[2]。

政策としてのゼロ・ウェイスト

　ごみの世界に魅せられた僕は、役場のごみの仕事にのめり込んでしまいました。ちょうどその頃、町長選挙がありました。当選したのは、「ごみ減量に徹底的に取り組もう」という新しいタイプの町長。ズバリ、ゼロ・ウェイストです。ゼロ・ウェイストに、町役場として取り組むことになったのです。「役場がゼロ・ウェイスト？」と不思議に思われるかもしれません。たしかに、役場は住民全員に生ごみの自家処理を強いるわけにもいきませんし、保存瓶と布袋で買い物をすることを求めるわけにもいきません。でも、既に書いたように、燃えるごみの大半は「実は資源化可能なもの」ですから、たとえば生ごみの分別収集をするだけで、燃えるごみは半減します。ごみが減れば、ごみの処理費も落ちるため、ゼロ・ウェイストは政策としても理に適っているのです。

　上司同僚にも恵まれ、ごみ担当職員として全国稀に見るゼロ・ウェイスト計画に取り組めた数年間は稀有な体験でした。環境意識の高い議員や住民の人たちはこの政策転換を大歓迎してくれました。ゼロ・ウェイストという新しい考え方を実践に移せるチャンスが目の前にあるなんて奇跡のようでした。

　でも、町のゼロ・ウェイスト政策はまったく順調には進まなかったのです。役場の内外から、信じられないほどの批判が巻き起こりました。「狂気の沙

1　ミックスペーパー（雑紙）と容器包装プラスチックは、どちらも全国７〜８割の自治体が分別回収をしています。ミックスペーパーは「雑誌」の一部として、混ぜて回収している自治体も多いようですので、ぜひお近くの役所に確認してみてください。

2　紙おむつやペットのごみがたくさん出る家庭の場合はやや難しくなります。

汰だ」「無責任だ」「非現実的だ」……。「ゼロ・ウェイストっていいな」と
無邪気に信じていた自分にとって、これは衝撃的な展開でした。

　政治的な対立も重なり、深刻な逆風が続く中、結局、町のゼロ・ウェイス
ト計画は本格的に軌道に乗るには至りませんでした。欧米などでは、ゼロ・
ウェイストは既に広く受け入れられている政策なのです。いろいろ反省材料
はあるにせよ、あるべき未来に向かって役場ががんばり始めた瞬間に、まさ
かこんなブレーキがかかるなんて、システムの変革とはかくも困難なのかと
思い知りました。地区説明会に呼び出され、つるし上げのように地区住民の
方々から罵倒されたとき、ひとりの参加者が煽情的に言い放った言葉が今
も耳に突き刺さっています。「みなさん、地球最大の『無駄』は何だかご存
じですか!?　何十億人もいる『人間』の存在です。そうです、ゼロ・ウェイ
ストというのは、人間に消えろという政策なんですよ。私たちに死ねという
政策なんです！」。

　結局、町長は次の選挙で敗北し、町のごみ処理はその後、きわめて有能な
若い新町長の下、数年間の重点的な改革で仕切りなおすことになりました。
一方、僕は役場を退職してアメリカに飛びました。「できる！」と思ったご
みの早期大幅減量が果たされなかったことは大きな問題意識として残りまし
た。環境政策の手法をもっと専門的に学び、さらに州をあげてゼロ・ウェイ
ストが強力推進されているカリフォルニアの現状をこの目で見てみたいと思
ったのです。

たったひとりで始められる革命

　カリフォルニアのゼロ・ウェイストは、まるでその青空のように明るいも
のでした。反対意見など皆無で、行政、住民、さらに急進的な環境団体まで
もが一丸となって、「絶対善」としてのゼロ・ウェイストを見据え、州内の
自治体が続々とリサイクル率50〜60％を達成して、さらなる高みを現実の
ものとして目指す驚くべき光景が広がっていました。

「こんなにも違う要因」を、ひとくくりにまとめることはできません。背景も、
国民性も、政策も、政策の意味するところも、すべてが違います。細かい部
分を見れば、実はいろいろ問題だってあります。必ずしも理想郷ではありま

せん。でも、その全体を司る「前向きさ」には強く胸を打たれました。ゼロ・ウェイストがパワフルな目標として広く共有されているさまに、「社会はこうあるべき」というエッセンスを感じずにはいられませんでした。

本書『ゼロ・ウェイスト・ホーム』は、そんなカリフォルニアの中から生まれています。ゼロ・ウェイストのビジョンが広く積極的に受け入れられ、量り売りもかなり普及する中、さらに徹底した取り組みを追求する著作として上梓されているのです。

日本でも、これまでに徳島県の上勝町、福岡県の大木町、熊本県の水俣市、さらに奈良県の斑鳩町がゼロ・ウェイスト宣言を行い、それぞれ大きな成果を出していますが、まだその流れがひとつの潮流を作り出すまでには至っていません。日本の自治体にももっとゼロ・ウェイストが広まってほしいところですが、もしかすると今の日本では、まだ新しい潮流の到来は少し先のことになるのかもしれません。もどかしいですが、やはり社会の方向性が変わるのはそれほど簡単なことではないですから。

そんな日本において、『ゼロ・ウェイスト・ホーム』は、本国アメリカにはない意味をも帯びる気がしています。つまり、これは「たったひとりで始められる革命の書」なのです。まだゼロ・ウェイストに対する理解が進んでいるとは言いがたい日本で、個人として手をこまねいて行政の変革を待つのではなく、さっさとアクションを起こして、システムを凌駕するのです。もはや「役所が変わらないから」「環境が整わないから」という理由でゼロ・ウェイストへの道を諦める必要はありません。自由気ままに「ひとり革命」を開始できるのです。

アメリカやフランスでは、既に本書に感化されてゼロ・ウェイストに本格的に取り組む人が続々と登場しています。日本でもきっと、この本を読んで「ゼロ・ウェイスト・ホーム」をたったひとりの力で実現する人が出現することでしょう。そして、その人の「ゼロ・ウェイスト・ホーム」は、日本の行政の枠組みなど軽く飛び越えて、いきなり世界とつながるのです。

「革命」は大規模である必要はありません。本当に小さなところから、世界は確実に変わっていくはずです。たとえば、アマゾンで買い物をするとき、

中古を買ってみる。近所のリサイクルショップにとりあえず1回足を運んでみる。量り売りのスーパーや食料品店はないけれど、せめてパン屋やケーキ屋には容器を持参してみる、など。

　本書のヒントをベースに、ひとりひとりが「日本におけるゼロ・ウェイスト・ホーム」を探求していけたら、きっとすごい地平が開けてきます。ささやかで楽しい革命を、日本の至る所に起こしていきましょう。

—・—・—・—

　最後になりましたが、思い入れのある本書を、ほかならぬアノニマ・スタジオから出していただけたこと、暮らしまわりを丁寧に見つめる出版社の良質な本の一冊としてこんなにも美しい日本語版を完成できたことは、望外のよろこびです。

　高知の山の中の自宅で、ひとり本書を訳してみたいと思い立ち、パソコンで簡単な企画書を作った翌日に、たまたま高知に出張されていたアノニマ・スタジオの村上さんに出会った、あの運命的な展開は、何度思い出しても鳥肌が立ちます。僕がかばんから取り出したペラッとした企画書に反射的に目を止めてくださった村上さん、そして、いつも明るく前向きな言葉とともに、細やかに寄り添って本を仕上げてくださった浅井さんのおふたりに、心からの感謝を申し上げます。

　さらに、僕にゼロ・ウェイストのことを最初に教えてくださった故・安藤忠雄さん、葉山町で一緒にゼロ・ウェイストに取り組んだ上司・同僚・仲間、ゼロ・ウェイストのワクワクをいつも家で共有し、翻訳作業を陰で応援してくれた妻にも、心よりの感謝を。

　どうかこの本が、日本のより明るい未来の役に立ちますように。楽しく心地良いゼロ・ウェイスト・ホームがひとりでも多くの人に広まっていきますように！

服部雄一郎

ZERO WASTE
HOME
The Ultimate Guide to Simplifying
Your Life by Reducing Your Waste

著者　ベア・ジョンソン Bea Johnson
2008 年から家族で「ゼロ・ウェイスト・ライフ」を
営むカリフォルニア在住のフランス人女性。アメリ
カ人の夫とふたりの息子の 4 人家族で、1 年間に
出すごみの量はわずか 1 リットル弱。その驚くべき挑
戦と優雅で洗練された暮らしぶりを伝えるブログ
「Zero Waste Home」は月間 25 万 PV を記録す
る。2011 年、アメリカの環境問題に貢献した個人
を称える Green Award 大賞を受賞（「地球にやさ
しい親」部門）。2013 年に刊行された本書もベスト
セラーとなり、既に 25 ヵ国語以上に翻訳。「ゼロ・
ウェイストの伝道師」として、世界中を飛び回る。
ＳＮＳのフォロワー数は計 40 万。ニューヨークの
ローレン・シンガーなど、彼女を追ってゼロ・ウェ
イスト・ライフに踏み出す人々が後を絶たない。

公式サイト：http://www.zerowastehome.com
Facebook：https://www.facebook.com/
ZeroWasteHome
Twitter & Instagram: @zerowastehome

訳者　服部雄一郎
1976 年生まれ。慶應義塾大学環境情報学部を
経て、東京大学総合文化研究科修士課程修了（翻
訳論）。葉山町役場のごみ担当職員としてゼロ・ウ
ェイスト政策に携わり、UC バークレー公共政策大
学院に留学。廃棄物 NGO のスタッフとして南イン
ドに滞在する。2014 年高知に移住し、食まわり
の活動「ロータスグラノーラ」主宰。自身の暮らし
にもゼロ・ウェイストを取り入れ、その模様を
WEB 連載「翻訳者服部雄一郎のゼロ・ウェイスト
への道」（アノニマ・スタジオ公式サイト）や、ブロ
グ「サステイナブルに暮らしたい」（sustainably.
jp）で発信する。訳書に『プラスチック・フリー生活』
（ＮＨＫ出版）、『ギフトエコノミー』（青土社）。

デザイン：サトウサンカイ
DTP：川里由希子
写真提供・イラスト：ベア・ジョンソン
日本語版編集：浅井文子・村上妃佐子
　　　　　　（アノニマ・スタジオ）

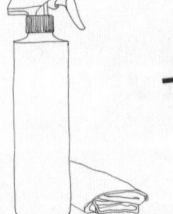

ゼロ・ウェイスト・ホーム
ごみを出さないシンプルな暮らし

2016 年 9 月 17 日　初版第 1 刷　発行
2021 年 8 月 22 日　初版第 5 刷　発行

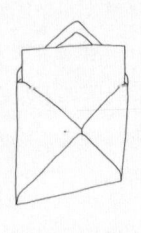

著　　者　　ベア・ジョンソン
訳　　者　　服部雄一郎
発 行 人　　前田哲次
編 集 人　　谷口博文
　　　　　　アノニマ・スタジオ
　　　　　　〒 111-0051
　　　　　　東京都台東区蔵前 2-14-14 2F
　　　　　　TEL 03-6699-1064
　　　　　　FAX 03-6699-1070

発　　行　　KTC 中央出版
　　　　　　〒 111-0051
　　　　　　東京都台東区蔵前 2-14-14 2F

印刷・製本　　株式会社廣済堂